U0193226

物联网通信技术

郭雷岗◎主 编

黑龙江科学技术出版社
HEILONGJIANG SCIENCE AND TECHNOLOGY PRESS

图书在版编目（CIP）数据

物联网通信技术/郭雷岗主编. ——哈尔滨:黑龙
江科学技术出版社，2024.2
ISBN 978-7-5719-2261-0

Ⅰ.①物… Ⅱ.①郭… Ⅲ.①物联网－通信技术
Ⅳ.① TP393.4②TP18

中国国家版本馆CIP数据核字(2024)第045578号

物联网通信技术

WULIANWANG TONGXIN JISHU

作　　者	郭雷岗　主编
责任编辑	陈元长
封面设计	汉唐工社
出　　版	黑龙江科学技术出版社
	地址：哈尔滨市南岗区公安街 70-2 号
	邮编：150007
	网址：www.lkcbs.cn
发　　行	全国新华书店
印　　刷	哈尔滨双华印刷有限公司
开　　本	710mm×1000mm　1/16
印　　张	20.25
字　　数	488 千字
版　　次	2024 年 2 月第 1 版
印　　次	2024 年 2 月第 1 次印刷
书　　号	ISBN 978-7-5719-2261-0
定　　价	98.00 元

【版权所有，请勿翻印、转载】

内容简介

本书全面、系统地介绍了物联网通信技术涉及的基本概念、原理、体系结构、实现技术和典型应用。全书围绕物联网通信技术应用的岗位定义和岗位职能，以物联网传感器认知与应用、物联网执行器认知与应用、物联网通信终端开发、物联网短距离无线通信技术应用、物联网长距离无线通信技术应用、物联网云平台的使用为主要技能点组织和阐述物联网通信技术知识和技能。本书在编写中注重实用性，从物联网领域的实际需求出发，解析物联网通信技术的知识框架，包括当前物联网通信系统开发和设计过程中得到广泛应用和市场承认的主流通信技术，内容全面，案例丰富，图文并茂，并配套丰富的习题、慕课视频等资源。本书既可作为高等学校物联网工程、通信工程及相关专业的教材，也可作为物联网相关领域工作人员的参考书。

前　言

随着当今科学技术的不断发展，人类社会正进入全球信息化时代，由通信技术、电子技术以及计算机和信息服务所构成的信息通信产业，已成为信息化社会的重要基础。面对日益更新、种类繁多的通信新技术，无论是高校学生还是从事信息通信领域研究的技术人员，都希望能够快速.有效地学习，了解或是掌握相关通信技术的概念及基本原理，把握通信技术的最新发展趋势。这正是本书编写的目的所在。

物联网是融合传感器、通信、嵌入式系统、网络等多个技术领域的新兴产业，是继计算机、互联网和移动通信之后信息产业的又一次突破性发展。物联网旨在达成设备间相互联通，实现局域网范围内的物品智能化识别和管理，其中通信技术是物联网系统中的核心和关键技术。物联网中所采用的通信技术以承载数据为主，是当今计算机领域发展最快、应用最广和最前沿的通信技术。物联网通信技术作为项前沿技术有着非常广阔的发展前景和发展空间，无论是国家还是企业，都特别注重物联网技术的应用价值。从某种意义来说，物联网系统汇集了当今通信领域内各种先进的技术，具有非常丰富的技术内涵。

随着物联网产业的蓬勃发展，越来越多的物联网技术应用到人们的生活中，潜移默化地影响着人们的生活方式和生产方式。针对物联网行业的高速发展和普通高等院校转型发展的现状，为推动物联网、通信工程等专业应用型人才的培养，为其提供系统、实用的物联网通信技术教材，我们编撰了此书。

本书以物联网通信技术的基础知识为出发点，遵循"教中学、学中做、做中用"一体化的设计思路，在教材编写上注重实用性，弱化理论，通过案例讲解加深读者对基本理论的理解。通过本书的学习，学生可掌握物联网通信技术的基本概念、原理和关键技术，为物联网、通信工程等专业学生今后从事相关实际工作打下基础。

全书共计八章，第1章是物联网通信技术概述，讲述了通信网的基本概念、传输介质、调制技术、复用技术、多址技术、双工技术以及通信技术分类；第2章为工业通信技术，主要内容有物联网通信体系、IIC协议通信、SPI协议通信等内容；第3章是短距离无线通信技术，主要内容包含了蓝牙技术、ZigBee技术、RFID技术、wifi技术以及M2M技术；第4章为低功耗广域网通信技术，讲述了低功耗广域网的特点、NB-loT无线通信技术和LoRa无线通信技术；第5章为5G通信技术，主要内容包括5G概述、5G网络结构概述以及5G三大应用场景与典型用例；第6章讲解了卫星通信技术，主要内容有卫星通信系统、卫星移动通信技术、全球定位系统、中国北斗卫星导航系统以及天地一体化；第7章分析了光纤通信技术，主要内容有传输网技术发展历程、PDH技术、SDH技术以及OTN技术；第8章讲解了物联网典型应用，主要内容有烟草智能配送应用、多表一体化系统以及智能楼宇系统以及停车场智能车牌识别系统。

在全书的撰写过程中，作者参考和借鉴了大量国内外相关专著、论文等理论研究成果，在此，向其作者致以诚挚的谢意。

由于编者水平有限，物联网通信技术的发展日新月异，书中难免有疏漏之处，敬请各位读者原谅和指正，以便进一步完善和进步。

目　录

第 1 章　物联网通信技术概述

在物联网中，通信技术起着桥梁的作用，将分布在各处的物体互联起来，实现真正意义上的"物联"。离开了通信，物联网设备无法接入到网络中来，物联网感知的大量信息无法行有效的交换和共享，那么基于这些数据信息而产生的物联网应用也就无从谈起。

通信的实质是信息的有效传递。通信过程中，既要保证信息传递的有效性，又要保证信息传递的可靠性。有效性是指信道传递信息速度的快慢，可靠性是指信道传输信息的准确程度。物联网通信包含了几乎现有的所有通信技术。然而鉴于物联网的泛在化特征，并且物联网设备一般包括嵌入式和传感器两类，因此物联网通信中无线通信的使用场景比较多。

1.1　通信网的基本概念

通信是由一台设备向另一台设备传递信息。为了实现通信功能，需要将若干用户终端通过传输系统连接起来。这样的通信节点和传输链路就构成了通信网。

1.1.1　通信网的定义及组成

1.1.1.1 通信网的定义

由一定数量的节点和连接节点的传输系统有机组合到一起，以实现两个或多个节点间数据传输的系统称为通信网。这些节点可以是终端用户，可以是中间的交换设备，也可以是物联网中的任意一个接入者。传输系统是信息传输的通道，可以是有线或者无线信道。鉴于物

联网的特点，物联网通信中使用较多的是诸如 Zig Bee（紫蜂）、RFID（Radio Frequency Identification，射频识别）、Bluetooth（蓝牙）以及 WiFi（Wireless Fidelity，无线保真）这样的无线通信技术。

1.1.1.2 通信网的组成

通信网包括软件和硬件两大部分，软件包括网络协议、路由方案等，硬件包括终端设备、传输系统和交换设备。此处主要介绍通信网的硬件。

终端设备是通信网最外围的设备，包括计算机、手机、电话机以及物联网中负责数据采集和数据转换等功能的传感设备。物联网的终端设备从使用场合划分包括固定终端、移动终端和手持终端。

传输系统是传输光、电信号的通道，也是将通信网中各节点连接起来的媒介。按传输媒质的不同，传输系统分为以电磁波沿某种有形媒质的传播来实现信号传递的有线传输系统和以电磁波在空中的传播来实现信号传递的无线传输系统。

交换设备是通信网的核心，完成接入交换节点链路的汇集、转接接续和分配，实现一个用户与他所要求的另一个或多个用户之间路由选择的连接。

1.1.2 通信网的类型

通信网按照不同的分类方法有不同的划分，下面将分别介绍。

1.1.2.1 按传输介质划分

按照传输介质划分，通信网可以分为有线通信网和无线通信网。有线通信网是指以导线、光纤、电缆等导向性传输媒体为介质的通信网，进一步可分为载波通信网与光纤通信网等。无线通信网是指传输介质为自由空间，例如无线电波、红外线、激光等无线方式，常见的形式有微波通信网、短波通信网、移动通信网与卫星通信网等。

1.1.2.2 按业务类型划分

按业务类型可分为电报网、电话网、数据网和因特网等。电报网还分为有线电报网与无线电报网；电话网可再分为固定电话网、移动电话网与长途电话网；数据网可分为窄带数据网和宽带数据网。

1.1.2.3 按覆盖范围划分

按照覆盖范围划分，通常分为广域网、城域网和局域网。计算机网络中通常采用这种划分方法，根据目前网络的发展，一些文献也将个人网归为这个分类。

局域网是指覆盖范围在几十米到几千米的网络，通常覆盖一座建筑物，办公室、校园网等均属于局域网。

城域网是指传输覆盖区以城市为主，分布区域一般从十几千米到几十千米，介于广域网与局域网之间，地理范围局限于城市的宽带通信网络。它以高速、大容量宽带方式实现城域内局域网的互联和用户的宽带接入业务，例如电信运营商在各城市建立的宽带骨干网。

广域网是指传输覆盖区为省、国家甚至全球，分布从几百千米到几万千米，采用大容量长途传输技术，把各个城域网连接起来的通信网络，例如全球最大的广域网——因特网。

1.1.2.4 按属性划分

按属性分类可分为公用网和专用网。

公用网是由电信部门经营和管理的固定或无线网络，通过公用用户网络接口连接各专用网和用户终端。"公用"的意思就是所有愿意按电信公司的规定缴纳费用的人都可以使用这种物联网通信技术概述网络，例如目前常用的公用电话网和公用数据网。

专用网是指某个部门、某个行业为各自的特殊业务工作需要而建造的网络。这种网络只为拥有者提供服务，不对外提供服务。由于它的网络规模比公用网要小，而且有的也不需要计费等管理规程，因此很多新的网络设备和技术也往往先在专用网中使用，通常也能够提供高质量的多媒体业务和高速数据传输服务。专用网一般用于一些保密性要求较高的部门的网络，比如企业内部专用网、军队专用网，尤其是涉及国家机密的部门更需要使用专用网。

其实还可以按照拓扑结构、交换方式、信号等进行划分，有兴趣的读者可以查阅相关资料，在此不再一一介绍。

1.1.3 通信网的拓扑结构

在通信网中，所谓拓扑结构是指通信网中各个节点之间互相连接的方式。基本的拓扑结构有：网状、星型、树型、总线型、环型等，各拓扑结构如图 1-1 所示。

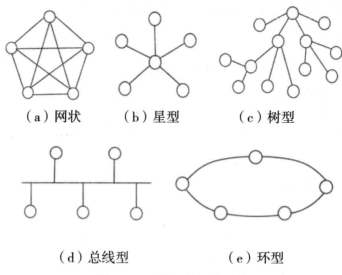

（a）网状　　　　（b）星型　　　　（c）树型

（d）总线型　　　　　　　（e）环型

图 1-1　通信网的拓扑结构

1.1.3.1 网状

网状网如果采用全互连的方式（即网内任意节点间均有直达线路连接），则具有 N 个节点就有 N（N-1）/2 条传输链路。这种连接方式线路冗余度大、网络可靠性高，但是线路利用率低、网络成本高，网络扩充也不方便。每增加一个节点，就需要增加 N 条线路。因此，这种方式比较适合于节点数目较少且对可靠性要求比较高的场合当中。

1.1.3.2 星型

星型网如同星状，以一点为中心向四周辐射，因此也称辐射网。中央节点分别与四周的节点连接，因此具有 N 个节点的星型网需要 N-1 条链路。与网状网相比，星型网降低了传输链路的成本，提高了线路的利用率。但是星型网过度依赖于中央节点，一旦中央节点发生故障或者转接能力不足，就会使全网的通信受到影响。这种方式适合于传输链路费用高于转接设备、可靠性要求相对不高的场合，以降低成本。

1.1.3.3 树型

树型网可以看作星型网的扩展，是由多个纵向层次的星型网连接而成。树型网络总长度短，成本较低，易于故障隔离，节点易于扩充。但是树型网络复杂，网络中各个节点对根节点依赖性较大。这种拓扑结构主要用于用户接入网或用户线路网中。

1.1.3.4 总线型

总线型网中所有节点都连接到一条称作总线的公共传输线上，任何时候只允许一个用户使用总线发送或接收数据。这种方式需要的传输链路少，节点间通信无需任何转接节点，增加或删除节点很方便。但是网络服务性能稳定性差，网络中接入的节点数目不宜过多，网络覆盖范围也较小。

1.1.3.5 环型

环型网中所有节点首尾相连，组成一个环。具有 N 个节点的环型网有 N 段传输链路。环型网可以是单向环或者双向环。这种方式结构简单、容易实现，双向自愈环结构可以对网络进行保护。但是这种方式不易扩充，节点较多时转接时延无法控制。现在的 SDH 光传输系统组网中经常采用这种结构。

1.2　传输介质

传输介质是指通信网中传输信息的载体，任何数据在实际传输时都会被转换为电信号或光信号在传输介质中传输。根据传输介质的特征，可以分为有线传输介质和无线传输介质。

1.2.1 有线传输介质

顾名思义，有线传输介质是指有形的固体介质，电磁波信号可以在传输过程中沿着这种有形介质传输，因此有线传输介质也称为导引型传输媒体。有线介质主要包括同轴电缆、双绞线和光纤。

1.2.1.1 同轴电缆

同轴电缆是局域网中常用的传输介质之一，主要应用于环型和总线型等小型局域网中。同轴电缆以硬铜线为芯，外面包裹绝缘层以及网状编织的外导体屏蔽层，最外层是绝缘的护套，因此得名同轴电缆。同轴电缆结构如图 1-2 所示。

图 1-2　同轴电缆结构示意图

根据电缆使用频带的不同，同轴电缆可以分为基带同轴电缆和宽带同轴电缆。计算机网络中使用的电缆是基带同轴电缆，而有线电视网络中使用的电缆是宽带同轴电缆。同轴电缆抗干扰性较好，在计算机网络发展初期曾被广泛使用，但是随着技术的进步，逐渐被双绞线、光纤等替代。

1.2.1.2 双绞线

双绞线是一种常用的传输介质，在家庭、学校、办公场所等局域网中非常常见。其设计最初是用于语音信号传输，将电话连接到电话交换机。

把两根互相绝缘的铜导线并排放在一起，按照规定的方法两两绞合在一起就构成了双绞线，这种绞合的方法可以显著降低天线效应（既可以发射传输的信号，也容易受外界信号干扰）。为了提高双绞线的抗电磁干扰能力，可以在双绞线的外层再用金属丝编织屏蔽层。根据是否进行屏蔽可以将双绞线分为屏蔽双绞线（Shielded Twisted Pair，STP）和非屏蔽双绞线（Unshielded Twisted Pair，UTP）。它们的结构如图 1-3 所示。

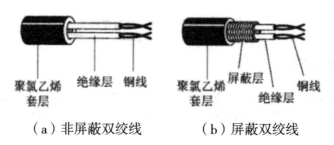

（a）非屏蔽双绞线　　　（b）屏蔽双绞线

图 1-3　双绞线结构示意图

屏蔽双绞线的屏蔽层可以有效减少辐射，提高抗干扰能力，但是价格相对较高，安装比非屏蔽双绞线困难，仅在特定领域或者有特殊需求时使用。

1.2.1.3 光纤

光纤是一种很细的可以用来传输光信号的有线传输介质。光纤由纤芯、封套和外套三部分构成，其中纤芯是由两种折射率不同的石英玻璃材料制成，外套一般由塑料制成。光纤的物理结构如图 1-4 所示。

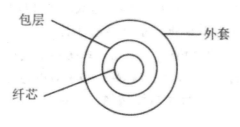

图 1-4　光纤结构示意图

根据光纤传输数据模式的不同，可以分为单模光纤和多模光纤。如果存在多条不同入射角度的光线进入光纤，即允许多个光传导模式同时通过光纤，则这种光纤称为多模光纤。由于光脉冲在通过多模光纤时会逐渐展宽，造成失真，因此多模光纤主要用于短距离低速传输，比如接入网和局域网中。单模光纤纤芯直径非常小，任何时候只允许光信号以一种模式通过纤芯，传输距离更长、带宽更宽，但是制造成本较高。单模光纤和多模光纤如图 1-5 所示。

与其他有线传输介质相比，光纤的通信容量非常大，传输损耗小、距离长，抗干扰性能好，而且保密性也非常好，体积小、重量轻。因此目前被广泛应用于因特网、电信网和有线电视网的主干网络中。

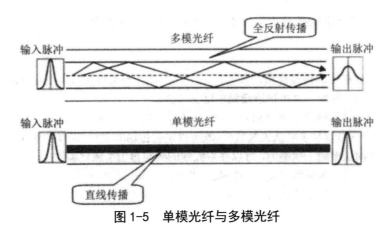

图 1-5　单模光纤与多模光纤

1.2.2　无线传输介质

有线传输介质使用比较广泛，但是在一些场景当中，有线传输介质的施工很不方便，或者施工的代价比较高。而利用无线传输介质则可以很好地解决这些问题。比如旧楼宇施工布线极不方便，价格也不便宜，但是借助于 WiFi 则可以很方便地连网。

无线传输介质是指利用各种波长的电磁波充当传输媒体的传输介质。目前使用较多的无线传输介质主要包括无线电波、微波、红外线、蓝牙、激光等。

1.2.2.1 无线电波

无线电波是指在自由空间（包括空气和真空）传播的射频频段的电磁波，是一种能量的传播形式，其频率范围在 3Hz ～ 3000GHz 之间。无线电技术是通过无线电波传播声音或其他信号的技术。

无线电波包括超长波、长波、中波、短波、超短波、微波等，波长越长，频率越低。在不同波段内的无线电波具有不同的传播特性。频率越低，传播损耗越小，覆盖距离越远，绕射能力也越强。但是低频段的频率资源紧张，系统容量有限，因此低频段的无线电波主要应用于广播、电视、寻呼等系统。高频段的频率资源丰富，系统容量大。但是频率越高，传播损耗越大，覆盖距离越近，绕射能力越弱。另外，频率越高，技术难度也越大，系统的成本相应提高。

无线电波传播有两种方式：一种是直线传播，一种是利用大气中电离层的反射传播。

1.2.2.2 微波

微波是指频率范围在 300MHz ～ 300GHz 的电磁波，是一种定向传播的电磁波，主要是直线传播。传统的微波通信系统主要有两种：地面微波和卫星微波。

由于微波为直线传播，而地球为曲面，因此地面微波的传输距离有限，并且两个终端之间不能有大障碍物。如果需要增加传输距离，可以在两个终端之间增加中继站。地面微波对外界的干扰比较敏感。

常用的卫星通信是在地球站之间利用位于大约 36000 千米高空的地球同步卫星作为中继站的一种微波通信。卫星接收来自地面的电磁波信号后，再通过使用不同频率以广播方式将信号发回地面，由地面工作站接收信号。这种通信传输距离远，能够跨越山川、陆地和海洋，但由于传输距离远，因此会有一定的传播时延，而且发射同步卫星本身费用较高。卫星通信技术广泛应用于以车辆动态位置为基础的交通监控、调度、导航等服务。

地面微波和卫星微波在传输信号过程中都容易受到不良天气影响，抗干扰性较差。

1.2.2.3 红外线

红外线（Infrared）是波长介于微波与可见光之间的电磁波，波长在 760nm ～

1mm 之间，是比红光长的非可见光。红外线作为局域网的一种传输方式，最大的优点就是不受无线电波的干扰，而且不易被人发现和截获，保密性好。但是红外线传输距离有限，容易受太阳光的干扰，而且两个通信终端之间不能有障碍物。Ir DA 是一种利用红外线进行点对点通信的技术。和现在手机上的蓝牙一样，以前的手机（比如诺基亚）上就自带红外通信功能，只要两个手机同时开启红外功能且它们之间没有障碍物就可以通过该功能实现数据的传输。

1.2.2.4 蓝牙

蓝牙是为人们所熟悉的一种通信方式，比如蓝牙耳机。它是一种支持点对点、点对多点连接的近距离通信手段。蓝牙工作在 2.4GHz 的 ISM 频段。蓝牙设备成本低、体积小、功率低，可以被集成到任何数字设备之中，并且具有很好的抗干扰能力。

1.2.2.5 激光

除了光纤可以用光进行信息的传递外，激光束也可以用于在空中传输数据。要想利用激光进行通信至少需要两个激光站，每个站点都具有发送和接收数据的能力，这点和微波通信是相似的。激光设备一般安装在固定装置上，并与天线相对应。激光束沿直线传播，不能穿过建筑物或山脉，但是可以穿越云层。

物联网的关键技术之一就是传输技术，包括移动通信网、互联网、无线网络、卫星通信和短距离无线通信等。因此本节所介绍的各种传输介质是通信的基础，尤其是诸如蓝牙、Zig Bee、WiFi、Ir DA 等短距离无线通信在物联网中发挥着举足轻重的作用。

1.3　调制技术

通信过程中，信源产生信号。但是直接由信源产生的信号包含直流分量和低频分量，不适合远距离无线传输，因此需要将信源产生的基带信号转换为适合在当前信道传输的信号，这个过程就是调制。基带信号称为调制信号，经过调制的信号称为已调信号。当然，在发送端需要调制过程，对应在接收端需要再将信号还原为基带信号，这个过程称为解调。生活中常见的"猫"（调制解调器）的英文单词 Modem 其实就是调制解调两个单词合成的缩略词。

调制的目的除了将基带信号转换为适合在当前信道传输的信号外，还包括以下几个方面：

（1）提高无线通信时天线的辐射效率。对无线传输信号而言，信号需要通过发射天线发送出去，并且发射天线的尺寸至少为发射信号波长的1/10，但是基带信号频率较低，波长较长，因此如果直接发射会使得发射天线太长，难以实现。

（2）实现多路复用。传输信道的频带较宽，可以同时传输多个频率范围的信号，因此通过调制可以把基带信号搬移到不同的频率上去，从而实现多路复用，提高信道利用率。

（3）扩展信号的带宽，提高系统的抗干扰能力和抗衰减能力，还可以实现传输带宽与信噪比之间的互换。

按照调制信号的信号形式，调制可以分为模拟调制和数字调制。模拟调制用模拟信号调制载波来得到已调信号；数字调制用数字信号调制载波来得到已调信号。模拟调制比较直观，而且容易实现，但是抗干扰能力和保密性差一些。数字调制相对来说要求的技术和设备复杂一些，但是抗干扰能力和保密性都比较好。

1.3.1 模拟调制

模拟调制使用模拟信号对载波的振幅、频率或相位进行调制，不同的调制方法会使已调信号的频谱结构与原基带信号的频谱结构有不同的差别。如果已调信号的频谱结构与调制信号的频谱结构相同，或者说已调信号的频谱只是调制信号的频谱沿频率轴平移，这种调制就称为线性调制，又称幅度调制。幅度调制是用调制信号去控制高频载波的振幅，使其按调制信号的规律变化的过程。其模型是用调制信号和载波进行相乘。对于幅度调制信号，在波形上，它的幅度随基带信号的规律变化；在频谱结构上，它的频谱完全是基带信号频谱结构在频域内的简单搬移。

如果已调信号的频谱结构与调制信号的频谱结构大不相同，除了频谱搬移外，还产生了新的频率成分，则这种调制称为非线性调制。非线性调制是将调制信号附加到载波的相角上，使载波的频率和相位随调制信号而变，故又称角度调制。与幅度调制相比，角度调制最突出的优势是具有较高的抗噪声性能。

线性调制包括振幅调制（Amplitude Modulation，AM）、双边带调制（Double

Side Band，DSB）、单边带调制（Single Side Band，SSB）和残留边带调制（Vestigial Side Band，VSB）。非线性调制包括频率调制（Frequency Modulation，FM）和相位调制（Phase Modulation，PM），这两种调制方法属于角度调制。

1.3.1.1 振幅调制（AM）

调幅（AM）是使已调信号的包络与基带信号的变化成比例。幅度调制的数学模型如图 1-6 所示。其中：表示调制信号，均值为 0；为常数，表示叠加的直流分量；为载波角频率；为已调信号，是振幅调制信号，简称调幅信号。幅度调制信号的时域波形如图 1-7 所示。

由调幅信号的波形不难看出，调制信号包络的形状和调制信号的波形一样，因此在接收端可以通过包络检波法（属于非相干解调）恢复出原来的信号。该方法实现起来非常简单，但它只适用于包含有载波的普通调幅信号。当然，也可以使用相干解调（也叫做同步检测）的方法，但是这种方法需要在接收端使用与发送端同频同相的本地载波进行相乘，然后通过低通滤波器滤除高频分量得到原信号。由于需要与发送端同频同相的相干载波，故接收电路比较复杂，因此这种方法实现起来比较困难。

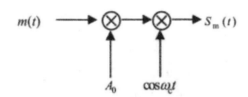

图 1-6　幅度调制数学模型

对幅度调制的信号进行频谱分析可以发现，调幅信号的频谱由上边带、下边带和载频分量三个部分组成，其中上边带的频谱结构与原调制信号的频谱结构相同，下边带是上边带的镜像。AM 信号的总功率也同样包括载波功率和边带功率两部分。但只有边带功率与调制信号有关，载波分量并不携带信息，却占据了大部分功率。把有用功率（用于传输有用信息的边带功率）占信号总功率的比例称为调制效率，AM 调制的调制效率最高只有 1/3，功率利用率低。

AM 信号带宽是基带信号带宽的两倍。

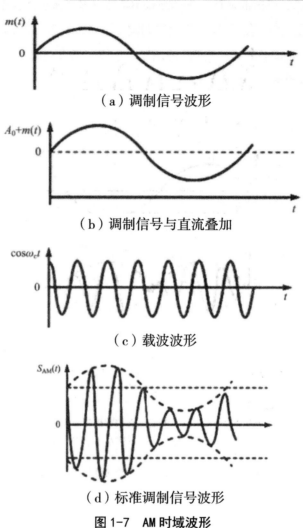

（a）调制信号波形

（b）调制信号与直流叠加

（c）载波波形

（d）标准调制信号波形

图 1-7　AM 时域波形

1.3.1.2 双边带调制（DSB）

如果调制信号没有直流分量，则输出信号中没有载频分量。这时已调信号的频谱中只有上边带和下边带而没有载频分量，因此称其为双边带调制。DSB 调制数学模型如图 1-8 所示，DSB 时域波形如图 1-9 所示。

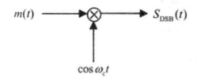

图 1-8　DSB 调制数学模型

由于发送 DSB 信号时并不需要发送载波信号，因此节省了载波的发射功率，调制效率可达 100%，带宽仍然为基带信号的两倍。

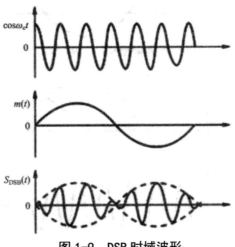

图 1-9 DSB 时域波形

由时间波形可知，DSB 信号的包络不再与调制信号的变化规律一致，因而不能采用简单的包络检波方法来恢复调制信号，而需要采用相干解调（同步检波）方法。

1.3.1.3 单边带调制（SSB）

由于 DSB 信号的上下两个边带是完全对称的，它们都携带了调制信号的全部信息，因此，从信息传输的角度来考虑，传输一个边带就够了。这种方式称为单边带调制（SSB）。这种调制方法可以进一步节省发送功率和带宽。

产生单边带信号时，只需让双边带信号通过一个边带滤波器，保留所需要的一个边带，滤除不要的边带即可，该方法数学模型如图 1-10 所示。当然也可以使用相移法形成单边带信号。SSB 调制方式在传输信号时，不但可以节省载波发射功率，而且它所占用的频带宽度只有 AM、DSB 的一半，因此，它目前已成为短波通信中的一种重要调制方式。

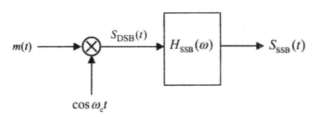

图 1-10 SSB 调制滤波法数学模型

　　SSB 信号的解调和 DSB 一样不能采用简单的包络检波，因为 SSB 信号也是抑制载波的已调信号，它的包络不能直接反映调制信号的变化，所以仍需采用相干解调。

1.3.1.4 残留边带调制（VSB）

　　残留边带调制是介于 SSB 与 DSB 之间的一种调制方式，它既克服了 DSB 信号占用带宽的缺点，又解决了 SSB 信号实现上的难题。在 VSB 中，不是完全抑制一个边带（如同 SSB 中那样），而是保留一个边带的绝大部分以及另一个边带的小部分。VSB 调制数学模型如图 1-11 所示。

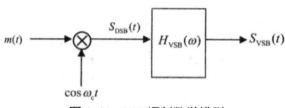

图 1-11　VSB 调制数学模型

　　残留边带调制能够克服单边带调制方法中滤波器边缘陡峭难以实现的缺点，适合包含直流分量和很低频率分量的基带信号，目前在电视信号广播中得到了广泛应用。VSB 系统的性能基本和 SSB 系统的性能相近，但 VSB 信号比较容易产生，占用的频带比 SSB 稍宽。

1.3.1.5 频率调制（FM）

　　角度调制信号的一般表达式为。表达式中：A 是载波的恒定振幅；是信号的瞬时相位，而称为相对于载波相位的瞬时相位偏移；是信号的瞬时频率，而称为相对于载频的瞬时频偏。

　　频率调制是指瞬时频率偏移随调制信号而线性变化，即：

$$\omega(t) = K_f m(t)$$

$$\phi(t) = K_f \int_{\infty}^{t} m(\tau)d\tau$$

$$\omega_i(t) = \omega_c + K_f m(t)$$

代入则可得调频信号为：

$$S_{FM}(t) = A\cos\left[\omega_c t + K_f \int_{\infty}^{t} m(\tau)d\tau\right]$$

　　宽带 FM 的抗干扰能力强，可以实现带宽与信噪比的互换，因而宽带 FM 广泛应用于长距离高质量的通信系统中，如空间和卫星通信、调频立体声广播、超短波电台等。宽带 FM 的缺点是频带利用率低，存在门限效应，因此在接收信号弱、干扰大的情况下宜采用窄带 FM，这就是小型通信机常采用窄带调频的原因。

1.3.1.6 相位调制（PM）

相位调制是指瞬时相位偏移随调制信号线性变化，即 $\phi(t) = K_P m(t)$，其中是常数。于是，调相信号可表示为 $S_{PM}(t) = A\cos\left[\omega_c t + K_P m(t)\right]$。

$$\omega_i(t) = \omega_c + K_P + \frac{d}{dt}m(t)$$

PM 和 FM 非常相似，如果预先不知道调制信号的具体形式，则无法判断已调信号是调相信号还是调频信号。

如果将调制信号先微分，然后进行调频，则得到的是调相波，这种方式叫间接调相，如果将调制信号先积分，然后进行调相，则得到的是调频波，这种方式叫间接调频。

1.3.2 数字调制

数字传输系统包括基带传输系统和频带传输系统。基带传输系统是在信道中传输基带信号，而频带传输系统是先对数字信号进行调制，再放在信道中传输。调制过程中，通常是把数字信号寄生在载波的某个参数上，比如幅度、频率、相位。通用术语中把数字调制称为键控，因此按照调制参数的不同，数字调制可以分为振幅键控（Amplitude Shift Keying，ASK）、频移键控（Frequency Shift Keying，FSK）和相移键控（Phase Shift Keying，PSK）。按照电平数目的不同，可以分为二进制调制和多进制调制；按照频谱结构的不同，可以分为线性调制和非线性调制。解调的方法包括相干解调和非相干解调。

本书中以二进制振幅键控（2ASK）、二进制频移键控（2FSK）和二进制相移键控（2PSK）为例进行介绍。

1.3.2.1 二进制振幅键控（2ASK）

在幅度调制中，载波信号的幅度随着调制信号的变化而变化。二进制振幅键控信号的时域波形如图 1-12 所示。

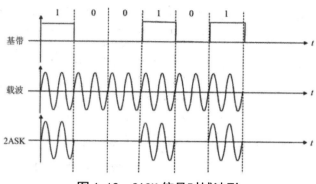

图 1-12 2ASK 信号时域波形

产生二进制振幅键控信号的方法有两种：一种是采用相乘电路，用基带信号和载波相乘得到已调信号；另一种是采用开关电路，也称为通断键控（On-Off Keying，OOK），用开关的通或断来进行调制，也就是用二进制矩形脉冲信号的1 和 0 来控制开关的通或断，从而确定是否允许载波通过。两种方法的主要区别是，在相乘器输入的基带信号可以是非矩形脉冲，而开关法中为了控制开关基带信号必须是矩形脉冲。2ASK 信号产生方法如图 1-13 所示。

对 2ASK 信号的解调与模拟调制中的 AM 类似，可以采用相干解调（同步检测法）和非相干解调（包络检测法）两种方法。非相干解调电路简单，但是通过计算可以得到相干解调的误码率低于非相干解调，即相干解调的抗噪声性能较好。而相干解调的缺点是需要一个和载波保持同频同相的相干振荡信号，否则会造成解调后波形的失真，另外实现困难、技术要求高、设备复杂。

2ASK 信号的带宽是基带信号的两倍，频带利用率是原基带信号的一半。

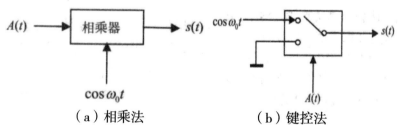

（a）相乘法　　　　　　　　　（b）键控法

图 1-13 2ASK 信号产生方法

1.3.2.2 二进制频移键控（2FSK）

2FSK 是用基带信号来控制载波的频率，当传送码 1 时使用一个频率，而当传送码 0 时使用另一个频率。这种调制方法多应用在低速或中低速的数据传输中。2FSK 信号时域波形如图 1-14 所示。

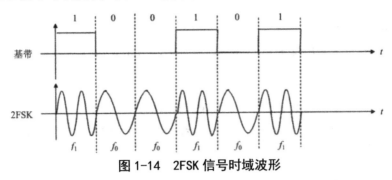

图 1-14　2FSK 信号时域波形

产生 2FSK 信号的方法也有两种：一种是调频法，也就是用二进制基带矩形脉冲信号去调制一个调频器，使其能够输出两个不同频率的码元；另一种是采用开关电路，通过这个开关信号电路来选择两个独立频率源的振荡作为输出。产生 2FSK 信号的方法如图 1-15 所示。这两种方法产生的 2FSK 信号的差别只有一个，即由调频器产生的 2FSK 信号在相邻码元间的相位是连续的；而开关法产生的 2FSK 信号，由于是由两个独立频率源产生两个不同频率的信号，因此相邻码元的相位不一定是连续的。

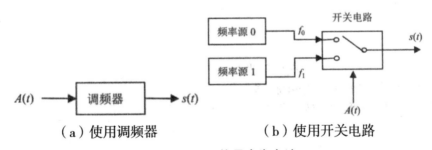

（a）使用调频器　　　　　　　（b）使用开关电路

图 1-15　2FSK 信号产生方法

2FSK 的解调也可以使用相干解调或者非相干解调。非相干解调的方法不止一种，包括包络检测法、过零点检测法等。同 2ASK 解调一样，相干解调的误码率优于非相干解调。因此在条件恶劣的信道中，比如短波无线电信道中，接收信号的相位存在抖动，振幅也随机起伏，这种信号就特别适用。但是在大信噪比条件下两者相差不大，而相干解调设备复杂，且接收信号的相位在不断变化，这时多采用包络检测法。

1.3.2.3　二进制相移键控（2PSK）

2PSK 是用载波的相位来体现基带数字信号的变化，而载波的振幅和频率不变，也称为绝对相移键控。2PSK 的应用比 2ASK 和 2FSK 广泛，抗噪声性能也更好，频带利用率更高，应用在中高速的数据传输中。2PSK 信号时域波形如图 1-16 所示。

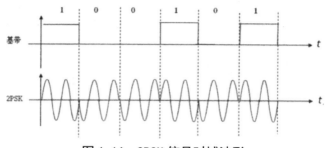

图 1-16　2PSK 信号时域波形

产生 2PSK 信号的方法也有两种：一种是直接调相法（也叫相乘法），也就是用二进制基带矩形脉冲信号与载波相乘，使其能够得到两个相位相反的码元；另一种是选择法，通过基带信号控制一个开关电路，以选择输入信号。开关电路的输入信号是相位相差 π 的同频载波。产生 2PSK 信号的方法如图 1-17 所示。这两种方法都可以使用数字信号处理器实现，复杂程度相当。

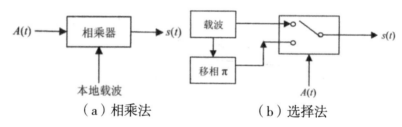

（a）相乘法　　　　　　　　（b）选择法

图 1-17　2PSK 信号产生方法

由于 2PSK 信号利用相位传递信息，其信号功率谱中没有载波分量，因此 2PSK 只能采用相干解调。也就是说解调时必须有与此载波同频同相的同步载波。如果同步载波的相位发生变化，如 0 相位变为 π 相位或 π 相位变为 0 相位，则恢复的数字信息就会发生 0 变 1 或 1 变 0 的问题，从而造成错误的恢复。另外，由于交流信号在传输过程中经过多次反相，在接收端也会存在"倒 π"现象，因此解调得到的数字信号极性可能完全相反，从而引起 1 和 0 码元颠倒，作出错误判决。这种在接收端存在着 0、π 模糊的现象就是相位模糊。

2PSK 信号的带宽是基带信号的两倍，频带利用率是原基带信号的一半。

与 2ASK 和 2FSK 相比，2PSK 具有最好的误码率性能，但是相位模糊的问题直接影响 2PSK 信号用于长距离传输。在实际应用中，并不建议使用 2PSK 方式。为了利用 2PSK 的优点并克服相位模糊的问题，对 2PSK 进行改进得到了 2DPSK 方法。

1.3.2.4 二进制差分相移键控（2DPSK）

2DPSK 是用前后码元载波相位差来表示基带信号的 0 和 1。设为当前码元和前一码元的相位之差，当发送 0 时，当发送 1 时，也称为相对相移键控。2DPSK 信号时域波形如图 1-18 所示（假定初始相位为 0）。

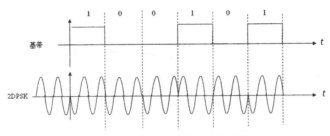

图 1-18 2DPSK 信号时域波形

实现相对调相最常用的方法是先对数字基带信号进行差分编码，即由绝对码变为相对码，再对相对码进行绝对调相。变换规律是绝对码中的码元 1 使相对码元改变，绝对码中的码元 0 使相对码元不变。例如，待发送码元序列为 1100101，可以先把它变成序列 1000110，再对后者用载波进行 2PSK 调制。整个过程列表如下：

基带序列　　1 1 0 0 1 0 1

变换后序列　（0）1 0 0 0 1 1 0

2PSK 调制后的相位　（0）π 0 0 0 π π 0

2DPSK 解调主要有两种方法：一种是相位比较法，就是直接比较相邻码元的相位，从而判别接收码元是 1 还是 0；另一种方法是极性比较法，这种方法需要先将接收信号进行相干解调，解调后得到相对码，再将相对码进行逆码变换还原为绝对码。相位比较法不需要使用相干载波，属于非相干解调，对于延迟单元的延时精度要求很高，较难做到。

以上介绍的几种数字调制方法，采用相干解调方式的误码率低于采用非相干解调方式的误码率。但相干解调由于在接收端要恢复本地载波，设备要求较高，一般用在高质量的数字通信中。在误码率一定的情况下，2PSK、2FSK、2ASK 系统所需要的信噪比关系为： $r_{2ASK} = 2r_{2FSK} = 4r_{2PSK}$。2ASK 。的优点是结构简单、设备成本低；2FSK 的非相干解调也具有同样的优势，但是频带利用率较低。因此，2FSK 主要用于中低速数据传输系统中。

1.4　复用技术

随着通信技术和网络技术的不断发展，尤其是近几年物联网技术的不断发展，通信网的规模和需求也越来越大。传输媒体的容量通常会超过单一信号所需求的容量，因此可以在这样的链路上同时传输多路信号以提高通信链路的利用率。

将来自不同信息源的各路信息按某种方式合并成一个多路信号，然后通过同一个信道传送给接收端。接收端再从该多路信号中按相应方式分离出各路信号，分送给不同的用户或终端。这种在一条链路上传输多路信号的方法称为多路复用。常用的复用技术有频分复用（Frequency Division Multiplexing，FDM）、时分复用（Time Division Multiplexing，TDM）和波分复用（Wavelength Division Multiplexing，WDM）。

1.4.1　频分复用（FDM）

当传输媒体（物理信道）的带宽超过了被传输信号的带宽时，就可以将多路信号调制到不同的频段上，将多路信号合并起来在同一物理信道中传输。为了防止多路信号之间相互干扰，这些信道的频段之间需要设置一定的隔离带。因此，频分复用要求总频率宽度大于各个子信道频率宽度之和。频分复用原理如图 1-19 所示。频分复用技术的特点是所有子信道传输的信号以并行的方式工作，每一路信号传输时可不考虑传输时延，因而频分复用技术取得了非常广泛的应用。

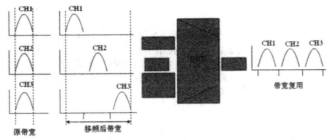

图 1-19 频分复用原理

传统的频分复用典型的应用莫过于广电 HFC 网络电视信号的传输，不管是模拟电视信号还是数字电视信号都是如此。因为对于数字电视信号而言，尽管在每一个频道（8MHz）以内是时分复用传输的，但各个频道之间仍然是以频分复用的方式传输的。

1.4.2 正交频分复用（OFDM）

OFDM（Orthogonal Frequency Division Multiplexing）实际是一种多载波数字调制技术。OFDM 全部载波频率有相等的频率间隔，它们是一个基本振荡频率的整数倍，正交指各个载波的信号频谱是正交的，也就是不同子载波之间内积为 0。

OFDM 系统比 FDM 系统要求的带宽要小得多。由于 OFDM 使用无干扰正交载波技术，单个载波间无需保护频带，这样使得可用频谱的使用效率更高。另外，OFDM 技术可动态分配子信道中的数据，为获得最大的数据吞吐量，多载波调制器可以智能地分配更多的数据到噪声小的子信道上。目前 OFDM 技术已被广泛应用于广播式的音频和视频领域以及民用通信系统中，主要应用包括：非对称的数字用户环线（ADSL）、数字视频广播（DVB）、高清晰度电视（HDTV）、无线局域网（WLAN）和第四代（4G）移动通信系统等。

1.4.3 时分复用（TDM）

当传输介质所能达到的数据传输速率超过各路信号的数据传输速率的总和时，可以将物理信道按时间分成若干时间片轮换地分配给多路信号使用，每一路信号在自己的时间片内独占信道传输，这就是时分多路复用。每一个用户所占用的时间片周期性出现。时分复用的特点是所有用户在不同时间占用了相同的频带。时分复用原理如图 1-20 所示。

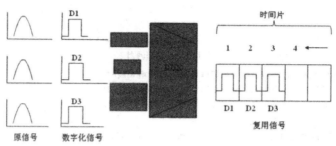

图 1-20　时分复用原理

时分复用的优点是时隙分配固定，便于调节控制，适于数字信息的传输。但是使用时分复用系统传送计算机数据时，由于计算机数据的突发性质，用户对分配到的子信道的利用率一般是不高的。时分复用可能会造成线路资源的浪费。因此，相应的对时分复用技术的改进方法出现了，就是统计时分复用。时分多路复用 TDM 多用来传输数字信号，但并不局限于传输数字信号，有时也可以用来分时传输模拟信号。

电话就是时分复用最经典的例子，此外时分复用技术在广电领域也获得了广泛应用，如 SDH（Synchronous Digital Hierarchy，同步数字体系）、ATM（Asynchronous Transfer Mode，异步传输模式）、IP 和 HFC（Hybrid Fiber Coaxial，混合光纤同轴电缆网）网络中用户终端设备 CM 与前端设备 CMTS 的通信都利用了时分复用技术。

1.4.4　波分复用（WDM）

所谓波分复用就是整个波长频带被划分为若干个波长范围，每个用户占用一个波长范围来进行传输，是在一根光纤中同时传输多个波长光信号的技术。在光通信领域，人们习惯按波长而不是按频率来命名。因此，所谓的波分复用本质上是光域的频分复用而已。波分复用原理如图 1-21 所示。

发送端有 n 个发射机，它们所发射的光的波长分别是。通过光波长复用器将 n 个光信号集中为一个光信号，送入光纤线路。若线路较长，就需要光放大器把光信号放大。光放大器解决了衰减对光传输网络传输速率与距离的限制，并使超高速、超大容量、超长距离的波分、密集波分、全光传输等成为现实。光放大器的主要应用为发射机后的功率放大、接收机前的前置放大和线路中的中继放大，用来补偿传输中信号的衰减。在接收端通过分用器对载有信号的光信号分离出各波长的信号。滤波器可以从主信道的光信号中分出特定波长的光信道。

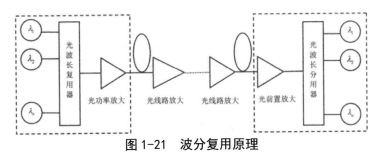

图 1-21　波分复用原理

波分复用应用在光纤通信中，可以根据每一信道光波的频率（或波长）不同将光纤的低损耗窗口划分成若干个信道。波分复用可以充分利用光纤的巨大带宽资源，使一根光纤的传输容量比单波长传输增加几倍至几十倍。另外，对于已经建成的光纤通信系统扩容方便，只要原系统功率余量较大，就可以进一步增容而不必对原系统作大的改动，节省了线路投资。由于 WDM 技术使用的各波长的信道相互独立，因而可以传输特性和速率完全不同的信号。WDM 技术有很多应用形式，利用 WDM 技术选择路由可以实现高度的组网灵活性、经济性和可靠性。

1.5　多址技术

当把多个用户接入一个公共的传输媒质实现相互间的通信时，需要给每个用户的信号赋予不同的特征，以区分不同的用户，这种技术即为多址技术。多址接入技术可以允许多个用户终端同时共享无线通信信道，从而提高频谱利用率。

多址技术是指在通信网内处于不同位置的多对用户同时进行通信的技术。多路复用和多址技术有相似之处，那就是都是为了共享通信资源。但是二者有本质区别，多路复用一般在中频或基带实现，而多址技术通常在射频实现。多路复用中将通信资源预先分配给各个用户，而多址接入中通信资源通常是动态分配的，根据用户对通信资源的需求动态改变通信资源的分配。

多址技术要研究的问题是如何区分多个信道，使各信道间互不干扰。目前已实用的多址技术主要有时分多址（Time Division Multiple Access，TDMA）、频分多址（Frequency Division Multiple Access，FDMA）、正交频分多址（Orthogonal Frequency Division Multiple Access，OFDMA）和码分多址（Code Division Multiple

Access，CDMA）。

1.5.1 时分多址（TDMA）

时分多址是在给定传输频带的条件下，把传递时间划分成周期性的帧，每一帧再分割成若干时隙，每个时隙就是一个通信信道，分配给一个用户。用不同时隙来区分用户的地址，只允许各用户在规定的时隙内发射信号，这些射频信号通过卫星转发器时，在时间上是严格依次排列、互不重叠的。也就是说，时分多址是不同地址的用户占用同一频带和同一载波，只是占用的时间不同。

1.5.2 频分多址（FDMA）

如果根据配置的载波频率的不同来区分地球站的地址，这种多址连接方式就为频分多址。频分多址的基本原理是：将给定的频谱资源按频率划分，把传输频率划分为若干个较窄的、互不重叠的子频带（信道或频道），为每个用户分配这样一个信道；这些信道按用户需求动态进行分配，用户信号调制到所分配的信道上，各用户的信号可以同时传送；接收时按信道提取用户信号，从而实现多址通信。也就是在频分多址中，不同地址的用户占用不同的频率，或者说采用不同的载波频率。通过滤波器选取信号并抑制无用干扰，各信道在时间上可同时使用。

FDMA 技术比较成熟，第一代蜂窝式移动电话系统采用的就是 FDMA 技术。目前我国运行的模拟蜂窝式移动电话系统均使用 FDMA 技术。

在数字蜂窝通信系统中，采用 FDMA 制式的优点是技术比较成熟并且容易与现有的模拟系统兼容。但是系统中同时存在多个频率的信号容易形成互调干扰，这是主要缺点。

1.5.3 正交频分多址（OFDMA）

正交频分多址接入系统将传输带宽划分为一系列正交的互不重叠的子载波集，将不同的子载波集分配给不同的用户实现多址。OFDMA 系统可动态地把带宽资源分配给需要的用户，容易实现系统资源的优化利用。OFDMA 可以看作将总资源（时间、带宽）在频率上进行分割，实现不同用户接入。

1.5.4 码分多址（CDMA）

码分多址是不同地址的用户占用相同频率和同一时间段，但需要利用正交（或准正交）的伪随机码作为地址信息，对已调信号进行扩频调制，使频谱大大展宽。在接收端以本地产生的地址码为参考，根据相关性的差异对接收到的所有信号进行鉴别，从中将地址码与本地地址码完全一致的宽带信号还原为窄带信号而选出。卫星通信已经成功应用了 CDMA 技术。

与 TDMA、FDMA 相比，CDMA 具有容量大、低功率、软切换、抗干扰能力强等一系列优点。

1.6　双工技术

对于点到点的通信，根据信息传送的方向与时间的关系可以分为三种通信方式：单工、半双工和全双工。

1.6.1　单工技术

单工技术是指在任何时间内，信息只能从发送方发给接收方。也就是说，通信信道是单向的，任何时刻发送方只能发送，接收方只能接收，单工方式如图 1-22 所示。收音机接收广播信号使用的就是单工技术，广播站发送信号，收音机接收信号。电视广播使用的也是单工技术。

图 1-22　单工方式

1.6.2　半双工技术

对于半双工而言，通信的两个节点既可以作为发送方也可以作为接收方，即通信可以双向进行，但是在同一时刻，信息只能在一个方向上传递。生活中常用的对讲机使用的就是半双工技术。通信的双方可以发送数据也可以接收数据，但是在同一时刻，对讲机处于听的状态或者处于说的状态。半双工方式如图 1-23 所示。

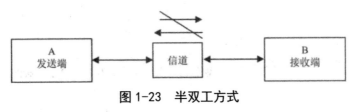

图 1-23　半双工方式

1.6.3 全双工技术

全双工通信是指在通信的任意时刻，两个节点间的通信信道上可以有两个不同方向的信息同时进行传输，因此也称为双向同时通信。在全双工方式下，通信系统的每一端都设置了发送器和接收器，因此，能控制数据同时在两个方向上传送。生活中使用的语音通话或者视频通话使用的就是全双工技术，通信双方可以同时给对方发送数据，也可以接收数据。全双工方式如图 1-24 所示。

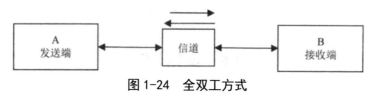

图 1-24　全双工方式

1.7　通信技术分类

通信技术按照不同的分类标准有不同的分类方法。例如，按照信道中传输的信号可以分为模拟通信和数字通信；按照传输介质可以分为有线通信和无线通信；按照通信设备的工作频率不同可以分为长波通信、中波通信、短波通信、远红外通信等。本节主要依据通信距离来介绍通信技术的分类，包括短距离无线通信技术、移动通信技术、低功耗广域网通信技术、卫星通信技术和光纤通信技术。

1.7.1 短距离无线通信技术

顾名思义，短距离通信是指短距离之内的信息传输技术，该技术主要解决物联网感知层信息采集的无线传输。每种短距离无线传输技术都有不同的应用对象和应用场景。常用的短距离通信技术主要包括蓝牙技术、Zig Bee 技术、超宽带（Ultra Wide Band，UWB）技术、射频识别（Radio Frequency Identification，RFID）技术、WiFi 技术、NFC（Near Field Communication，近场通信）技术、LiFi（可见光无线通信）技术和 M2M（Machine-to-Machine）通信技术。

1.7.2 移动通信技术

移动通信也是远距离通信的一种，它已经成为现代综合业务通信网不可缺少的一环，与卫星通信和光纤通信一同被称为三大新兴通信手段。移动通信是指通信的一方或者双方可以在移动中进行通信，因此，移动通信的特点之一就是用户的移动性。

纵观移动通信的发展历史，移动通信已经从第一代移动通信系统（1G）发展到现在的第五代移动通信系统（5G）。第一代移动通信系统为模拟移动通信系统，采用了频分双工、频分多址制式，并利用蜂窝组网技术以提高频率资源的利用率。第二代移动通信系统以数字化为主要特征，构成了数字式蜂窝移动通信系统，主要技术包括 GSM 技术、GPRS 技术和 CDMA 技术。第三代移动通信系统已经进入以多媒体业务为主要需求的时代，因此技术上也彻底解决了第一代、第二代移动通信系统的主要弊端，主要制式包括 WCDMA 技术、CDMA2000 技术、TD-SCDMA 技术和 Wi MAX 技术。虽然 3G 传输率快，但是仍然无法满足多媒体的通信需求。第四代移动通信系统能够提供更大的频宽要求，满足 3G 尚不能达到的在覆盖、质量、造价上支持的高速数据和高分辨率多媒体服务的需要。4G 是 3G 的进一步演化，是多种技术的融合。4G 所采用的标准模式主要包括两种技术：TD-LTE 和 FDD-LTE。TD-LTE 和 FDD-LTE 都是分时长期演进技术，但是 TD-LTE 是 TDD 版本的长期演进技术，被称为时分双工技术，而 FDD-LTE 采用的是分频模式。类似时分复用技术和频分复用技术。第五代移动通信技术与 4G、3G、2G 不同，它并不是一个单一的无线接入技术，而是多种新型无线接入技术和现有无线接入技术演进集成后的解决方案总称，具有超高的频谱利用率和超低的功耗，在传输速率、资源利用、无线覆盖性能和用户体验等方面将比 4G 有显著提升。5G 的关键技术包括大规模 MIMO 技术、基于滤波器组的多载波技术、全双工技术、超密集异构网络技术、自组织网络技术、软件定义无线网络技术和内容分发网络技术。

1.7.3 低功耗广域网通信技术

物联网希望通过通信技术实现人与物、物与物的连接。在智能家居、工业数据采集等场景可以通过短距离无线通信技术来解决通信问题。但是对于远距离的连接及通信，短距离无线通信技术则不能完成，因此远距离无线通信技术应运而生。低功耗广域网通信（Low-Power WAN，LPWAN）技术正是为了满足低带宽、远距离、大量连接的物联网的需求而产生的远距离无线通信技术。

LP WAN 可以分为两类：一类是工作于未授权频谱的 LoRa、Sig Fox 等技术；另一类是工作于授权频谱的 3GPP（Third Generation Partnership Project）支持的 2G/3G/4G 蜂窝通信技术，比如 EC-GSM、LTE Cat-m、NB-IoT 等。

1.7.4 卫星通信技术

自 20 世纪 90 年代以来，卫星移动通信的迅速发展促进了天线技术的进步，卫星通信以其通信容量大、覆盖范围广、组网方便迅速等多种优势成为建立全球个人通信必不可少的关键通信技术。卫星通信具有的优点还有很多，比如通信距离远、传输频带宽、通信线路稳定可靠、机动性能好等。

按照卫星业务分类，可以分为卫星固定业务、卫星广播业务、卫星移动业务、卫星导航业务、卫星气象业务和科学试验业务等。

卫星通信技术主要包括卫星移动通信技术和同步卫星通信技术。

1.7.5 光纤通信技术

光纤通信技术是利用光导纤维传输信号以实现信息传递的一种通信方式。实际应用中的光纤通信系统使用的不是单根的光纤，而是许多光纤聚集在一起而组成的光缆。

目前，光源通常使用激光二极管（Laser Diode，LD）及其光电集成组件。光纤在短距离传输时用多模光纤，长距离传输时用单模光纤。光探测器用 PIN 光敏二极管或雪崩光敏二极管及其光电集成组件。调制方式分为两种：一种为直接调制，即光信号随电信号变化而变化；另一种为间接调制，使光源发出连续不断的光波，通过一个外调制器实现发光强度的变化。在光纤信道内传输时，信号光强度由于损耗和色散而逐渐减弱。因此，在长距离通信时，需要用光中继器来满足将传输中的光信号放大的要求，实现长距离光纤通信。光中继器主要分为两类：光电转换型中继器和全光型中继器。

第2章 工业通信技术

2.1 物联网通信体系

体系结构可以精确地定义系统的组成部件及之间的关系，指导开发者遵循一致的原则实现系统，以保证最终建立的系统符合预期的需求。因此，物联网体系结构是设计与实现物联网系统的首要基础。

本章首先针对物联网的体系结构进行研究和探讨，然后进一步探讨目前物联网应用的模式，从而对这些模式所使用的各种通信技术进行归纳和分析，最后抽象出这些通信技术的体系。

2.1.1 USN 体：系架构及其分析

2.1.1.1 USN 体系架构

目前，国内外提出了很多物联网的体系结构，但是这些体系结构多是从应用和实施的角度给出的，如最为典型的 ITU–T 建议中提出的泛在传感器网络（Ubiquitous Sensor Network，USN）高层架构。

USN 体系结构自下而上分为 5 个层次，分别为传感器网络层、传感器网络接入层、骨干网络层（NGN/NGI/ 现有网络）、网络中间件层和 USN 网络应用层。

一般传感器网络层和泛在传感器网络接入层可以合并成为物联网的感知层，主要负责采集现实环境中的信息数据。在当前的物联网应用中，骨干网络层就是目前的互联网，未来将被下一代网络 NGN 所取代。而物联网的应用层则包含了泛在传感器网络中间件层和应用层，主要实现物联网的智能计算和管理。

2.1.1.2 感知层

感知层解决的是人类世界和物理世界的数据获取问题，是物联网的皮肤和五官，主要用于采集物理世界中发生的物理事件和数据，是物理世界和信息世界的衔接层，是实现物联网全面感知和智慧的基础。

感知层的主要技术包括二维码标签和识读器、射频标签（RFID 标签）和阅读器、多媒体信息采集（如摄像头）、实时定位、各种物理、化学传感器等。通过这些技术感知采集外部物理世界的各种数据，包括各类物理量、身份标识、位置信息、音频、视频数据等，然后通过网络层传递给合适的对象。

为了实现感知的功能，感知层的关键技术还必须包括一些通信技术，特别是无线通信技术。

例如，针对 RFID 技术，本书认为附着在物品上的 RFID 标签被赋予了一个特殊的身份——物品的"身份证"，从这个角度来说，标签即成为了物品的一个属性，帮助物联网的应用系统来感知物品的标识。

基于这样的认识，RFID 阅读器可以被认为是用来感知物品标识的感知设备。RFID 标签和阅读器也可以划归为物联网的感知层，它们之间存在着尢线通信，这种通信是为了实现感知才产生的。现在的不停车收费系统（Electronic Toll Collection，ETC）、超市仓储管理系统等都是基于 RFID 技术的物联网应用。

另外，导航定位技术也是一种需要借助通信技术才能完成感知的技术，其中的用户接收机随时放置在需要定位的物品上，而用户接收机和定位卫星之间是需要无线通信的。

导航技术和标签技术具有一个共同点，它们与其他功能部件之间的通信，不是为了传输信息给互联网，而仅仅为了感知，并且，这两种技术的重要部分都是放置在物体之上。但是，这两种技术也是有所区别的：

导航系统中的用户接收机是一种感知设备，而标签是用来被感知的。

接收机可以放置在不同的载体上，和载体不存在一一对应的关系；而标签技术主要是以物品身份证的地位存在的，和载体存在着一一对应的关系。

另外，一些负责在互联网和感知设备之间进行通信，以实现必要的信息交互的通信技术，也被归为感知层的功能。多数情况下，这些通信过程需要借助特定的网关节点来完成。

2.1.1.3 网络层

USN 高层架构的网络层是物联网的神经，完成远距离、大范围的信息沟通，主要借助于已有的网络通信系统（如 PSTN 网络、2G/3G/4G 移动网络、广电网等），把感知层感知到的信息快速、可靠、安全地传送到互联网 / 目的主机，并最终汇聚到应用层。目前网络层的核心还是互联网。

网络层的各种网络技术，从功能上看，也可以分为两类，分别是接入网和互联网。

物联网中的各种智能设备，首先需要借助各种接入设备和通信网，实现与互联网的相连，这正是 USN 体系中所给出的接入层的作用。根据 USN，接入网由一些网关或汇聚节点组成，为感知网与外部网络（或控制中心）之间的通信提供基础设施。

这一部分通信可以包含很多技术，简单低速的如电话线（调制解调器）接入，复杂的如无线 Mesh 网接入，高速稳定的如光纤接入 FTTx，便携的如 3G、4G 等。另外，电力线通信技术也为信息接入带来了很好的应用前景。而三网融合实现之后，也将会更有利于物联网的快速推进。

【案例 2-1】360 车卫士汽车安全智能管家

系统利用内置的 GSM 控制模块，通过手机模拟车主打火的过程，实现遥控启动汽车引擎，并打开汽车的空调，达到提前制冷（或暖车）的效果，当用户进入车辆时，车内已经凉爽（或温暖）了，极大地提高了用户的舒适度。

为了保证安全，需要把车上控制器的手机号码设置为授权号码，并绑定到自己的手机后才能使用。启动后无需担心车辆的安全问题，如果没有使用遥控器或者手机打开车门，车辆会立即熄火并报警，并向车主的手机发送短信（报警信息）。如果 15 分钟后，车主没有用遥控器和手机打开车门，汽车会自动熄火结束制冷（或暖车）过程。

如果车上安装了 GPS 模块，系统还可以返回当前车辆位置的文字信息，或者车辆位置的地图链接，车主用手机打开这个链接即可看到车辆在地图上的位置。

在这个案例中，GSM 网络作为接入网，承担了汽车和用户之间交流的通信平台。这个选型是很容易想到的，有线网肯定不可以，Wi-Fi 距离太短，与生活密切相关，距离合适的，只有蜂窝网（包括 GSM、3G、4G 等），考虑到成本，所以采用了 GSM。

在可预见的时间内，互联网仍是网络的核心和发展主力，作为一个沙漏形状的体系，向下统一着不同种类的网络，向上支撑着不同种类的应用，为用户提供了越来越丰富的体验，成为了目前物联网当之无愧的核心。

目前，互联网技术已经较为成熟，但仍面临着很多问题。最大的问题当属 IP 版本的改进，虽然 IPv6 前景诱人，但是过渡阶段却很漫长；关于 QoS 和安全等问题虽然有了较好的解决方案，但是在应用上推行还比较慢；复杂的 TCP 经历了很多版本的算法改进，但是在物联网新领域的很多应用却不容乐观等。

需要指出的是，原有的各种接入网络和互联网络最初是针对"人"这类用户而设计的，当物联网大规模发展之后，接入网和互联网能否完全满足物联网数据通信的要求还有待验证。即便如此，在物联网发展初期，从技术和经济上考虑，借助已有接入网和互联网络进行不同距离的通信是必然的选择。

2.1.1.4 应用层

物联网的核心功能是对信息资源进行采集、开发和利用，最终价值还是体现在"利用"上，因此应用层是物联网发展的体现。其主要功能是根据底层采集的数据，形成与业务需求相适应，实时更新的动态数据，以服务的方式提供给用户，为各类业务提供信息资源支撑，从而最终实现物联网各行业领域的应用。

这些物联网应用绝大多数都属于分布式的系统（参与的主机和设备分布在网络上的不同地方），需要支撑跨应用、跨系统，甚至跨行业之间的信息协同、共享、互通。如果直接架构在互。联网基础上（例如 Socket）进行开发，开发效率必然低下。这时，分布式系统开发环境的作用就体现出来了。

分布式系统开发环境经历了长时间的发展，目前可以提供很多有用的工具和服务（如目录服务、安全服务、时间服务、事务服务、存储服务等），可以为开发分布式系统提供众多便利，极大地提高了分布式系统的开发效率，使得开发者可以站在"巨人的肩膀上"。

另外，感知数据的管理与处理技术是物联网核心技术之一，如数据的存储、查询、分析、挖掘和理解、决策等，理应作为应用层的重要环节。在这方面，云计算平台作为海量数据的存储、分析平台，将是物联网的重要组成部分。

2.1.1.5 体系结构的分析

USN 的高层架构可描述物联网的物理构成和涉及的主要技术，对物联网应用的构建有着较强的指导意义。但是对于物联网通信这门课来说，USN 的高层架构不能完整、细节地反映出物联网系统实现中的组网方式、通信特点和功能组成等，需要更加详细地描述和概括，才能对物联网应用中通信技术的选型进行指导。

另外，USN 各层次，特别是感知层和网络层，都掺杂了多种通信技术，依据网络体系结构（ISO/OSI 或 TCP/IP），这些通信技术包含了重复的层次（比如物理层、数据链路层乃至网络层等），不够明晰，对于物联网通信这门课来讲，从传统的网络体系结构入手显然更加合适。

2.1.2　计算机网络体系结构

计算机网络通信存在两大体系结构，分别是 ISO/OSI 体系和 TCP/IP 体系，它们都遵循分层、对等层次通信的原则。

2.1.2.1 ISO/OSI 体系结构

虽然遵循 ISO/OSI 标准的物理网络慢慢消失了，但是由于 ISO/OSI 的概念体系比较明晰，很多新的物理网络也都遵循着 ISO/OSI 层次思想进行设计。

ISO/OSI 体系结构如图 2-1 所示。

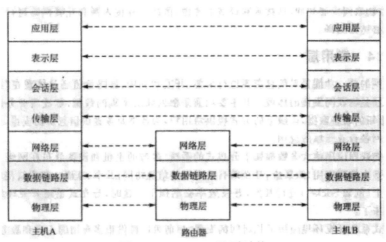

图 2-1　ISO/OSI 体系结构

1. 第 7 层——应用层（Application Layer）

应用层是 OSI 参考模型的最高层，主要负责为应用软件提供接口，使应用软件能够使用网络服务。应用层提供的服务包括文件传输、文件管理以及电子邮件等。

需要指出的是，应用层并不是指运行在网络上的某个应用程序（如电子邮件软件 Fox-mail、Outlook 等），应用层规定的是这些应用程序应该遵循的规则（如电子邮件应遵循的格式、发送的过程等）。

2. 第 6 层——表示层（Presentation Layer）

表示层提供数据表示和编码格式，以及数据传输语法的协商等，从而确保一个系统应用层所发送的信息可以被另一个系统的应用层识别。

例如，两台计算机进行通信，假如其中一台计算机使用广义二进制编码的十进制交换码（EBCDIC），而另一台使用美国信息交换标准码（ASCII），那么它们之间的交流就存在着一定的困难（显而易见，对于相同的字符，其二进制表示是不同的）。如果表示层规定通信必须使用一种标准化的格式，而其他格式必须实现与标准格式之间的转换，那么这个问题就不存在了，这种标准格式相当于人类社会的世界语。

3. 第 5 层——会话层（Session Layer）

会话层建立在传输层之上，允许在不同机器上的两个应用进程之间建立、使用和结束会话。会话层在进行会话的两台机器之间建立对话控制，管理哪边发送数据、何时发送数据、占用多长时间等。

4. 第 4 层——传输层（Transport Layer）

在源、目的主机上的通信进程之间提供可靠的端到端通信，进行流量控制、纠错、无乱序、数据流的分段和重组等功能。

OSI 在传输层强调提供面向连接的可靠服务，在后期才开始制定无连接服务的有关标准。下面介绍面向连接和无连接通信 / 服务的概念。

（1）面向连接的通信。面向连接（Connection-oriented）的通信，即网络系统在两台计算机发送数据之前，需要事先建立起连接的一种工作方式。其整个工作过程有建立连接、使用连接（传输数据）和释放连接三个过程。

最典型的、面向连接的服务就是电话网络，用户在通话之前，必须事先拨号，拨号的过程就是建立连接的过程，而在挂断电话的过程就是释放连接的过程，这些都有专门的信令在执行这些功能。

需要注意的是，电话通信是独占了信道资源（简单理解为电话线），连接的建立意味着资源的预留（别人不能占用），而在计算机网络中大多数面向连接的服务是共享资源的，这种连接是虚拟的，即所谓的虚连接，它是靠双方互相"打招呼"后，在通信过程中不断"通气"和重发来保证可靠性的。

（2）面向无连接的通信。面向无连接（Connection less）的通信，不需要在两台计算机之间发送数据之前建立起连接。发送方只是简单地向目的地发送数据分组（或数据报）即可。手机短信的发送可以看成是面向无连接的，发短信之前无需事先拨号（对方号码可以看成短信的一个附属属性）。

在通常的情况下，面向连接的服务，传输的可靠性优于面向无连接的服务，但因为需要额外的连接，通信过程的维护等开销，协议复杂，通信效率低于面向无连接的服务。

OSI 在传输层定义了 5 种传输协议，分别是 TP0、TP1、TP2、TP3 和 TP4，协议复杂性依次递增。其中 TP4 是 OSI 传输协议中最普遍的。

5. 第 3 层——网络层（Network Layer）

网络层是最核心的一层，使得在不同地理位置的两个主机之间，能够实现网络连接和数据通信。为了完成这个目的，网络层必须规定一套完整的地址规划和寻址方案。在此基础上，网络层完成路由选择与中继、流量控制、网络连接建立与管理等功能。

OSI 网络层可以提供的服务有面向连接的和面向无连接的两种。

面向无连接网络协议（Connection Less Network Protocol，CLNP）相当于 TCP/IP 协议中的因特网协议（IP），是一种 ISO 网络层数据报协议，因此，CLNP 又被称为 ISO-IP。

面向连接网络协议（Connection-Oriented Network Protocol，CONP），主要提供网络层的面向连接的服务。

6. 第 2 层——数据链路层（Data Link Layer）

数据链路层主要研究如何利用已有的物理媒介，在相邻节点之间形成逻辑的数据链路，并在其上传输数据流，即数据链路层提供了点到点的传输过程。

数据链路层协议的内容包括：

按照规程规定的格式进行封装和拆封。

如果在信息字段中出现与帧控制域信息（比如起，止标志字段）一样的组合，则需要进行一定的处理来避免产生混乱，实现帧的透明传输。

数据链路的管理，包括建立、维护和释放。

在多点接入的情况下，提供数据链路端口的识别。

数据帧的传输及其顺序控制。

流量控制。

差错检测、纠正、帧重发等。

其他。

7. 第 1 层——物理层（Physical Layer）

物理层是 OSI 参考模型的最底层，直接面向实际承担数据传输的物理媒体（即网络传输介质），保证通信主机间存在可用的物理链路。

物理层的主要任务就是规定各种传输介质和接口与传输信号相关的一些特性：机械特性、电气特性、功能特性、规程特性。

2.1.2.2 TCP/IP 参考模型

TCP/IP 体系结构是围绕 Internet 而制定的，是目前公认的、实际上的标准体系。TCP/IP 体系结构对物理层和数据链路层进行了简化处理，合称为网络接口层。这实际上反映了 TCP/IP 的工作重点和定位：TCP/IP 体系关心的不是具体的物理网络实现技术，而是如何对已有的各种物理网络进行互联、互操作。

TCP/IP 体系结构如图 2-2 所示。

图 2-2 TCP/IP 网络体系结构

1. 第 4 层——应用层

简单地说，TCP/IP 的应用层包含了 ISO/OSI 体系的应用层、表示层和会话层，也就是用户在开发网络应用时，需要注意表示层和会话层的功能。例如，程序涉及的加密过程、图像 / 视频的压缩编码算法等就属于 OSI 表示层的范畴；远程教学系统涉及的提问 / 发言等的课堂秩序控制（主要用于并发控制）属于 OSI 会话层的范畴。

应用层为用户提供所需各种服务的共同规范，例如，Fox mail 和 Outlook 都是邮件程序，它们本身不属于应用层范畴，但它们所遵循的邮件内容格式、发送过程属于应用层范畴。有了这些规范，Fox mail 和 Outlook 才能相互发送、识别电子邮件，包括：

DNS 域名服务解析域名。

远程登录（Telnet）帮助用户使用异地主机。

文件传输使得用户可在不同主机之间传输文件。

电子邮件可以用来互相发送信件。

Web 服务器，发布和访问具有网页形式的各种信息。

其他。

2. 第 3 层——传输层

传输层负责数据流的控制，是保证通信服务质量的重要部分。TCP/IP 的传输层定义了两个协议，分别是 TCP（Transmission Control Protocol，传输控制协议）和 UDP（User Data-gram Protocol，用户数据报），分别是面向连接和面向无连接的服务。

两台计算机经过网络进行数据通信时，如果网络层服务质量不能满足要求，则使用面向连接的 TCP 来提高通信的可靠性；如果网络层服务质量较好，则使用没有什么控制的、面向无连接的 UDP，因为它只增加了很少的工作量，可尽量避免降低通信的效率。

但是很可惜，基本上任何一个面对用户的应用系统，都不太可能进行这样的动态调整，都必须将自己的主要出发点分为"要可靠"、"要实时"两大类，前者使用 TCP，后者使用 UDP。

互联网的传输层研究主要在 TCP 上，TCP 得到了不断发展，越来越复杂，越来越完善。但是在无线传感器网络这一典型的物联网应用中，由于节点性能的限制，不可能每个节点都采用 TCP。有两种方式在传感器网中部署传输层：

将整个网络的数据信息汇聚传输给汇聚节点（Sink），而汇聚节点作为功能较为完整的节点，与外部其他网络的通信可以采用已经存在的各种传输层协议，包括 TCP。

在节点上部署简化的 TCP 或者使用 UDP。

3. 第 2 层——网络层

互联网的网络层也可以称为 IP（Internet Protocol）层。

网络层在数据链路层提供的点到点数据帧传送的功能上，进一步管理网络中的数据通信，将数据从源主机经若干中间节点（主要是路由器）传送到目的主机。

网络层的核心是 IP 协议，为传输层提供了面向无连接的服务。

网络层的功能有：路由选择、分组转发、报文协议、地址编码等。特别是路由选择和分组转发，被认为是网络层的核心工作，人们投入了大量的研究。

目前，IP 的路由算法已经比较成熟。以 IPv4 为例，路由算法包括 RIP、OSPF 等；TCP/IP 网络层的发展方向是 IPv6，其路由算法包括 RIPng、OSPFv3 等。随着移动技术的发展，移动 IP（Mobile I P，MIP）技术受到了重视。

IP 协议提供统一的 IP 数据包格式，以消除各通信子网的差异，从而为信息发送方和接收方提供透明通道。以下几个协议工作在 TCP/IP 的 Internet 层。

IP：在 IP 地址、IP 报文的基础上，提供无连接、尽力而为的分组传送路由，它不关心分组的具体内容、正确性以及是否到达目的方，只是负责查找路径并"尽最大努力"把分组发送到目的地。

Internet 控制消息协议（ICMP）：给主机和路由器提供控制消息，如网络是否通畅，主机是否可达，路由是否可用等。这些控制消息虽然不传输用户数据，但是对于用户数据的传递起着重要的辅助作用。

地址解析协议（ARP）：已知 IP 地址，获取相应数据链路层的地址（MAC 地址）。

网际组管理协议（IGMP）：用来在主机和组播路由器（需和主机直接相邻）之间维系组播组。

4. 第 1 层——网络接口层

TCP/IP 体系模型的网络接口层基本对应于 ISO/OSI 体系模型的物理层和数据链路层。

2.1.2.3 体系结构的比较

TCP/IP 体系模型和 ISO/OSI 体系模型的比较。

1. 相同点

两者都是分层的模型，都遵循着对等层次虚拟通信，下层为上层服务，最终的通信在物理媒介上进行实现的原则。

两者都有应用层，尽管所包含的应用服务不尽相同。

两者都有定位基本相同的传输层和网络层。

两者都使用分组交换（而不是电路交换）技术。

其他。

2. 不同点

TCP/IP 模型将 ISO/OSI 模型的表示层和会话层合并到应用层之中，将 ISO/OSI 模型的数据链路层和物理层合并成为网络访问层（并且没有进行具体规定），这样，由于具有较少的层数，TCP/IP 体系模型看上去较为简单。

ISO/OSI 模型制定的标准较为复杂，实现起来较为困难，并且在一些层次中的部分功能重复。

其他。

3. 实用效果

ISO/OSI 参考模型中具体的协议，因为较为复杂，所以实现起来较为困难，典型的网络是 X.25。X.25 数据分组交换网络执行广泛的错误检查和数据分组确认，这是因为最初是在质量很差的电话网上实现这些服务的。但是随着通信技术的不断发展，有线网络已经越来越可靠了，过分地强调可靠性限制了网络的效率，已经不合时宜。目前，采用该体系结构和标准的物理网络越来越少。

相反，TCP/IP 则非常简单实用。不管底下的物理网络提供什么样的服务，TCP/IP 仅在网络层提供不可靠的、尽力而为（Best-effort）的无连接服务；在传输控制层提供了两大类协议，一个是可靠的、面向连接的 TCP 协议，一个是不可靠的、面向无连接的 UDP 协议。UDP 工作非常简单（可以简单地认为就是在网络层之上加了几项信息），而 TCP 的核心（流量控制和拥塞控制）也是尽量瞄准网络效率。

这里需要指出，不要认为在面向连接的服务之上，就只能提供面向连接的工作，最典型的例子是 HTTP。HTTP 是目前互联网上最普遍的应用层协议，是架构在 TCP 协议之上的，它借助了 TCP 的可靠性，对用户却是提供了面向无连接的服务。

同样，也不要认为在面向无连接的服务之上，就只能提供面向无连接的服务。最典型的例子是 TCP，它是架构在网络层 IP 协议之上的，IP 提供的是典型的面向无连接的服务，但是 TCP 通过在发送方和接收方之间通过协商（三次握手建立 TCP 连接），建立起相互"通气"的机制，来保证数据的可靠性。这种情况，在任何两个相邻层次之间都可能出现。

4. 教学效果

由于 ISO/OSI 参考模型具有较为清晰的结构，特别是关于物理层和数据链路层的定义和描述，常被用来进行教学指导，帮助理解网络工作的过程。

目前，绝大多数物理网络在网络层之下是分层的，而且都包含物理层和数据链路层，并将自己的体系结构对应于 ISO/OSI 参考模型。

例如，针对物理层，其媒体分为两大类，有线方式和无线方式。

针对有线传输方式，在短距离上，由于以太网的众多优势，双绞线的作用日益重要；在长距离上，将越来越多地实现光纤化，速度得到了大幅度提高。

针对无线传输方式，物理层需要提供简单且强健的信号调制和无线收发技术，包括传输介质选择、传输频段选择、无线电收发器的设置、调制方式等，主要介质包括无线电、红外线、光波等。

另外，多路复用技术、多址技术、中继/放大技术及其设备、调制/解调技术、传输模式（同步/异步）、双工模式（单工/半双工/全双工）等，也都属于物理层的范畴。

在数据链路层上，也存在不少工作。

针对有线网部分，局域网目前统一为以太网；广域网主要为光纤网，其上可以使用多种数据链路层的协议，如 PPP；接入网虽然发展更加多样化，但也在数据链路层上，借助 PPP 和以太网的技术是一大趋势。它们都是针对数据链路层来设计的。

针对无线网，工作就相对复杂多了，在数据链路层，不仅需要实现公平优先的通信资源共享，还要处理数据包之间的碰撞，以及暴露站、隐蔽站问题等。目前，众多有关 MAC 协议的研究，从工作方式上可以有如下划分：

基于随机竞争的 MAC 协议。

基于时分多址/频分多址/码分多址的 MAC 协议。

混合方式的 MAC 协议。

在无线 Mesh 网（WMN）中，甚至还在数据链路层制定了路径算法（相当于路由算法）。

数据链路层的相关设备主要包括：网络接口卡（NIC）及其驱动程序、网桥、二层交换机等。

相反，TCP/IP 的网络接口层对于理解整个网络（特别是具体物理网络）工作，则显得有些模糊不清晰。

另外，随着无线网络的迅速发展，与移动节点的拓扑控制、路由算法等网络层相关的内容受到重视。无线网络，特别是无线传感器网络，在运行过程中具有高度灵活性，其网络资源的可用性也随着位置移动、物理环境变化而动态改变。如何在这些动态变化的情况下保证系统可靠、稳定的运行，提供满足用户需求的优质服务，这就要求网络应具备系统自治、自组织、自配置等特点，进而要求其路由算法也应具有某些特殊的特点，如以数据为中心、数据融合特性、适应频繁变化的拓扑结构、与应用密切相关等。

为此，研究人员进行了大量的研究，提出了大量的路由算法。这些都不是TCP/IP 所属范畴。当然，也不属于 ISO/OSI 的标准体系。

因此，为了便于讲解，通常提出图 2-3 所示的抽象的通信体系结构，它不规定任何实质性的标准和协议，只提供工作的框架和大体的工作范畴。应该说这种体系更加科学。尽管如此，网络的研究者还是习惯将自己的工作对应于 ISO/OSI体系。

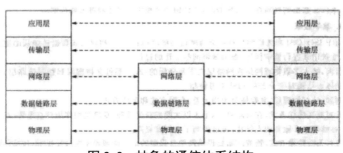

图 2-3　抽象的通信体系结构

2.1.3 从通信角度出发的物联网体系结构分析

2.1.3.1 通信模式

针对目前大家所熟悉的互联网，虽然互联了不同的物理网络，但是从本质上讲，通信模式还是比较简单明了的，即通信的双方只有实现对等层次的协议（一般都要实现五层协议），才能进行相互通信，这是网络通信规则设定好的，本书把这种通信模式称为直接通信模式。

但是对于物联网来说，由于各种应用千差万别，所以通信模式要根据具体环境具体分析，这主要是由接触环节各个智能节点（包括感知节点和执行节点）的特性决定的。很多智能节点通常是功能较为简单的设备，而能量供应也并非无限，所以不太可能处理复杂的业务。因此，要求这些节点也具有和主机一样的通信层次，实现直接通信模式，是不切实际的。如果希望这些节点和互联网上的主机进行数据通信，一般需要通过一些特殊的节点（网关）进行转换，然后才能实现。本书把这种模式称为网关连接通信模式。

也正是借助于网关这一特殊的节点，使得在物联网中，各个环节需要实现的通信协议栈也可能不相同。

【案例 2-2】南航校区违章车辆的管理系统

由于车辆数量逐年增加，南航校园交通管理压力逐年增加。乱停乱放的车辆对校内交通影响较大，以往的纯人工管理方式效率低下，远远不能满足需求。南航校区采用了违章车辆管.理系统，将教职工的机动车、车主等信息加密后通过二维码形式打印在通行证上。管理过程中，以智能手机拍摄出入证上的二维码来自动识别违章车辆的信息，通过 Wi-Fi 将信息保存至后台数据库进行快捷方便的记录，以便在合适的时间进行统计分析和处理。

这个系统的选型，因为是在校园内部，Wi-Fi 能够全部覆盖，所以对于学校来讲，成本几乎为零。

在案例 2-2 中，手机作为智能节点，拥有较强的性能和功能，可以实现五层协议栈，还可以使用较为丰富的通信辅助平台，实现典型的直接通信模式。

【案例 2-3】假想的智能楼道管理系统

如图 2-4 所示，在建筑的楼道中部署红外线探测头（或者声音感知设备），当探测头感知到有人经过时，自动打开走廊灯，同时利用一个简单的信号，就能触发后台系统进行处理（例如提示监控人员通过视频摄像头进行监控）。

如果希望更加智能化，实现无人值守，则可以通过一个网关（可以是计算机上的一个特殊软件）把"有人通过"这个信号打包成 IP 数据包，发给后台监控服务器，由后者启动其视频监控功能，记录视频监控录像。

在案例 2-3 中，感知节点（红外线探测头）可以做得非常简单廉价，不能要求其具有完整的五层协议栈，也许仅仅经过物理层的一个信号传递，就可以完成感知节点和后台监控系统的通信了。

但是，网关作为一个"正常"的节点，应该实现完整的五个层次的通信协议，因为只有实现了这五个层次的通信协议，才能根据对等层通信的原则，将数据通过互联网转发给后台的监控服务器。

因此，这就出现了协议转换的问题，即网关必须在收到感知节点发来的物理信号后，对信号进行分析，转换成应用层定义的信息，经过传输层、IP 层、数据链路层的逐层封装后（可以理解为协议补充），才能发给后台监控服务器，如图 2-5 所示。

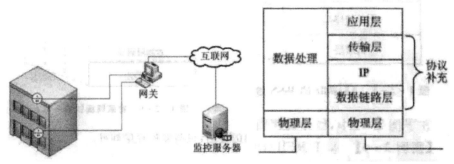

图 2-4 智能楼道管理   图 2-5 网关的协议转换问题

由此可以看出，接触节点的通信可能很简单，不必具备图 2-6 中传感器节点的架构，例如案例 2-3 中的红外线探测头。接触节点的通信也可以很复杂，甚至超出了图 2-4 中传感器节点的架构。例如，存在一些在传输层（如 AOA）甚至应用层（如 CoAP、EBHTTP）上进行的相关研究和规范。

2.1.3.2 物联网的通信体系结构

在设计与实现物联网应用系统之前，需要确定物联网通信的体系、系统通信所需的组成部件、部件之间的相互关系，以及部件需要完成的工作（例如协议转换）等，有了这样的指导，才能完成不同设备的集成、异构数据的交互等，为物联网应用系统的顺利实施打下良好的基础。

虽然物联网是一种新提出的概念，但物联网通信的体系结构并没有什么本质的变革。另外，通信过程仍然是以当前已经存在的技术为主，特别是互联网技术。但物联网应用因为越来越多地面向"物"这类用户，因此也使物联网的通信具有一些新的特点，从而设计出一些新的面向物联网应用的通信技术。在设计新的通信技术时，更应该对通信体系有明确的了解，在应用需求明确定位的基础上，确定自身的层次。

在物联网中，将会有越来越多的数字化物体（如传感器节点）加入，其中很多都是资源受限的，包括能量、计算能力、存储能力等。因此，在通信协议设计时需要考虑的一个重要原则就是：节约能量。

考虑了其他一些因素，有学者提出了传感网的通信体系结构，如图 2-8 所示。该协议以传统的五层体系架构为主体，辅以能量管理平台、任务管理平台、移动管理平台等，具有多个维度，实现跨层管理。

但是，物联网应用千差万别，采用的通信技术各不相同，有简单复杂之分，不太可能要求每一个技术都必须实现 5 层协议。本书借鉴图 2-6 的体系结构，给出了一个物联网通信的体系框架（如图 2-7 所示）。在这个体系中，必然要涉及的是物理层和应用层，其他层次都是可选的，即依据不同的通信实现，具有不同的层次。

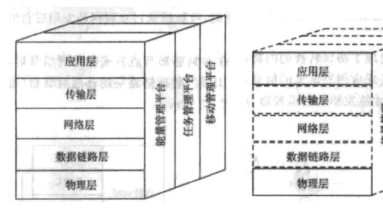

图 2-6 Akyildiz 的 WSN 通信体系结构　　图 2-7 物联网通信参考体系

在案例 2-3 中，红外线探测头到网关之间的通信，只需要物理层即可。

【案例 2-4】基于 RFID 的餐饮系统

由南航为某公司开发的基于 RFID 的餐饮管理系统（一期），前台主机通过串口线连接 RFID 阅读器，并经由 RFID 阅读器读取员工卡（内含 RFID 标签），从而实现对员工的就餐进行管控（每月就餐次数动态维护），同时，还将就餐信息写入后台数据库，以便后续进行统计、分析，并顺利实现与供餐单位的快速结算。

在案例 2-4 的整个操作过程中，RFID 标签和 RFID 阅读器之间，以及 RFID 阅读器和主机之间的通信，都是仅涉及物理层和数据链路层的协议。RFID 阅读器应用层读取 RFID 标签的信息后，经过必要的转换，再通过串口发送给前台计算机。

另外，该体系中，也涉及能量管理、拓扑管理、移动管理等，这些都是针对移动、资源受限节点所设计的层面，可以跨越多个层次。

2.1.3.3　直接通信模式的分析

目前，很多接触节点都是以计算机（或其他智能终端，如 PDA、智能手机等）的辅助设备出现的（如手机的摄像头、案例 2-4 中的 RFID 阅读器等），其中一个重要的特点是，两者之间的距离比较近。

所谓的直接通信模式，是指智能终端和远程应用系统之间是直接对等通信的，而接触节点是附属于智能终端的，受后者直接控制。

1. 接触节点的抽象模型

因为接触节点是以设备的形式连接到智能终端的，这样，接触节点的通信不必具有复杂、完整的协议栈，接触节点的驱动只需要提供 API 即可。接触节点可以通过很多种方式将数据传送给智能终端，有线方式如系统总线、串口线、并口线、USB 等，无线方式如蓝牙、红外等。

接触节点可以抽象描述为图 2-8 所示模型。

图 2-8 中的信息 / 信号转换部件，目前更多的是 AC/DC 转换器，负责将数字信号和模拟信号进行相互转换。

但是，信息 / 信号转换部件也可以比较复杂。基于前面对 RFID 标签技术的分析，把 RFID 阅读器考虑成用来感知的接触节点（RFID 标签被考虑为物体的一个特殊属性），则信息 / 信号转换部件应该为相关的协议栈转换软件，把两层无线通信协议（涉及多路存取算法）接收到的 RFID 信息转换为数字信号。

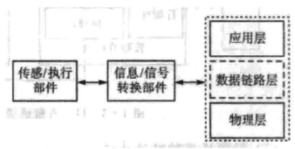

图 2-8　接触节点抽象模型（1）

这类技术比较特殊，实现了接触节点与物品之间的通信，但是目前很多外界事物还只是处于待感知的地位，与接触节点是没有通信交流的。相信随着各种技术的发展，融入物品的技术和功能将越来越多，接触节点与物品之间的通信也会越来越频繁，信息 / 信号转换部件也会越来越复杂。

仍然以 RFID 为例，RFID 阅读器和智能终端之间的通信（图 2-8 中最右侧）可以是有线的串口通信，涉及数据链路层。

但是一些简单的接触节点，并不需要数据链路层就可以完成与智能终端之间的通信，如案例 2-3 的红外线探测头，其处理器只需要一个简单的阈值开关，输出一个电平信号给智能终端即可，不一定需要数据链路层的功能。

2. 传输体系分析

基于上面的抽象，可以把一个物联网应用的传输环节抽象如图 2-9 所示，接触节点一般以外部设备的形式连接到智能终端，智能终端采集到数据后，封装成 IP 数据，通过接入网传送到互联网。接触节点与智能终端之间可以采用简单的有线方式（比如串口线、USB 等），也可以采用流行的无线方式（如蓝牙、红外无线通信等）。

（1）接触节点和外界物品的通信。目前，除了 RFID 和导航等少部分技术外，接触节点和外界物体的交流都比较简单（要么感知，要么产生一定的影响），没有涉及数据的通信。但是，随着接触节点，特别是外界物体越来越智能化，接触节点的发展方向是能够和外界物体实现越来越多的、更加复杂的交流（例如，洗羊毛衫应"告诉"洗衣机采用多大的水流、什么样的洗衣液等），这样，才能实现物联网"物与物"交流的最终目的。

接触节点感知和处理外界对象的方式越来越多的是双向交流，越来越多地借助通信技术，与此同时，协议栈也将在这一环节越来越多的得以呈现。

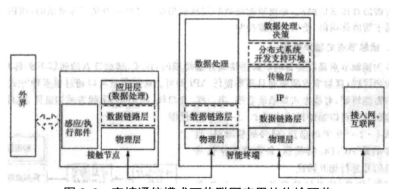

图 2-9　直接通信模式下物联网应用的传输环节

（2）智能终端的特殊地位。智能终端（如主机、智能手机、PDA 等）一方面需要和互联网上的其他主机进行对等方式的通信，一方面需要对接触节点进行控制、读取，从某种意义上讲，智能终端承担了类似网关的作用，将接触节点的信息读取出来，并转换为可以放到互联网上进行处理的数据，或者从互联网接受指令，转发给接触节点。

在智能终端和接触节点数据交流的过程中，因为接触节点多作为设备直接连接在智能终端上，或者和智能终端实现单步通信，一般不涉及网络层和传输层。这一部分通信，即前面所说的末端网通信。

智能终端在读取数据后，和互联网上其他节点的通信，必须遵循对等通信的原则，因此需要添加传输层的地址信息（TCP 和 UDP 的端口号）和网络层的地址信息（IP 地址）之后，才能将数据传递到互联网。

（3）接入网。接入网长度一般为几百米到几公里，负责实现将各种终端的数据转接进互联网中，或者进行反方向数据的传输。接入网发展非常迅速，经历了很多种接入技术。

传统的接入网主要是以铜缆的形式为用户提供一般的语音业务和少量的数据业务，如电话网及拨号上网技术。

随着社会的发展，人们对各种新业务，特别是宽带综合业务的需求日益增加，一系列接入网新技术应运而生，其中包括以现有双绞线为基础的接入技术（如 xDSL，最常见的是 ADSL），广电网上提供的混合光纤 / 同轴（HFC）接入技术，以太网到户技术 ETTH，目前发展迅速的光缆技术（FTTx），以及 ISDN、专线 DDN 等。

另一方面，人们对接入的便利性要求也逐渐提高，各种无线接入技术应运而生。无线接入技术与有线接入技术的一个重要区别在于可以向用户提供移动中的接入业务，可以为用户提供极大的便利，这也为很多物联网应用提供了可能性。案例 2-2 中，无法想象校警拖着一根网线，在校园中检查违章车辆的情景。

无线接入技术包括无线局域网（Wi-Fi）、无线广域网（WWAN）等。目前以 3G、4G 为代表的蜂窝接入技术，以及无线 Mesh 网（WMN）为代表的多跳接入技术，极大地扩展了物联网应用的接触范围。

正是因为各种接入方式的不断推陈出新，在速度、部署、便利性等方面各有所长，为物联网的信息接入提供了极大的便利。在开发物联网的各种应用时，人们有了更多的选择余地，来为用户提供性价比更高的服务。

（4）分布式系统的开发。物联网系统应该是分布式的系统。所谓分布式系统，是指分布在不同地域的主机上的应用程序同时执行，为了完成某一项，或多项任务而协调工作。当然，在一台主机上也可以有不同的进程通过相关通信手段来协同工作。

开发分布式系统，最直接的方式就是基于 Socket（套接字）技术进行编程。

套接字技术起源于 20 世纪 70 年代加州大学伯克利分校的 BSD Unix。最初，套接字被设计用来在同一台主机上多个应用程序之间进行通信，目前则被应用于不同主机之上的应用程序之间的通信。

套接字具有三种类型，分别是流式套接字（SOCK–STREAM）、数据报式套接字（SOCK–DGRAM）和原始套接字（SOCKET–RAW），其中前两者分别对应着传输层的 TCP 协议和 UDP 协议。

套接字技术以 API 形式，采用了 C/S（Client/Server，客户端 / 服务器）模式的机制，为开发网络应用程序提供了进程间通信的功能。套接字技术为开发人员屏蔽了 TCP/IP 网络编程的细节，降低了用户了解 TCP 协议和 IP 协议的要求，大大提高了开发分布式系统的效率。但是随着软件系统开发规模的不断扩大，仅仅依靠 Socket 技术来开发，开发的效率就有些捉襟见肘了。

图 2–9 中给出的分布式系统开发支持环境，从层次上分析，处于通信协议栈中的应用层的底部，它在基于套接字技术的基础上，提供了多种服务和接口，为进一步开发网络系统提供了便利。

分布式系统开发支持环境作为分布式系统开发的伴生技术，经历了较长的时间，发展出很多技术，如消息中间件、数据库中间件、远程过程调用技术（Remote Procedure Call，RPC）、分布对象计算技术（Distributed Object Computing，DOC）、分布式组件技术、Web Service 技术、网格技术，以及各种云计算（Cloud Computing）平台等。每一类都有一些经典的技术代表。

这些分布式系统开发支持技术除了屏蔽下层（Socket）数据传输的细节和为开发过程提供便利外，还提供了许多额外的服务和特性来为开发大型分布式系统提供支持，比如安全、事务、实时、时间等。

特别是云计算技术，是当前研究和应用的热点，是分布式计算、并行计算、网络存储、虚拟化、负载均衡等多个计算机领域技术发展融合的产物，为大规模计算提供了可能，使得海量数据、大数据的分析、处理不再遥不可及。

这些分布式开发支持环境的出现，为大型分布式系统的开发提供了强有力的支持，可以大大提高大型分布式系统的开发效率。当然，对于那些简单的分布式系统，则不一定是必需的。

鉴于篇幅有限，本书将不对分布式开发支持环境进行介绍。

2.1.3.4 网关通信模式的分析

网关通信模式下的物联网应用，是当前研究的热点。

网关通信模式的代表性技术就是无线传感器网络（WSN）技术，其中的网关可以理解为汇聚节点（Sink）。因为接触节点距离传统的互联网较远，无法直接接入互联网，只得借助一些新兴的通信手段，将数据和网关进行交流后，才能由网关作为代理与互联网进行交互。

另一类代表性技术是机会网络（包括车载 Ad Hoc 网络），它们都属于 Ad Hoc 网络的一种。本书称这类网络为末端网络。

网关通信模式下的物联网应用，发展前景是非常乐观的。可以想象，这些无线传感器节点放置在那些不便于长期驻守、危险的地点，大大减少了人工的成本和危险，为更大范围地接触物理世界奠定了良好的基础。

1. 接触节点的抽象模型

网关通信模式下，接触节点的一个特点是离传统的互联网较远，因此接触节点难以作为主机的附属设备而存在，大多以独立设备的形式存在。为此，数据的传输难以做到简单、快捷、可靠。

在这种模式下，如果希望接触节点和互联网进行数据交流，数据链路层则是必需的，以便实现较远距离的数据传送。例如现场总线技术，通过执行数据链路层相关协议，将数据从干扰严重的厂房内接出，汇聚在一个总线控制器上，由总线控制器转发给车间监控室。

在无线方式下，接触节点可能会因为距离较远而无法一步到达网关（例如 WSN 的数据通常需要经过多跳传输），为了实现数据"有方向"的进行通信，往往会借助于路由算法和报文转发技术等网络层的功能。

在无线方式下的网络层中，值得研究的、与通信相关的内容非常多，包括面向 Ad Hoc、WSN、随机网络等的路由算法、拓扑控制算法等，其中后者往往是前者研究的基础。

有的应用为了实现传输的可靠性，还研究了传输层相关技术，包括可靠传递、拥塞控制等。如 PSFQ、ESRT 传输协议等。因此，对接触节点的要求就更高。

具体采用什么样的协议栈，需要根据具体的应用需求和使用环境来具体分析。

据此，接触节点可以抽象描述为图 2-10 所示的模型。

同样是摄像头的例子，手机摄像头只需要提供 API 即可，而十字路口的摄像头（可以远程访问）因为不能作为辅助设备直接连接在智能终端上，它应该实现比前者更为复杂的通信协议栈。

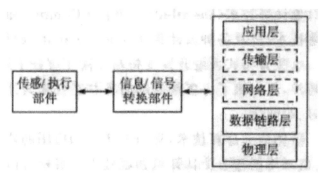

图 2-10　接触节点抽象模型（2）

2.传输体系分析

网关模式下的物联网通信体系较为复杂，如图 2-11 所示。

（1）末端网的引入。在案例 2-5 中，GPS 接收机作为接触节点，需要通过车载总线将数据传输给 GPS 终端，再发给互联网。网关通信模式下，接触节点通常需要借助一些通信技术才能实现与网关节点，乃至互联网的通信，而这些技术往往和传统互联网不相同。

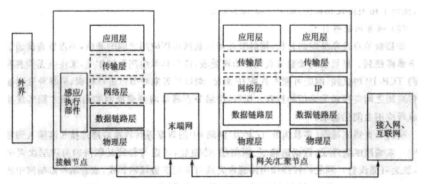

图 2-11　网关模式下物联网应用的传输环节

这种通信包括有线方式和无线方式，简单的可以是串口线通信，复杂的可以是涉及网络层通信技术的 WSN 等。而且，还存在一种可能，即 2 个甚至多个通信技术共同使用来完成数据的传递。本书称执行这种通信的网络为末端网，顾名思义，负责将末端神经（接触节点）和大脑（互联网）联系起来的网络。

末端网的出发点和当前的互联网有着很大的不同，一个显著的区别是：末端网往往和需求紧密相连，为某一个特定的应用服务。

末端网的相关技术是目前研究最多、技术发展最快的一个范畴。

针对有线通信方式，一个热门的话题是现场总线（FCS）技术，如 CAN 总线、LIN 局域互联网络等，可以实现监控设备与厂房内（环境较为恶劣、噪声较大、干扰较多）的接触节点（负责感知 / 控制生产机器的设备）之间的数字通信。这类网络广泛应用在电力、水处理、烟草、水泥、汽车、矿山以及无人监控、楼宇自动化、智能家居等领域。

目前研究最多的末端网是应用在以下环境中的无线通信技术：

不方便部署通信设备，如在丘陵地带、沙漠环境等不方便部署基站、有线网络。

不方便长期人工值守，如矿井险情探测。

具有一定危险性，如战场环境、地震等灾难地区。

其他信息接入较为困难的环境。

针对这一类环境，越来越多的研究聚焦于自组织网络。自组织网络是一大类网络的统称，属于无（或较少）固定设施的网络。无线传感器网络（WSN）是典型的末端网代表，Zig Bee 等技术对此有明确的针对性，成为目前接受程度较高的个域网标准。此外，机会网络和车载网络（VANET）也是当前研究的一个热点。

这类网络，基本采用无线通信方式，为了实现有目的性、有方向性或有选择性的数据传输，协议栈往往需要增加网络层，来完成多跳转发，延伸距离。

还有一些无线方式，如通过卫星、飞机、激光等手段实现的无线通信方式，可以实现定向照射 / 接收，或者单跳可达，则可以不必采用网络层技术。

为了对数据的传输提供更高的服务质量，还有学者对这类网络的传输层进行了专门的研究，提出了相关协议和算法，如 PSFQ、ESRT 等。

（2）网关的明确引入。如接触节点抽象模型的分析，接触节点和互联网远程应用之间的通信，不再像直接通信模式下那样便利。且目前的接触节点往往功能受限，这与具体应用密切相关，无法也无须具有完整的 TCP/IP 协议栈，因此可能不具备 IP 地址、端口号等来对节点进行标识，最终导致无法和远程应用之间完成对等通信的过程。所以，接触节点通常需要借助网关的转换才能实现互联网远程应用之间的通信。

网关负责将末端网（多数为非 TCP/IP 网络）中的数据进行转换后通过接入网接入到互联网中。末端网的物理层、数据链路层、网络层、传输层，可以与传统互联网的对应层次完全不同，甚至可能没有。网关的转换作用体现在完成对应层次协议的转换，或者填补末端网中所欠缺的层次。

（3）性能的妥协。随着技术的发展和应用需求的不断提高，在网关（甚至接触节点）上部署较高层次的协议也提上日程。网关和互联网上的远程应用进程之间的通信，无论是有线方式还是无线方式，都应该实现完整的五层协议。但是某些网关处理能力较弱，如果运行传统互联网的 TCP 协议和 HTTP 协议则显得有些勉强。

针对 TCP 协议，由于 TCP 采用复杂的流量控制、拥塞控制和重传机制等来实现可靠传输，因此 TCP 并不太适用于资源受限的设备。

为此，对于那些处理能力较弱的设备，物联网常采用非常简单的 UDP 协议作为传输层的协议。但是，UDP 是不可靠的传输机制，为此需要与应用层相结合，以提高物联网数据传输的可靠性。另外，也有一些研究采用简化的 TCP 作为传输层的协议。

为了使一些嵌入式系统可以提供 Web 服务，相关组织和公司指定了特殊的协议和标准。例如，EBHTTP（Embedded Binary HTTP）是 IETF 专门针对物联网中资源受限的嵌入式设备正在制定的一种应用层协议，EBHTTP 采用压缩的二进制消息代替标准 HTTP 采用的 ASC Ⅱ 消息，并以 UDP 代替 TCP 来降低传输开销，同时保持了标准 HTTP 的简单性、无状态性和可扩展性。

因为在性能上的妥协，网关往往不采用复杂的分布式系统开发支持环境。并且，网关的工作一般更侧重于通信的转换，而不是业务的完善。因此，本节所展示的体系中，并未列出分布式系统开发支持环境。

【案例 2-5】思增出租车 GPS 监控调度管理系统

该系统集 GPS、GSM、GIS 和计算机网络技术于一体，具有定位监控、实时调度、信息发布、反劫防盗等功能。调度中心可以向 GPS 车载终端发出呼叫指令，终端收到指令后，可将定位数据通过 GSM 传到调度中心，直接显示在调度中心的电子地图上。利用对车辆的具体位置，运行线路等信息数据，可以进行 24 小时定时监控管理，甚至可以远程熄火。除此之外，系统还可以辅助呼叫车辆。

案例 2-5 中，可以把 GPS 终端作为一个网关节点。GPS 终端通过车载总线（现场总线的一种）读取 GPS 用户接收机的数据，通过接入网（本书分析应该是采用了 GSM+GPRS 所形成的 2.5G 的分组通信技术）将数据传送到互联网，以进行后续的调度、监控等。

2.2　串行 TWI（I^2C）通信

I^2C（Inter Integrated Circuit）总线实际上已经成为一个标准，得到了近百家公司的认可，并在超过几百种不同的 IC 上实现。I^2C 提供了有效的 IC 控制和非常简单的电路连接，使得 PCB 板的设计得以简化。在最新 I^2C 协议 2.0 版本中，更是新增了高速模式（HS 模式），支持高达 3.4Mb/s 的位速率。

AVR 系列单片机内部集成了 TWI（Two-Wire Serial Interface）串行总线接口。该接口是对 I^2C 总线的继承和发展，它不但全面兼容 I^2C 总线的特点，而且在操作和使用上比 I^2C 总线更为灵活，功能更加强大。

AVR 的 TWI 是一个面向字节和基于中断的硬件接口，它不仅弥补了某些型号单片机只能依靠时序模拟完成 I^2C 总线工作的缺陷，同时也有着更好的实时性和代码效率，给系统设计人员提供了极大的方便。

I^2C 通信协议提供了支持总线仲裁的多主机通信模式，所以尽管 I^2C 总线只使用 2 根信号线（通常称为 2 线接口），但与 USART、SPI 串行通信协议相比，它对时序要求更加严格，协议也相对复杂。因此在学习和使用 TWI 时，首先需要对 I^2C 协议有比较深入的了解。本章将在学习 I^2C 总线协议的基础上，重点介绍 AVR 的 TWI 的特点，以及在实际中的应用。

2.2.1　I^2C 串行总线介绍

2.2.1.1　I^2C 总线结构和基本特性

I^2C 总线是 NXP（原 Philips）公司推出的一种用于 IC 器件之间连接的 2 线

制串行扩展总线，它通过 2 根信号线（SDA，串行数据线；SCL，串行时钟线）在连接到总线上的器件之间传送数据，所有连接在总线的 I²C 器件都可以工作于发送方式或接收方式。图 2-15 所示为 I²C 总线结构图。

I²C 总线的 SDA 和 SCL 是双向 I/O 线，必须通过上拉电阻接到正电源，当总线空闲时，2 线都是"高"。所有连接在 I²C 总线上的器件引脚必须是开漏或集电极开路输出，即具有"线与"功能。所有挂在总线上器件的 I²C 引脚接口也应该是双向的：

SDA 输出电路用于向总线上发数据，而 SDA 输入电路用于接收总线上的数据；主机通过 SCL 输出电路发送时钟信号，同时其本身的接收电路要检测总线上 SCL 电平，以决定下一步的动作；从机的 SCL 输入电路接收总线时钟，并在 SCL 控制下向 SDA 发出或从 SDA 上接收数据，另外也可以通过拉低 SCL（输出）来延长总线周期（见图 2-12）。

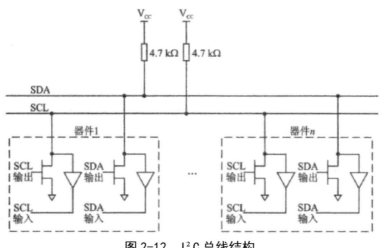

图 2-12　I²C 总线结构

I²C 总线上允许连接多个器件，支持多主机通信。但为了保证数据可靠的传输，任一个时刻总线只能由一台主机控制，其他设备此时均表现为从机。I²C 总线的运行（指数据传输过程）由主机控制。所谓主机控制，就是由主机发出启动信号和时钟信号，控制传输过程结束时发出停止信号等。每一个接到 I²C 总线上的设备或器件都有一个唯一独立的地址，以便于主机寻访。主机与从机之间的数据传输，可以是主机发送数据到从机，也可以是从机发送数据到主机。因此，在 I²C 协议中，除了使用主机、从机的定义外，还使用了发送器、接收器的定义。

发送器表示发送数据方，可以是主机，也可以是从机；接收器表示接收数据方，同样也可以代表主机，或代表从机。在 I²C 总线上一次完整的通信过程中，主机和从机的角色是固定的，SCL 时钟由主机发出，但发送器和接收器是不固定的，经常在变化。这一点请读者特别留意，尤其在学习 I²C 总线时序过程中，不要把它们混淆在一起。

2.2.1.2　I²C 总线时序与数据传输

当 I²C 总线处在空闲状态时，因为各设备都是开漏输出，所以在上拉电阻的作用下，SDA 和 SCL 均为高电平。I²C 总线上启动一次数据传输过程的标志为主机发送的起始信号，起始信号的作用是通知从机准备接收数据。当数据传输结束时，主机需要发送停止信号，通知从机停止接收。因此，一次数据传输的整个过程由从起始信号开始，到停止信号结束。同时这两个信号也是启动和关闭 I²C 设备的信号。图 2-13 是 I²C 总线时序示意图，图中最左边和最右边给出了起始信号和停止信号的时序条件。

起始信号时序：当 SCL 为高电平时，SDA 由高电平跳变到低电平。

停止信号时序：当 SCL 为高电平时，SDA 由低电平跳变到高电平。

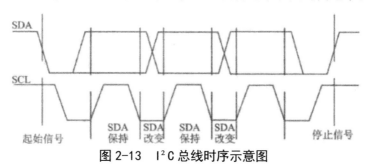

图 2-13　I²C 总线时序示意图

因此在 I²C 总线上的数据传输过程中，数据信号线 SDA 的变化只能发生在 SCL 为低电平的期间内。从图 2-13 中间部分的时序中，可以清楚地看到这一点。

在 I²C 总线的数据传输过程中，发送到 SDA 信号线上的数据以字节为单位，每个字节必须为 8 位，而且是高位在前，低位在后，每次发送数据的字节数量不受限制。

但在这个数据传输过程中需要着重强调的是，当发送方发送完每一字节后，都必须等待接收方返回一个应答响应信号 ACK，如图 2-14 所示。

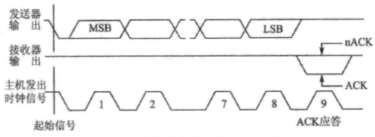

图 2-14 I²C 总线的字节传输和响应信号 ACK

响应信号 ACK 宽度为 1 位，紧跟在 8 个数据位后面，所以发送 1 字节的数据需要 9 个 SCL 时钟脉冲。响应时钟脉冲也是由主机产生的，主机在响应时钟脉冲期间释放 SDA 线，使其处在高电平（见图 2-14 上面的信号）。而在响应时钟脉冲期间，接收方需要将 SDA 拉低，使 SDA 在响应时钟脉冲高电平期间保持稳定的低电平（见图 2-14 中间的信号）。

实际上，图 2-14 中上面和中间的两个信号应该"线与"后呈现在 SDA 上的。由于在这个过程中存在比较复杂的转换过程，所以将它们分开便于在下面做更仔细的分析。

主机控制驱动 SCL，发送 9 个时钟脉冲，前 8 个为传输数据所用，第 9 个为响应时钟脉冲（见图 2-14 下面的信号）。

在前 8 个时钟脉冲期间，发送方作为发送器，控制 SDA 输出 8 位数据到接收方。

在前 8 个时钟脉冲期间，接收方作为接收器，处在输入的状态下，检测接收 SDA 上的 8 位数据。

在第 9 个时钟脉冲期间，发送方释放 SDA，此时发送方由先前的发送器转换成为接收器。

在第 9 个时钟脉冲期间，接收方则从先前的接收器转换成为发送器，控制 SDA，输出 ACK 信号。

在第 9 个时钟脉冲期间，发送方作为接收器，处在输入的状态下，检测接收 SDA 上的 ACK 信号。

最后，发送和接收双方都依据应答信号的状态（ACK/nACK），各自确定下一步的角色转换，以及如何动作。

在上面的分析过程中，使用了发送方和接收方来表示通信的双方，而没有使用主机和从机的概念，这是因为数据的发送可以是主机，也可以是从机。因此，不管是主机作为接收方，还是从机为接收方，在响应时钟脉冲期间都必须回送应答信号。

应答信号的状态有 2 个：低电平用 ACK 表示，代表有应答；高电平用 nACK 表示，代表无应答。应答信号在 I²C 总线的数据传输过程中起着非常重要的作用，它将决定总线及连接在总线上设备下一步的状态和动作。一旦在应答信号上发生错误，例如接收方不按规定返回或返回不正确的应答信号，以及发送方对应答信号的误判，都将造成总线通信的失败。

2.2.1.3 I²C 总线寻址与通信过程

前面已经介绍过 I²C 总线是支持多机通信的数据总线，每一个连接在总线上的从机设备或器件都有一个唯一独立的地址，以便于主机寻访。

I²C 总线上的数据通信过程是由主机发起的，以主机控制总线，发出起始信号作为开始。在发送起始信号后，主机将发送一个用于选择从机设备的地址字节，以寻址总线中的某一个从机设备，通知其参与同主机之间的数据通信。地址字节的格式如下：

地址字节的高 7 位数据是主机呼叫的从机地址，第 8 位用于标示紧接下来的数据传输方向："0"表示要从机准备接收主机下发数据（主机发送 / 从机接收）；而"1"则表示主机向从机读取数据（主机接收 / 从机发送）。

当主机发出地址字节后，总线上所有的从机都将起始信号后的 7 位地址与自己的地址进行比较：如果相同，则该从机确认自己被主机寻址；而那些本机地址与主机下发的寻呼地址不匹配的从机，则继续保持在检测起始信号的状态，等待下一个起始信号的到来。

被主机寻址的从机，必须在第 9 个 SCK 时钟脉冲期间拉低 SDA，给出 ACK 回应，以通知主机寻址成功。然后，从机将根据地址字节中第 8 位的指示，将自己转换成相应的角色（0 ⇒ 从机接收器；1 ⇒ 从机发送器），参与接下来的数据传输过程。

图 2-15 所示为在 IC 总线上一次数据传输的示例，它实现了简单的操作：

主机向从机读取 1 字节。图中描述了整个数据传输的全部过程，给出了 I²C 总线上的时序变化 .SDA 上的数据情况，以及发送，接收双方相互转换与控制 SDA 的过程。

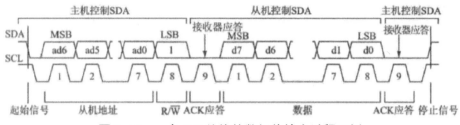

图 2-15　一个 IFC 总线的数据传输全过程示例

主机控制 SDA，在 I²C 总线上产生起始信号，同时控制 SCL，发送时钟脉冲。在整个传输过程中，SCL 都是由主机控制的。

主机发送器发送地址字节。地址字节的第 8 位为"1"，表示准备向从机读取数据。主机在地址字节发送完成后，放弃对 SDA 的控制，进入接收检测 ACK 的状态。

所有从机在起始信号后为从机接收器，接收地址字节，与自己地址比对。

被寻址的从机在第 9 个 SCL 时钟脉冲期间控制 SDA，将其拉低，给出 ACK 应答。

主机检测到从机的 ACK 应答后，转换成主机接收器，准备接收从机发出的数据。

从机则根据地址字节第 8 位"1"的设定，在第 2 个字节的 8 个传输时钟脉冲期间，作为从机发送器控制 SDA，发送 1 字节的数据。发送完成后放弃对 SDA 的控制，进入接收检测 ACK 的状态。

在第 2 个字节的 8 个传输时钟脉冲期间，主机接收器接收从机发出的数据。当接收到 d0 位后，主机控制 SDA，将其拉低，给出 ACK 应答。

从机接收检测主机的 ACK 应答。如果是 ACK，则准备发送 1 个新的字节数据；如果是 nACK，则转入检测下一个起始信号的状态。

在这个示例中，主机收到 1 字节数据后，转成主机发送器控制 SDA，在发出 ACK 应答信号后，马上发出停止信号，通知本次数据传输结束。

从机检测到停止信号，转入检测下一个起始信号的状态。

以上介绍了 I²C 总线基本的特性、操作时序和通信规范，这些概念对了解、掌握、应用 I²C 总线尤为重要。这是因为 I²C 总线在硬件连接上非常简单，只要将所有器件和设备的 SDA，SCL 并在一起就可以了，但复杂的通信规范的实现，往往需要软件的控制。尽管 AVR 的 TWI 接口在硬件层面上实现了更多的 I²C 底层协议和数据传送与接收的功能，但对于什么时间发出起始信号、停止信号，如何返回应答信号，以及主 / 从机之间的发送 / 接收器的相互转换，还是需要程序员根据实际情况，编写相应的、正确的系统程序才能实现。

关于 I²C 总线更多的特性，例如多主机的总线竞争与仲裁等，本书将不做介绍，有兴趣的读者可以通过本书共享资料中的参考资料《I²C 总线规范》进一步地深入学习。

2.2.2　AVR 的 TWI（I²C）接口与使用

AVR 单片机提供了实现标准 2 线串行总线通信 TWI（兼容 I²C 总线）硬件接口。其主要的性能和特点如下：

只需要 2 根线的强大而灵活的串行通信接口；

支持主控器 / 被控器的操作模式；

器件可作为发送器或接收器；

7 位的地址空间，支持最大从机地址为 128 个；

支持多主机模式；

高达 400kb/s 的数据传输率；

斜率受限的输出驱动器；

噪声监控电路可以防止总线上的毛刺；

全可编程的从机地址；

地址监听中断可以使 AVR 从休眠状态唤醒。

2.2.2.1　TWI 模块概述

AVR 的 TWI 模块由总线接口单元、比特率发生器、地址匹配单元和控制单元等几个子模块构成，如图 2-16 所示。图中所有寄存器可通过 CPU 数据总线进行读 / 写。

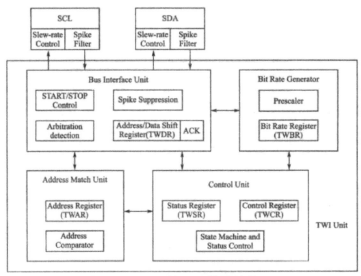

图 2-16　AVR 的 TWI 模块结构图

1.SCL 和 SDA 引脚

SCL. 和 SDA 为 MCU 的 TWI 接口的引脚。引脚的输出驱动器包含一个波形斜率限制器，以满足 TWI 规范；引脚的输入部分包含尖峰抑制单元，以去除小于 50 ns 的毛刺。

2. 波特率发生器

TWI 工作在主控器的模式时，由该单元控制产生 TWI 时钟信号，并驱动时钟线 SCL。时钟 SCL 的周期由 TWI 状态寄存器 TWSR 中的预分频设置位和 TWI 波特率寄存器 TWBR 设定。当 TWI 工作在被控器的模式时，不需要对波特率或预分频进行设定，但作为被控器，其 CPU 的时钟频率必须大于 TWI 时钟线 SCL 频率的 16 倍。SCL 的频率依据以下的等式产生：

式中：TWBR 为 TWI 波特率寄存器的值；TWPS 为 TWI 状态寄存器预分频位的值。在主机模式下，TWBR 的值应大于 10；否则可能会产生不正确的输出。

3. 总线接口单元

这个单元包括：数据和地址移位寄存器 TWDR 及起始 / 停止信号（START/STOP）控制和总线仲裁判定的硬件电路。TWDR 寄存器用于存放传送或接收的数据和地址。除了 8 位的 TWDR，总线接口单元还有一个寄存器 ACK，含有用于传送或接收的应答信号（ACK/nACK）。这个寄存器不能由程序直接读 / 写。当接收数据时，它可以通过 TWI 控制寄存器 TWCR 来置 1 或清 0。在发送数据时，ACK 值由 TWSR 的设置决定。起始 / 停止信号（START/STOP）控制电路负责 TWI 总线上的 START ，REPEATED START 和 STOP 逻辑时序的发生和检测。当 MCU 处于休眠状态时，START/STOP 控制器能够检测 TWI 总线上的 START/STOP 条件，当检测到被 TWI 总线上主控器寻址访问时，将 MCU 从休眠状态唤醒。

如果设置 TWI 接口作为主控器，在发送数据前，总线仲裁判定硬件电路会持续监控总线，以确定是否可以通过仲裁获得总线控制权。如果总线仲裁单元检测到自己在总线仲裁中丢失总线控制权，则通知 TWI 控制单元进行正确的总线行为的转换。

4. 地址匹配单元

地址匹配单元将检测从总线上接收到的地址是否与 TWAR 寄存器中的 7 位地址相匹配。如果 TWAR 寄存器中的 TWI 广播应答标志位 TWGCE 写为 "1"，则所有从总线上接收到的地址也会与广播地址进行比较。一旦地址匹配成功，将通知控制单元转入适当的操作状态。TWI 可以响应或不响应主控器对其的寻址访问，这取决于 TWCR 寄存器中的设置。当 MCU 处于休眠状态时，地址匹配单元仍可继续工作。在使能被主控器寻址唤醒，且地址匹配单元检验到接收的地址与自己地址匹配时，将 MCU 从休眠状态唤醒。在 TWI 由于地址匹配将 MCU 从掉电状态唤醒期间，如果有其他中断发生，则 TWI 将放弃操作，返回其空闲状态。如果这时会引起其他的问题，则在进入掉电休眠时，保证只允许 TWI 地址匹配中断被使能。

5. 控制单元

控制单元监视 TWI 总线，并根据 TWI 控制寄存器 TWCR 的设置做出相应的响应。当在 TWI 总线上产生需要应用程序干预处理的事件时，先对 TWI 的中断标志位 TWINT 进行相应设置，在下一个时钟周期时，将表示这个事件的状态字写入 TWI 状态寄存器 TWSR 中。在其他情况下，TWSR 中的内容为一个表示无事件发生的状态字。一旦 TWINT 标志位置 1，就会将时钟线 SCL 拉低，暂停 TWI 总线上的传送，让用户程序处理事件。

在下列状态（事件）出现时，TWINT 标志位设为 "1"：

在 TWI 传送完一个起始或再次起始（Start/Repeated Start）信号后；

在 TWI 传送完一个主控器寻址读 / 写（SLA 十 R/W）数据后；≥在 TWI 传

送完一个地址字节后；

在 TWI 丢失总线控制权后；

在 TWI 被主控器寻址（地址匹配成功）后；

在 TWI 接收到一个数据字节后；

在作为被控器时，TWI 接收到停止或再次起始信号后；> 由于非法的起始或停止信号造成总线上冲突出错时。

2.2.2.2 TWI 寄存器

本小节给出 TWI 相关寄存器的描述，寄存器的地址来自于 A Tmegal6 芯片。在其他型号的 AVR 中，这些寄存器所对应的地址可能不同，但功能是相同的。

1.TWI 波特率寄存器 TWBR

寄存器 TWBR 各位的定义如下：

位	7	6	5	4	3	2	1	0	
$00($ $0020)$	TWBR7	TWBR6	TWBR5	TWBR4	TWBR3	TWBR2	TWBR1	TWBR0	TWBR
读/写	R/W	R/W	R/W	R/W	R/W	R/W	R/W	R/W	
复位值	0	0	0	0	0	0	0	0	

位 7：0——TWBRn：TWI 波特率寄存器位。TWBR 用于设置波特率发生器的分频因子。波特率发生器是一个频率分频器，当工作在主控器模式下，它产生和提供 SCL 引脚上的时钟信号。

2.TWI 控制寄存器 TWCR

TWCR 寄存器用于 TWI 接口模块的操作控制。例如使能 TWI 接口；在总线上加起始信号（START）来初始化一次主控器的寻址访问；产生 ACK 应答；产生中止信号；在写入数据到 TWDR 寄存器时，控制总线的暂停等。在禁止访问 TWDR 期间，如试图将数据写入到 TWDR 时，要给出写入冲突标志。

寄存器 TWCR 各位的定义如下：

位	7	6	5	4	3	2	1	0	
$36($ $0056)$	TWINT	TWEA	TWSTA	TWSTO	TWWC	TWEN	-	TWIE	TWCR
读/写	R/W	R/W	R/W	R/W	R	R/W	R	R/W	
复位值	0	0	0	0	0	0	0	0	

位 7——TWINT：TWI 中断标志位。当 TWI 接口完成当前工作并期待应用程序响应时，该位被置位。如果 SREG 寄存器中的 I 位和 TWCR 寄存器中的 TWIE 位为"1"，则 MCU 将跳到 TWI 中断向量。一旦 TWINT 标志位被置位，时钟线 SCL 将被拉为低。在执行中断服务程序时，TWINT 标志位不会由硬件自动清 0，必须通过由软件写入逻辑"1"来清 0。清 0TWINT 标志位将开始 TWI 接口的操

作，因此对 TWI 地址寄存器 TWAR、TWI 状态寄存器 TWSR 和 TWI 数据寄存器 TWDR 的访问，必须在清 0TWINT 标志位前完成。

位 6——TWEA：TWI 应答（ACK）允许位。TWEA 位控制应答 ACK 信号的发生。如果 TWEA 位置 1，则在以下情况下 ACK 脉冲将在 TWI 总线上发生；

器件作为被控器时，接收到呼叫自己的地址；

当 TWAR 寄存器中的 TWGCE 位置位时，接收到一个通用呼叫地址；

器件作为主控器接收器或被控器接收器时，接收到一个数据字节。

如果清 0 TWEA 位，将使器件暂时虚拟地脱离 TWI 总线。地址识别匹配功能须通过设置 TWEA 位为"1"来重新开始。

位 5——TWSTA：TWI 起始（START）信号状态位。当要将器件设置为串行总线上的主控器时，须设置 TWSTA 位为"1"。TWI 接口硬件将检查总线是否空闲。如果总线空闲，则将在总线上发出一个起始信号；如果总线并不空闲，则 TWI 将等到总线上一个停止信号被检测到后，再发出一个新的起始信号，以获得总线的控制权而成为主控器。当起始信号发出后，TWSTA 位将由硬件清 0。

位 4——TWSTO：TWI 停止（STOP）信号状态位。当芯片工作在主控器模式时，设置 TWSTO 位为"1"，将在总线上发出一个停止信号。当停止信号发出后，TWSTO 位将被自动清 0；当芯片工作在被控器模式时，置位 TWSTO 位，用于从错误状态恢复。此时，TWI 接口并不发出停止信号，但硬件接口模块返回正常的初始未被寻址的被控器模式，并释放 SCL 和 SDA 线为高阻状态。

位 3——TWWC：TWI 写冲突标志位。当 TWINT 位为"0"时，试图向 TWI 数据寄存器 TWDR 写数据，TWWC 位将被置位；当 TWINT 位为"1"时，写 TWDR 寄存器将自动清 0TWWC 标志位。

位 2——TWEN：TWI 允许位。TWEN 位用于使能 TWI 接口操作和激活 TWI 接口。当 TWEN 位写为"1"时，TWI 接口模块将 I/O 引脚 PC0 和 PC1 转换成 SCL 和 SDA 引脚，并使能斜率限制器和毛刺滤波器。如果该位清 0，则 TWI 接口模块将被关闭，所有 TWI 传输将被停止。

位 1——保留。该位保留，读出总为"0"。

位 0——TWIE：TWI 中断使能位。当该位写为"1"且 SREG 寄存器中的 I 位置位时，只要 TWINT 标志位为"1"，TWI 中断请求就使能。

3.TWI 状态寄存器 TWSR

寄存器 TWSR 各位的定义如下：

位	7	6	5	4	3	2	1	0	
$01($01$ $0021)	TWS7	TWS6	TWS5	TWS4	TWS3	—	TWPS1	TWPS0	TWSR
读/写	R	R	R	R	R	R	R/W	R/W	
复位值	1	1	1	1	1	0	0	0	

位 [7：3]——TWS：TWI 状态位。这 5 位反映了 TWI 逻辑状态和 TWI 总线的状态。不同的状态码会在 2.2.2.3 小节描述。注意，从 TWSR 寄存器中读取的值包括了 5 位状态值和 2 位预分频值。因此，当检查状态位时，应该将预分频器位屏蔽，使状态检验与预分频器无关。

位 2——保留。该位保留，读出始终为"0"。

位 [1 ： 0]———TwPS：TWI 预分频器位。这些位能读或写，用于设置波特率的预分频率（见表 2-1）。

表 2-1　TWI 波特率预分频率设置

TWPS1	TWPS0	预分频值
0	0	1
0	1	4
1	0	16
1	1	64

4.TWI 数据寄存器 TWDR

在发送模式下，TWDR 寄存器的内容为下一个要传送的字节；在接收模式下，TWDR 寄存器中的内容为最后接收的字节。当 TWI 不处在字节移位操作过程时，该寄存器可以被写，即当 TWI 中断标志位（TWINT）由硬件置位时，该寄存器可以被写入。注意：在第一次 TWI 中断发生前，数据寄存器不能由用户初始化。当 TWINT 位置位时，TWDR 中的数据将保持稳定。当数据被移出时，总线上的数据同时被移入，因此，TWDR 的内容总是总线上出现的最后字节，除非当 MCU 从休眠模式中由 TWI 中断而唤醒。当 MCU 由 TWI 中断唤醒时，TWDR 中的内容是不确定的。在丢失总线的控制权，器件由主控器转变为被控器的过程中，数据不会丢失。TWI 硬件逻辑电路自动控制 ACK 的处理，CPU 不能直接访问 ACK 位。

寄存器 TWDR 各位的定义如下：

位	7	6	5	4	3	2	1	0	
$03($03$ $0023)	TWD7	TWD6	TWD5	TWD4	TWD3	TWD2	TWD1	TWD0	TWDR
读/写	R/W	R/W	R/W	R/W	R/W	R/W	R/W	R/W	
复位值	1	1	1	1	1	1	1	1	

位 [7 ：0]——TWD：TWI 数据寄存器位。这 8 位包括将要传送的下一个数据字节，或 TWI 总线上最后接收到的一个数据字节。

5.TWI（被控器）地址寄存器 TWAR

TWAR 寄存器高 7 位的内容为被控器的 7 位地址字。当 TWI 设置为被控接收器或被控发送器时，在 TWAR 中应设置被控器寻址地址。而在主控器模式下，不需要设置 TWAR。

在多主机的总线系统中，如果器件的角色既可为主控器，又可为被控器，则必须设置 TWAR 寄存器。

TWAR 寄存器的最低位用作通用地址（或广播地址 0x00）的识别允许位。相应的地址比较单元将会在接收的地址中寻找从机地址或通用呼叫地址（或广播地址）。如果发现总线下发的地址与 TWAR 指定地址匹配，则将产生 TWI 中断请求。

寄存器 TWAR 各位的定义如下：

位	7	6	5	4	3	2	1	0	
$02($0022)	TWA6	TWA5	TWA4	TWA3	TWA2	TWA1	TWA0	TWGCE	TWAR
读/写	R/W	R/W	R/W	R/W	R/W	R/W	R/W	R/W	
复位值	1	1	1	1	1	1	1	0	

位 [7 ：1]——TWA：TWI 被控器地址寄存器位。该 7 位用作存放 TWI 单元的被控器地址。

位 0——TWGCE：TWI 通用呼叫（或广播呼叫）识别允许位。如果该位置位，则将使能对 TWI 总线上通用地址的呼叫（或广播呼叫）和识别。

2.2.2.3 使用 TWI 总线

AVR 的 TWI 是面向字节和基于中断的硬件接口。在所有 TC 总线事件发生后，例如接收到一字节或发送了一个起始信号等，都将产生一个 TWI 中断。由于 TWI 接口是基于中断的硬件接口，因此字节的传送和接收过程是由硬件自动完成的，不需要应用程序的干预。应用程序是否响应 TWINT 标志位的有效而产生的中断请求，取决于 TTWCR 寄存器中 TWI 中断允许位 TWIE 和 SREG 寄存器中全局中断允许位 I 的设置。如果 TWIE 清 0. 则应用程序只能采用轮询 TWINT 标志位的方法来检测 TWI 总线的状态。

当 TWINT 标志位置 1 时，表示 TWI 接口完成了当前的一个操作，等待应用程序的响应。在这种情况下，TWI 状态寄存器 TWSR 含有表明当前 TWI 总线状态的值。应用程序可以读取 TWSR 的状态码，判别此时的状态是否正确，并通过设置 TWCR 和 TWDR 寄存器，决定在下一个 TWI 总线周期中，TWI 接口应该如何工作。

连接在 TWI（I²C）串行总线上的单片机或集成电路芯片，通过一条数据线（SDA）和一条时钟线（SCL），按照 TWI 通信协议（I²C 兼容）进行寻址和信息传输。TWI 总线上的器件，根据它的不同工作状态，可分为主控发送器（MT）、主控接收器（MR）、被控发送器（ST）和被控接收器（SR）4 种情况。

注意：在应用中，器件的工作状态应该根据需要进行转换。

关于 TWI 的协议和应用，可参考有关 I²C 总线规范和说明。下面给出 AVR 的 TWI 接口处于各个工作状态时所对应的各种状态字，以及下一步的操作和应用程序的配置方案，如表 2-2 ~ 表 2-6 所列。

表 2-2　TWI 主控发送器模式时各状态字的后续动作

TWSR 低 3 位屏蔽为 "0"	TWI 接口总线状态	应用程序响应操作					TWI 接口下一步动作
		读 / 写 TWDR	写 TWCR				
			STA	STO	TWINT	TWEA	
0×08	START 信号已发出	写 SLA+W	0	0	1	X	发送 SLA+W，接收 ACK/nACK 信号
0×10	REPEATED START 信号已发出	写 SLA+W 或写 SLA+R	0	0	1	0	发送 SLA+W，接收 ACK/nACK 信号
			0	0	1	X	发送 SLA+R，接收 ACK/nACK 信号
0×18	SLA+W 已发出并收到 ACK	写 DATA 字节或无操作无操作无操作	0	0	1	X	发送 DATA，接收 ACK/nACK 信号
			1	0	1	X	发送 REPEATED START
			0	1	1	X	发送 STOP 信号，清 0 TWSTO
			1	1	1	X	发送 START/STOP 信号，清 0 TWSTO
0×20	SLA+W 已发出并收到 nACK	写 DATA 字节或无操作无操作无操作	0	0	1	X	发送 DATA，接收 ACK/nACK 信号
			1	0	1	X	发送 REPEATED START
			0	1	1	X	发送 STOP 信号，清 0 TWSTO
			1	1	1	X	发送 START/STOP 信号，清 0 TWSTO

续表

	接口总线状态	读 / 写 TWDR	STA	STO	TWINT	TWEA	TWI 接口下一步动作
0×28	DATA 已发出并收到 ACK	写 DATA 字节 或 无操作 无操作 无操作	0 1 0 1	0 0 1 1	1 1 1 1	X X X X	发送 DATA，接收 ACK/nACK 信号 发送 REPEATED START 发送 STOP 信号，清 0 TWSTO 发送 START/STOP 信号，清 0 TWSTO
0×30	DATA 已发出并收到 nACK	写 DATA 字节 或 无操作 无操作 无操作	0 1 0 1	0 0 1 1	1 1 1 1	X X X X	发送 DATA，接收 ACK/nACK 信号 发送 REPEATED START 发送 STOP 信号，清 0 TWSTO 发送 START/STOP 信号，清 0 TWSTO
0×38	丢失总线控制权	无操作 或 无操作	0 1	0 0	1 1	X X	释放总线，转入被控器初始状态 如果总线空闲，则发送 START 信号

表 2-3　TWI 主控接收器模式时各状态字的后续动作

TWSR 低 3 位屏蔽为 "0"	TWI 接口总线状态	应用程序响应操作					TWI 接口下一步动作
		读 / 写 TWDR	写 TWCR				
			STA	STO	TWINT	TWEA	
0×08	START 信号已发出	写 SLA+R	0	0	1	X	发送 SLA+R，接收 ACK/nACK 信号
0×10	REPEATED START 信号已发出	写 SLA+R 或 写 SLA+W	0 0 0	0 0	1 1	X X	发送 SLA+R，接收 ACK/nACK 信号 发送 SLA+W，接收 ACK/nACK 信号
0×38	丢失总线控制权 未收到应答信号	无操作 或 无操作	0 1	0 0	1 1	X X	释放总线，转入被控器初始状态 如果总线空闲，发送 START 信号
0×40	SLA+R 已发出 并收到 ACK	无操作 或 无操作	0 0	0 0	1 1	0 1	接收 DATA，发送 nACK 信号 接收 DATA，发送 ACK 信号
0×48	SLA+R 已发出 并收到 nACK	无操作 或 无操作 无操作	1 0 1	0 1 1	1 1 1	X X X	发送 REPEATED START 发送 STOP 信号，清 0 TWSTO 发送 START/STOP 信号，清 0 TWSTO
0×50	DATA 已收到 ACK 已发出	读 DATA 数据 读 DATA 数据	0 0	0 0	1 1	0 1	接收 DATA，发送 nACK 信号 接收 DATA，发送 ACK 信号
0×58	DATA 已收到 nACK 已发出	读 DATA 数据 读 DATA 数据 读 DATA 数据	1 0 1	0 1 1	1 1 1	X X X	发送 REPEATED START 发送 STOP 信号，清 0 TWSTO 发送 START/STOP 信号，清 0TWSTO

表 2-4　TWI 被控接收器模式时各状态字的后续动作

TWSR 低 3 位屏蔽为 "0"	TWI 接口总线状态	应用程序响应操作					TWI 接口下一步动作
		读 / 写 TWDR	写 TWCR				
			STA	STO	TWINT	TWEA	
0×60	收到本机 SLA+WACK 已发出	无操作 或 无操作	X X	0 0	1 1	0 1	接收 DATA，发送 nACK 信号 接收 DATA，发送 ACK 信号
0×68	主控器发出 SAL+R/W 后丢失总线控制权 收到本机 SLA+WACK 已发出	无操作 或 无操作	X X	0 0	1 1	0 1	接收 DATA，发送 nACK 信号 接收 DATA，发送 ACK 信号
0×70	收到广播呼叫 ACK 已发出	无操作 或 无操作	X X	0 0	1 1	0 1	接收 DATA，发送 nACK 信号 接收 DATA，发送 ACK 信号
0×78	主控器发出 SAL+R/W 后，丢失总线控制权收到广播呼叫 ACK 已发出	无操作 或 无操作	X X	0 0	1 1	0 1	接收 DATA，发送 nACK 信号 接收 DATA，发送 ACK 信号
0×80	已被 SLA+W 寻址 DATA 已收到 ACK 已发出	读 DATA 数据 或 读 DATA 数据	X X	0 0	1 1	0 1	接收 DATA，发送 nACK 信号 接收 DATA，发送 ACK 信号
0×88	已被 SLA+W 寻址 DATA 已收到 nACK 已发出	读 DATA 数据 读 DATA 数据 读 DATA 数据 读 DATA 数据	0 0 1 1	0 0 0 0	1 1 1 1	0 1 0 1	转入被控器初始状态，不进行本机 SLA 和广播呼叫匹配 转入被控器初始状态，进行本机 SLA 匹配。如果 TWGCE=1，则进行广播呼叫匹配 转入被控器初始状态，不进行本机 SLA 和广播呼叫匹配，如果总线空闲，则发送 START 信号 转入被控器初始状态，进行本机 SLA 匹配。如果 TWGCE=1，则进行广播呼叫匹配；如果总线空闲，则发送 START 信号
0×90	已被广播呼叫寻址 DATA 已收到 ACK 已发出	读 DATA 数据 读 DATA 数据	X X	0 0	1 1	0 1	接收 DATA，发送 nACK 信号 接收 DATA，发送 ACK 信号

续表

| 0×98 | 已被广播呼叫寻址 DATA 已收到 nACK 已发出 | 读 DATA 数据
读 DATA 数据
读 DATA 数据
读 DATA 数据 | 0
0
1
1 | 0
0
0
0 | 1
1
1
1 | 0
1
0
1 | 转入被控器初始状态，不进行本机 SLA 和广播呼叫匹配
转入被控器初始状态，进行本机 SLA 匹配。如果 TWGCE=1，则进行广播呼叫匹配
转入被控器初始状态，不进行本机 SLA 和广播呼叫匹配。如果总线空闲，则发送 START 信号
转入被控器初始状态，进行本机 SLA 匹配。如果 TWGCE=1，则进行广播呼叫匹配；如果总线空闲，则发送 START 信号 |
| 0×A0 | 仍处在被寻址的被控器状态中 STOP 或 REPEATED START 已收到 | 读 DATA 数据读 DATA 数据
读 DATA 数据
读 DATA 数据 | 0
0
1
1 | 0
0
0
0 | 1
1
1
1 | 0
1
0
1 | 转入被控器初始状态，不进行本机 SLA 和广播呼叫匹配
转入被控器初始状态，进行本机 SLA 匹配，如果 TWGCE=1，则进行广播呼叫匹配
转入被控器初始状态，不进行本机 SLA 和广播呼叫匹配。如果总线空闲，则发送 START 信号
转入被控器初始状态，进行本机 SLA 匹配。如果 TWGCE=1，则进行广播呼叫匹配；如果总线空闲，则发送 START 信号 |

表 2-5　TWI 被控发送器模式时各状态字的后续动作

TWSR 低 3 位屏蔽为 "0"	TWI 接口总线状态	应用程序响应操作					TWI 接口下一步动作
		读 / 写 TWDR	写 TWCR				
			STA	STO	TWINT	TWEA	
0×A8	收到本机 SLA+RACK 已发出	写 DATA 字节 或 写 DATA 字节	X X	0 0	1 1	0 1	发送最后一个 DATA，接收 nACK 信号 发送 DATA，接收 ACK 信号
0×B0	主控器发出 SAL+R/W 后丢失总线控制权 收到本机 SLA+RACK 已发出	写 DATA 字节 写 DATA 字节	X X	0 0	1 1	0 1	发送最后一个 DATA，接收 nACK 信号 发送 DATA，接收 ACK 信号
0×B8	DATA 已发出 收到 ACK 信号	写 DATA 字节 写 DATA 字节	X X	0 0	1 1	0 1	发送最后一个 DATA，接收 nACK 信号 发送 DATA，接收 ACK 信号

续表

状态码	TWI 接口总线状态	读/写 TWDR	STA	STO	TWINT	TWEA	TWI 接口下一步动作
0×C0	DATA 已发出收到 nACK 信号	无操作	0	0	1	0	转入被控器初始状态，不进行本机 SLA 和广播呼叫匹配
		无操作	0	0	1	1	转入被控器初始状态，进行本机 SLA 匹配。如果 TWGCE=1，则进行广播呼叫匹配
		无操作	1	0	1	0	转入被控器初始状态，不进行本机 SLA 和广播呼叫匹配。如果总线空闲，则发送 START 信号
		无操作	1	0	1	1	转入被控器初始状态，进行本机 SLA 匹配。如果 TWGCE=1，则进行广播呼叫匹配；如果总线空闲，则发送 START 信号
0×C8	最后一个 DATA 已发出（TWEA=0）收到 ACK 信号	无操作	0	0	1	0	转入被控器初始状态，不进行本机 SLA 和广播呼叫匹配
		无操作	0	0	1	1	转入被控器初始状态，进行本机 SLA 匹配。如果 TWGCE=1，则进行广播呼叫匹配
		无操作	1	0	1	0	转入被控器初始状态，不进行本机 SLA 和广播呼叫匹配。如果总线空闲，则发送 START 信号
		无操作	1	0	1	1	转入被控器初始状态，进行本机 SLA 匹配；如果 TWGCE=1，进行广播呼叫匹配；如果总线空闲，则发送 START 信号

表 2-6　TWI 的其他各状态字的后续动作

TWSR 低 3 位屏蔽为 "0"	TWI 接口总线状态	应用程序响应操作					TWI 接口下一步动作
		读/写 TWDR	写 TWCR				
			STA	STO	TWINT	TWEA	
0×F8	无相应有效状态 TWINT=0	无操作	无操作				等待或继续当前传送
0×00	由于非法的 START 和 STOP 信号引起总线错误	无操作	0	1	1	X	仅本机硬件 STOP，并不发送到总线，释放总线，清 0 TWSTO

在表 2-2 ~ 表 2-6 中，列出了 AVR 的 TWI 在 4 种不同模式情况下，如何根据 TWI 接口的状态寄存器 TWSR 所提供的状态值，了解当前总线的状态，以及如何操作 TWDR 和设置控制寄存器 TWCR，进入下一个符合总线规范操作的全部各种可能出现的状况，为用户编写基于中断的 TWI 的应用程序提供了全面的

参考。

下面举一个简单的例子，实现将 AVR 作为一个主控器，采用轮询方式向被控器发送 1 字节数据的设计过程：

①根据 2.2.1.3 小节的介绍，分析总线上的数据传输过程。

②找出 TWI 中断标志位 TWINT 置 1 的出现点。

③根据表 2-2 得到 TWINT 置 1 时总线的状态值，以及应用程序如何操作，使 TWI 进入下一步的动作。

④编写代码。

图 2-17 是根据上面的分析后，得到的处理过程图。程序代码如表 2-7 所列。

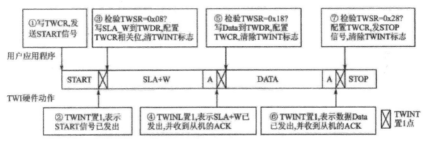

图 2-17 AVR 的 TWI 数据发送处理过程分析

表 2-7 C 程序代码

序号	C 程序代码	说明
1	TWCR=（1 ≪ TWINT）|（1 ≪ TWSTA）|（1 TWEN）；	发送 START 信号
2	While（!（TWCR&（1≪TWINT）））{}；	轮询等待 TWINT 置位。TWINT 置位表示 START 信号已发出
3	If（（TWSR &0xF8）!= START）ERROR（）；	读 TWI 状态寄存器 TWSR，屏蔽预分频位，如果状态字不是 START，则转出错处理（START=0x08）
3	TWDR=SLA_W； TWCR=（1 ≪ TWINT）|（1 ≪ TWEN）；	装入 SLA_W 到 TWDR 数据寄存器 清 0 TWINT，启动发送地址字节
4	While（!（TWCR &（1≪TWINT）））{}；	轮询等待 TWINT 置位。TWINT 置位表示总线命令 SLA+W 已发出，并收到被控器发出的应答信号 ACK 或 nACK
5	If（（TWSR &0xF8）!= MT_SLA_ACK）ERROR（）；	检验 TWI 状态寄存器 TWSR，屏蔽预分频位，如果状态字不是 MT_SLA_ACK，则转出错处理（MT_SLA_ACK =0x18/0x20）
6	While（!（TWCR &（1≪TWINT）））{}；	轮询等待 TWINT 置位。TWINT 置位表示总线数据 DATA 已发出，并收到被控器发出的应答信号 ACK 或 nACK

7	If（（TWSR &0xF8）!= MT_DATA_ACK）ERROR（）；	检验 TWI 状态寄存器 TWSR，屏蔽预分频位，如果状态字不是 MT_DATA_ACK，则转出错处理（MT_DATA_ACK=0x28/0x30）
	TWCR=（1 ≪ TWINT）I（1 ≪ TWEN）I（1 ≪ TWSTO）；	发送 STOP 信号

AVR 的 TWI 与 USART 和 SPI 接口类似，提供了面向字节的、以中断为基础的硬件接口电路。它由硬件自动按 I²C 的时序逻辑完成 1 字节数据的发送和接收，同时硬件电路对 I²C 总线进行监测，当在 I²C 总线上一个相关的事件发生时，例如接收到 1 字节或者发送出一个 START 信号等下列事件出现时，中断都将做出反应：

在 TWI 传送完一个起始或再起始信号后；

在 TWI 传送完一个主控器寻址读 / 写（SLA+R/W）后；

在 TWI 传送完一个地址字节后；

在 TWI 丢失总线控制权后；

在 TWI 被主控器寻址（地址匹配成功）后；

在 TWI 接收到一个数据字节后；

在作为被控器时，TWI 接收到起始或再次起始信号后；

由于非法的起始或停止信号造成总线上冲突出错时。

由于 AVR 的 TWI 是以中断为基础的，所以编写的应用软件就可以在 TWI 硬件处理数据的时候做一些其他的工作，以提高 MCU 的效率。当 TWI 产生中断时，那么说明 TWI 已经结束了一项操作并且正在等待应用程序的处理。

因此在 TWI 中断服务程序中，必须检测和确定 TWI 总线的状况，此时 TWI 状态寄存器（TWSR）中的值就代表了当前 TWI 总线的状态，程序可以依据这个值来决定接下来 TWI 总线应该做何操作。

2.2.2.4 TWI（I²C）接口设计应用要点

AVR 的 TWI 是一个功能非常强大的硬件接口，它可以工作在 4 种不同的模式，即主机发送模式（MT）、主机接收模式（MR），从机发送模式（ST）和从机接收器模式（SR）。

因此它在 IC 总线中即可以作为主机，也可以作为从机使用。由于它具备硬件的竞争仲裁功能，所以也能在复杂的多主系统中使用。

在一般的应用系统中，I²C 总线上通常只有一个固定的主机，身份不会改变，在整个应用中都由该主机控制 I²C 总线，而所有其他的器件都是从机。这样的系统相对简单，也是最常见的应用方式（见图 2-18）。

由于在实际使用过程中，多使用固定主机的 I²C 总线系统，所以本书只对 AVR 作为固定主机的情况作详细介绍。

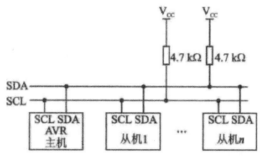

图 2-18　AVR 作为固定主机的 I²C 总线系统

即使是 AVR 只作为主机，它在总线上也有 2 种模式：主机发送模式（MT）和主机接收模式（MR）。例如，AVR 的 TWI 用 MT 模式往从机写入数据，用 MR 模式向从机读取数据。此时 AVR 的 TWI 的状态和使用如表 2-2 和表 2-3 所述。

在实际使用 TWI 接口时，应注意以下几点：

（1）当设置寄存器 TWCR 中的 TWEN 为"1"时，仅表示使能了 TWI 硬件接口，并不意味着开始一个 I²C 的操作。同时，一旦使能了 TWI 接口，ATmega16 的 PC0、PC1 便转换成 OC 开路的 I²C 总线 SCL、SDA 引脚。因此，如果要使用 TWI 功能，则在硬件电路设计时，需要在 PC0、PC1 外部使用 5.1kΩ 的上拉电阻。

（2）寄存器 TWCR 中的中断标志位 TWINT 与 AVR 其他的中断标志位不同，当响应 TWI 中断时，硬件不会自动清 0TWINT 位，该位必须由软件写入"1"来清 0。一旦软件将"1"写入 TWINT（实际是清 0TWINT），TWI 接口将根据寄存器 TWCR 中的设置开始一次新的 I²C 操作。因此，对 TWI 寄存器 TWAR、TWSR 和 TWDR 的访问和相关处理工作，必须在清 0TWINT 标志位前完成。而当一次 I²C 操作完成后，硬件将置 1TWINT，产生新的中断申请，等待程序下一步的处理。

（3）AVR 的 TWI 只有一个中断，因此在 TWI 的中断服务程序中，应采用状态机的设计思想，并根据实际情况通过使用外接 I²C 芯片的通信协议来设计和编写 TWI 的中断服务程序。

在很多的资料和参考书中，都会给出使用 2 个 I/O 口线，并配合软件的方法来模拟和实现 I²C 接口。

当然，使用 AVR 也是能够做到的。但这种方法只能实现一些简单的应用，很难实现全部的 I²C 协议功能，并加重了 MCU 的负担和程序编写的困难。使用软件 +I/O 模拟实现 I²C 接口的好处是，能使读者更加透彻地了解和掌握 I²C 总线，作为一个基本功训练还是非常有帮助的。

2.3　串行 SPI 接口应用

为了支持与采用不同通信方式的器件方便地交换数据，ATmega16 集成了 3 个独立的串行通信接口单元，它们分别是：

通用同步异步接收 / 发送器（Universal Synchronous Asynchronous Receiver Transmitter，USART）；

串行外设接口（Serial Peripheral Interface，SPI）；

两线串行接口（Two-wire Serial Interface，TWI）。

其中 SPI 接口和 TWI 接口主要应用于系统板上芯片之间的短距离通信。本章将介绍 SPI 通信方式及 ATmega16 中 SPI 接口的使用。

2.3.1 SPI 串行总线介绍

2.3.1.1 SPI 总线的组成

串行外设接口 SPI 是由 Free scale 公司（原 Motorola 公司半导体部）提出的一种采用串行同步方式的 3 线或 4 线通信接口，使用信号有使能信号、同步时钟、同步数据输入和输出。SPI 通常用于微控制器与外围芯片，如 EEPROM 存储器、A/D 及 D/A 转换器、实时时钟 RTC 等器件直接扩展和连接。采用 SPI 串行总线可以简化系统结构，降低系统成本，使系统具有灵活的可扩展性。

图 2-19 所示是一个典型的 SPI 总线系统，它包括一个主机和一个从机，双方之间通过 4 根信号线相连，分别是：

主机输出 / 从机输入（MOS1）。主机的数据传入从机的通道。

主机输入 / 从机输出（MISO）。从机的数据传入主机的通道。

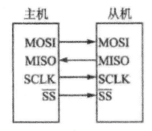

图 2-19　典型 SP1 通信连接

同步时钟信号（SCLK）。同步时钟是由 SPI 主机产生的，并通过该信号线传送给从机。主机与从机之间的数据接收和发送都以该同步时钟信号为基准进行。

从机选择。该信号由主机发出，从机只有在该信号有效时才响应 SCLK 上的时钟信号，参与通信。主机通过这一信号控制通信的起始和结束。

SPI 的通信过程实际上是一个串行移位过程。如图 2-20 所示，可以把主机和从机看成是 2 个串行移位寄存器，二者通过 MOSI 和 MISO 两条数据线首尾相连，形成了一个大的串行移位的环形链。当主机需要发起一次传输时，它首先拉低，然后在内部产生的 SCLK 时钟作用下，将 SPI 数据寄存器的内容逐位移出，并通过 MOSI 信号线传送至从机。而在从机一侧，一旦检测到有效之后，在主机的 SCLK 时钟作用下，也将自己寄存器中的内容通过 MISO 信号线逐位移入主机寄存器中。当移位进行到双方寄存器内容交换完毕时，一次通信完成。如果没有其他数据需要传输，则主机便抬高，停止 SCLK 时钟，结束 SPI 通信。

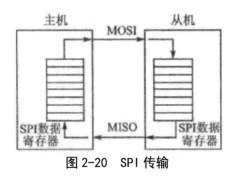

图 2-20　SPI 传输

可以看到，SPI 通信有如下特点：

主机控制具有完全的主导地位。它决定着通信的速度，也决定着何时可以开始和结束一次通信，从机只能被动响应主机发起的传输。

SPI 通信是一种全双工高速的通信方式。从通信的任意一方来看，读操作和写操作都是同步完成的。

SPI 的传输始终是在主机控制下，进行双向同步的数据交换。

2.3.1.2 SPI 通信的工作模式和时序

SPI 通信的本质就是在同步时钟作用下进行串行移位，原理非常简单。但 SPI 可以配置为 4 种不同的工作模式，这取决于同步时钟的极性（Clock Polarity）和同步时钟的相位（Clock Phase）2 个参数。

同步时钟极性 CPOL 是指 SPI 总线处在传输空闲（图 2-24 所示时序图的最左边开始处）时 SCLK 信号线的状态，有"0"和"1"两种。

CPOL=0：表示当 SPI 传输空闲时，SCLK 信号线的状态保持在低电平"0"。

CPOL=1：表示当 SPI 传输空闲时，SCLK 信号线的状态保持在高电平"1"。

时钟相位 CPHA 是指进行 SPI 传输时对数据线进行采样/锁存点（主机对 MI-SO 采样，从机对 MOSI 采样）相对于 SCLK 上时钟信号的位置，也有"0"和"1"两种。

CPHA=0：表示同步时钟的前沿为采样锁存，后沿为串行移出数据。

CPHA=1：表示同步时钟的前沿为串行移出数据，后沿为采样锁存。

需要进一步明确的是同步时钟的前沿和后沿如何定义：通信开始时，当拉低时，SPI 开始工作，SCLK 信号脱离空闲态的第 1 个电平跳变为同步时钟的前沿；随后的第 2 个跳变为同步时钟的后沿。由于 SCLK 信号在空闲态时有 2 种情况，所以当 CPOL=0 时，前沿就是 SCLK 的上升沿，后沿为 SCLK 的下降沿；而当 CPOL=1 时，前沿就是 SCLK 的下降沿，后沿为 SCLK 的上升沿。不同的时钟极性 CPOL 和时钟相位 CPHA 组合后，共产生了 SPI 的 4 种工作模式，如表 2-8 所列。

图 2-21（a）和图 2-21（b）是与表 2-8 对应的 4 种 SPI 工作模式的时序图。图中间的一排粗竖直线表示数据锁存的位置。在图 2-24（a）中，对应为 SCLK 的前沿（CPHA=0）；在图 2-21（b）中，对应为 SCLK 的后沿（CPHA=1）。

表 2-8 SPI 的 4 种工作模式定义

SPI 模式	CPOL	CPHA	移出数据	锁存数据	参考图
0	0	0	下降沿	上升沿	图 2-24（a）
2	1	0	上升沿	下降沿	图 2-24（a）
1	0	1	上升沿	下降沿	图 2.24（b）
3	1	1	下降沿	上升沿	图 2-24（b）

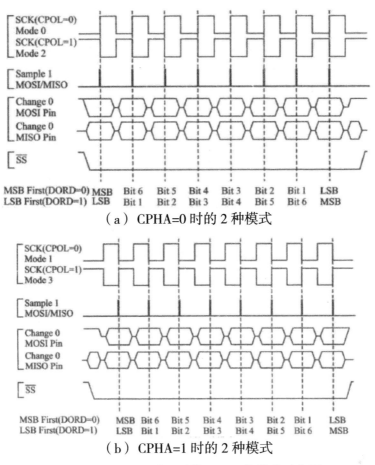

（a）CPHA=0 时的 2 种模式

（b）CPHA=1 时的 2 种模式

图 2-21　CPHA=0 或 1 时的 SPI 工作模式时序图

注意：当 CPHA 不同时，其所对应的模式 0、2 与模式 1，3 之间有一个非常重要的区别。

如图 2-21（a）所示，当 CPHA=0 时，一旦拉低后，主机和从机就必须马上移出第 1 个数据位。换句话讲，在 SPI 模式 0、2 中，拉低是第 1 个数据位的移位信号，而且拉低到 SCLK 的第 1 个跳变要有足够的延时，使得串出的数据稳定，这样才能在 SCLK 的第 1 个跳变（前沿）处锁存正确的数据。因此，SS 的控制对于模式 0、2 尤其重要。

而在模式 1，3（CPHA=1）中的拉低只是启动 SPI 工作，主机和从机第 1 个数据位的移出发生在 SCLK 的第 1 个跳变处（前沿），在 SCLK 的第 2 个跳变处（后沿）锁存该数据位，参见图 2-21（b）。

SPI 通信的双方应该使用同样的工作模式。一般外设器件 SPI 接口的通信模式通常是固定一种，即仅支持 4 种模式中的一种，因此微控制器与其相连时，应该选择与之相同的工作模式，才能进行正常的通信。

2.3.1.3 多机 SPI 通信

在 SPI 总线上可以挂接多个 SPI 器件，实现多机 SPI 通信。在多机 SPI 通信系统中，所有器件的 MISO、MOSI 和 SCLK 引脚是并接在一起的。这也是一种主 / 从结构的通信系统，系统中的每个器件都可以作为主机，并且由主机控制 SPI 总线，但任一时刻 SPI 总线上只能有一个主机，其他都作为从机，通信只能发生在主机与某一个从机之间，在这期间其他的从机应处在未被选通状态，器件本身的 MISO、MOSI 和 SCLK 引脚为三态高阻。

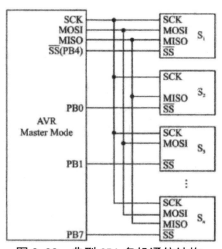

图 2-22　典型 SPI 多机通信结构

通常所使用的典型 SPI 多机通信系统如图 2-22 所示，这是一种最简单的利用 SPI 总线实现多机通信的结构。图中，微处理器 AVR 是一个永久固定的主机，由它全权控制 SPI 总线，。作为从机。在多机 SPI 通信系统中，从机部件应该具备这样的特性：当 SS 为高电平（未被选通）时，器件本身的 MISO、MOSI 和 SCLK 引脚为三态高阻。当主机需要与某一从机进行通信时，它可以通过 I/O 口的输出来控制从机 SS 的选通逻辑，使得该从机的 SS 端变为低电平，此时由于该从机的 SS 有效，所以会响应 SCLK 引脚上的信号，与主机进行环形串行移位的传输。而其他从机由于未被选通，SS 为高电平，所以不参与传输。这样，主机就可以方便地控制和实现与多个从机之间的通信了。

有许多 SPI 器件只是作为从机部件使用，而且在应用中只需要数据的串入（如 D/A 转换芯片），或者只需要数据的串出（如 A/D 转换芯片），那么就只需要将 MOSI（图 2-22 中的）或 MISO（图 2-22 中的）挂在 SPI 总线上。当主机需要从只能串出数据的从机读入数据时，虽然此时只是从机到主机的数据传输，但主机也要通过发送一个任意数据的字节来控制数据移位传输过程中读取从机的数据；反之，若主机只需要对从机写入一字节，则在完成数据发送之后，忽略由从机串入的字节。

实际上，与异步通信接口相比，基于 SPI 的多机通信系统可以实现更为复杂的应用，如通过主／从机的转换机制实现多主机通信系统，以及构成菊花链方式的通信系统等。由于系统更加复杂且受篇幅限制，本书对这些内容就不做介绍了。

2.3.2　AVR 的 SPI 接口原理与使用

AVR 的 SPI 是采用硬件方式实现面向字节的全双工 3 线同步通信接口，它支持主机，从机模式及 4 种不同传输模式的 SPI 时序。通信速率有 7 种选择，主机方式的最高速率为系统时钟频率 /2（CK/2），从机方式最高速率为系统时钟频率 /4（CK/4）。

同时，AVR 内部的 SPI 接口也被用于对芯片内部的程序存储器和数据 EEP-ROM 的编程下载口。

2.3.2.1　SPI 接口的结构和功能

ATmega16 的同步串行 SPI 接口允许在芯片与外设之间，或几个 AVR 之间，采用与标准 SPI 接口协议兼容的方式进行高速的同步数据传输，其主要特征如下：

全双工、3 线同步数据传输；

可选择的主／从操作模式；

数据传送时，可选择 LSB（低位在前）方式或 MSB（高位在前）方式；

7 种可编程的位传送速率；

数据传送结束中断标志；

写冲突标志保护；

从闲置模式下被唤醒（从机模式下）；

倍速（CK/2）SPI 传送（主机模式下）。

图 2-23 为 ATmega16 的 SPI 接口电路方框图，图 2-24 给出了采用 SPI 方式进行数据通信时，主—从机之间的连接与数据传送方式。

ATmega 16 的 SPI 接口的硬件部分由数据寄存器、时钟逻辑、引脚逻辑和控制逻辑几部分组成。

1. 数据寄存器

SPI 接口的核心是一个 8 位移位寄存器，这个寄存器在时钟信号的作用下，实现数据从低位移入，高位移出。一旦程序将需要发送的字节写入该寄存器后，硬件就自动开始一次 SPI 通信的过程。通信结束后，该寄存器中的内容就被更新为收到的从机串出的字节，供程序读取。

移位寄存器采用了数据缓冲的方式，它配备一个读缓冲寄存器 SPDR，其物理地址与移位寄存器一样。当对该地址进行读操作时，读取的是缓冲寄存器中的内容；对该地址进行写操作时，数据将被直接写入移位寄存器中。缓冲器中的数据在一次传输完成后（8 位数据）被更新。

因此在 SPI 连续传输的过程中，读取收到字节的操作应该在下一字节完成传输之前进行；否则新到来的数据将更新读缓冲寄存器，造成前一个收到字节的丢失。如果在 SPI 传输过程中读取 SPDR，则可以正确获得上次接收到的数据。

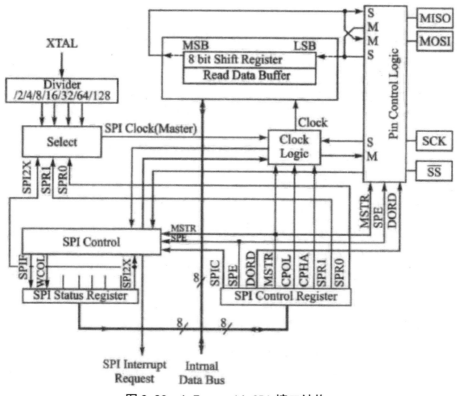

图 2-23　A Tmege 16 SPI 接口结构

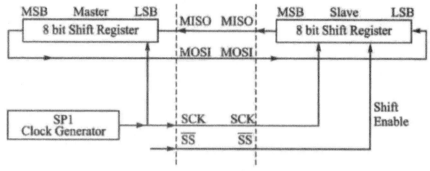

图 2-24　SPI 主 - 从机连接与数据传送方式

写入发送字节的操作需要在一字节传输结束之后进行。如果在传输过程中写 SPDR，将会产生写碰撞错误（硬件会置位 SPI 状态寄存器的写碰撞标志位 WCOL）。

2. 时钟逻辑

时钟逻辑单元是为移位寄存器提供同步时钟信号的。根据 SPI 配置的不同，被送到移位寄存器的时钟信号来源是不同的：

（1）当配置为 SPI 主机时，时钟信号由内部分频器对系统时钟分频产生。这个时钟信号一方面被引人到移位寄存器，作为本机的移位时钟；另一方面还被输出到 SCK 引脚，以提供给从机使用。分频器由 SPI 控制寄存器定义分频比，最高可以产生于 /2 的时钟频率。也就是说，作为主机使用时，ATmegal6 能够支持的最高位传输速率为 / 2。

（2）当配置为 SPI 从机时，时钟信号由 SCK 引脚引入到移位寄存器，与内部时钟无关，此时 SPI 时钟配置位无效。虽然此时通信速度完全由主机决定，但由于 SPI 接口的工作速度要受本机的系统时钟制约，不可能过高。在从机情况下，保证 SPI 正常通信的最高位传输速率为 /4。

3. 引脚逻辑

SPI 模块用到的外部引脚有 4 个：SCK（与 PB7 复用）、MISO（与 PB6 复用）、MOSI（与 PB5 复用）和（与 PB4 复用）。当使能 SPI 接口后，AVR 并没有自动强制定义全部的 4 个引脚，它们功能和方向由表 2-9 定义。

表 2-9　SPI 引脚方向定义

引脚	主机方式	从机方式
MOSI（PB5）	用户定义	输入
MISO（PB6）	输入	用户定义
SCK（PB7）	用户定义	输入
（PB4）	用户定义	输入

很多具有兼容 SPI 接口的芯片，并不完全按照前面介绍的方式使用所有的 SPI 信号线（如图 2-23 中的、）。为了与这些器件方便地相连，同时节省 I/O 口的使用，AVR 的 SPI 模块没有强制定义所有的 4 个引脚的功能方向。在实际使用时，用户应根据需要对这些引脚正确地进行设置。另外，对输入引脚（包括手工及强制设置），应通过设置相应位使能内部的上拉电阻，以节省总线上外接的上拉电阻。

4. 控制逻辑

控制逻辑单元主要完成以下功能：

SPI 接口各参数的设定，包括主 / 从模式、通信速率、数据格式等；

传输过程的控制；

SPI 状态标志，包括中断标志（SPIF）的置位、写冲突标志（WCOL）的置位等。

AVR 的 SPI 接口传输过程分主机和从机两种模式。在主机模式下，用户通过向 SPDR 寄存器写入数据来启动一次传输过程。硬件电路将自动启动时钟发生器，将 SPDR 中的数据逐位移出至 MOSI 引脚，同时对 MISO 引脚采样，并逐位将采样结果移入 SPDR。当 1 字节数据传输完成后，SPI 时钟发生器停止，并置位中断标志 SPIF。若还有数据需要传输，此时可以继续写入 SPDR，启动新一轮传输过程。最后移入 SPDR 的数据将被保留。

注意：在主机模式下，SPI 硬件电路并不控制引脚。通常情况下，用户应将其配置为输出引脚，按照 SPI 协议的方式手动操作：在开始传输前将其拉低，在传输结束后再将其抬高。如果在主机模式下将配置为输入，则可用于可能出现总线竞争的 SPI 系统中。

在从机模式下，引脚被硬件设置为输入，由外部输入信号通过该引脚来控制 SPI 模块的运行。当该引脚被拉高时，MISO 和 SCK 为高阻态，SPI 接口休眠，不会响应外部 SPI 总线上的信号，此时用户可以安全地写入或读取 SPDR 的内容。当引脚被拉低时，SPI 传输过程启动，SPDR 中的数据在外部 SCK 的作用下移出。当 1 字节数据传输完成后，中断标志 SPIF 置位，最后移入 SPDR 的数据也将保留。

2.3.2.2 与 SPI 相关的寄存器

1.SPI 控制寄存器 SPCR

寄存器 SPCR 各位的定义如下：

位	7	6	5	4	3	2	1	0	
$0D($ $002D)$	SPIE	SPE	DORD	MSTR	CPOL	CPHA	SPR1	SPR0	SPCR
读/写	R/W	R/W	R/W	R/W	R/W	R/W	R/W	R/W	
复位值	0	0	0	0	0	0	0	0	

位 7——SPIE：SPI 中断允许。当全局中断触发允许标志位 I 为 "1"，且 SPIE 为 "1" 时，如果 SPSR 寄存器的中断标志 SPIF 位为 "1"，则系统响应 SPI 中断。

位 6——SPE：SPI 允许。当该位写入 "1" 时，允许 SPI 接口。在进行 SPI 的任何操作时，必须将该位置位。

位 5——DORD：数据移出顺序。当 DORD=1 时，数据传送为 LSB 方式，即低位在先；当 DORD=0 时，数据传送为 MSB 方式，即高位在先。

位 4——MSTR：主/从机选择。当该位设置为 "1" 时，选择 SPI 为主机方式；为 "0" 时，选择 SPI 为从机方式。如果端口设置为输入，且在 MSTR 为 "1" 时被外部拉低，则 MSTR 将清除，同时 SPSR 中的 SPIF 位置为 "1"，此时 SPI 由主机模式转换为从机模式。此后用户需要重新置位 MSTR，才能再次将 SPI 设置为主机方式。

位 3——CPOL：SCK 时钟极性选择。当该位被设置为 "1" 时，SCK 在闲置时是高电平；为 "0" 时，SCK 在闲置时是低电平。

位 2——CPHA：SCK 时钟相位选择。CPHA 位的设置决定了串行数据的锁存采样是在 SCK 时钟的前沿还是后沿。CPOL 和 CPHA 决定了 SPI 的工作模式，参见表 2-8 和 2-24。

位 [1：0]——SPR1 和 SPR0：SPI 时钟速率选择。这两个标志位与寄存器 SPSR 中的 SP12X 位一起，用于设置主机模式下产生的串行时钟 SCK 速率。SPR1 和 SPR0 对于从机模式无影响，SCK 与振荡器频率 fosc 之间的关系如表 2-10 所列。

表 2-10 SPI 时钟 SCK 速率选择

SPI2X	SPR1	SPR0	SCK 频率
0	0	0	fosc/4
0	0	1	fosc/16
0	1	0	fosc/64
0	1	1	food/128
1	0	0	fosc/2
1	0	1	fosc/8
1	1	0	fosc/32
1	1	1	fosc/64

2.SPI 的状态寄存器 SPSR

寄存器 SPSR 各位的定义如下：

位	7	6	5	4	3	2	1	0	
$0E($002E)	SPIF	WCOL	—	—	—	—	—	SPI2X	SPSR
读/写	R	R	R	R	R	R	R	R/W	
复位值	0	0	0	0	0	0	0	0	

位 7——SPIF：SPI 中断标志。当串行传送完成时，SPIF 位置 1。如果 SPSR 中的 SPIE 位为"1"，且全局中断允许位 I 为"1"，则产生中断。如果设置为输入，且在 SPI 为主机模式时被外部拉低，则也会置位 SPIF 标志。SPIF 标志位的属性为只读。清 0SPIF 有以下两种方式：

硬件方式。MCU 响应 SPI 中断，转入 SPI 中断向量的同时，SPIF 位由硬件自动清除。

软件方式。先读取 SPI 状态寄存器 SPSR（读 SPSR 的操作将会自动清除 SPIF 位），然后再实行一次对 SPI 数据寄存器 SPDR 的操作。

位 6——WCOL：写冲突标志。如果在 SPI 接口的数据传送过程中向 SPI 的数据寄存器 SPDR 写入数据，则会置位 WCOL。清 0WCOL 标志只能通过以下软件方式：先读取 SPI 状态寄存器 SPSR（读 SPSR 的操作将会自动清除 SPIF 位和 WCOL 位），然后再实行一次对 SPI 数据寄存器 SPDR 的操作。

位 [5：1]——保留位。这几位保留，读出为"0"。

位 0——SPI2X：倍速 SPI 选择。在主机 SPI 模式下，当该位写为逻辑"1"时，SPI 的速度（SCK 的频率）将加倍（见表 2-10），这意味着产生最小的 SCK 周期为 MCU 时钟周期的 2 倍。当 SPI 设置为从机模式时，SCK 必须低于 /4，才能确保有效的数据传送。

3.SPI 数据寄存器 SPDR 寄存器 SPDR 各位的定义如下：

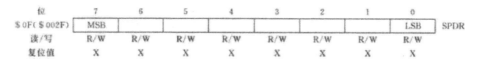

SPI 数据寄存器为可读 / 写的寄存器，用于在通用寄存器组与 SPI 移位寄存器之间传送数据。写数据到该寄存器时，将启动或准备数据传送；读该寄存器时，读到的是移位寄存器配备的接收缓冲区中的值。

2.3.2.3 SPI 接口的设计应用要点

1. 初始化

与 AVR 的其他模块一样，SPI 接口使用之前也要进行初始化设置。SPI 接口的初始化应注意以下几点：

（1）正确选择 SPI 的主 / 从机方式。通常外设的 SPI 接口简单，只能作为从机使用，在与其的连接中，AVR 应设置为主机。与其他微控制器连接时，应保证系统中只有一台主机。

（2）正确设置通信参数（速率、时钟相位和极性）。当本机作为主机时，应考虑通信各方能够支持的最高速率并正确设置通信速率（A Tmega16 主机状态下支持的最高 SPI 位速率为 /2）。当本机作为从机时，对速率的设置无效。但要保证输入的 SCK 速率不高于本机的 /4。时钟相位和极性的设置应保证通信各方一致。

（3）正确设置数据串出的顺序。按照通信各方的要求，选择方便处理的数据格式（LSB 先发送或 MSB 先发送）

2. 引脚的处理

初始化 SPI 接口时，注意要正确的配置 SPI 的引脚，包括方向和内部上拉电阻。尤其对于引脚要特别注意：

（1）在主机模式下，引脚方向的设置（PB4）会影响 SPI 接口的工作方式，尽量设置成输出方式。

（2）尽管引脚归属于 SPI 总线的信号线之一，但在 AVR 的 SPI 工作在主机模式时，SPI 接口本身并不对实行任何操作。换句话讲，在 SPI（主机模式）操作过程中，并不会自动产生任何的控制信号，所有需要从输出的控制信号均必须通过用户程序来完成。

3. 总线竞争的处理

在一个 SPI 通信系统中同时出现两个主机的情况称为总线竞争，这将引起 SPI 总线的冲突，造成通信错误或失败。当 AVR 的 SPI 为主机模式下，且设置为输入时，则用于处理以下这种情况：为高电平时，SPI 接口按主机方式正常工作；当被外部拉低时，SPI 接口认为总线上出现另一个主机并正拉低准备与自己通信。为防止总线冲突，本机的 SPI 接口将自动产生以下操作：

清除 SPCR 寄存器的 MSTR（主机选择）位，将自己设置为从机。MOSI 和 SCK 引脚自动设为输入。

SPSR 寄存器的 SPIF 置位，申请中断。

产生总线竞争是当 SPI 总线上存在多主机情况下产生的，处理总线竞争不仅需要硬件具备相应的功能，同时在 SPI 中断程序中也需要包含对总线竞争的处理过程。

在不需要处理总线竞争的简单 SPI 系统中，为保证本机作为 SPI 主机正常工作，应将设置为输出。如果将设置为输入，则应保证该引脚始终为高电平。

4. 与 SPI 串行下载线的冲突

我们知道，在对片内 Flash 和 EEPROM 编程时，AVR 支持 3 种方式：并行方式、SPI 串行方式和 JTAG 串行方式。SPI 串行方式是其中最简单和常用的方式，本书介绍和使用的下载线就是采用的这种方式。

事实上，SPI 串行方式编程使用的正是芯片内部的 SPI 接口，使用的外部引脚包括 MOSI、MISO 和 SCK。当进行在系统编程（ISP）时，如果芯片的 SPI 接口上还连接了其他的 SPI 器件（包括非 SPI 器件），则有可能由于二者的冲突而导致下载失败。因此，在使用了 SPI 接口，同时又使用 SPI 串行方式对 ATmegal6 下载和读取程序时，应采取措施避免这样的冲突。例如可以采用跳线的方式连接系统中的 SPI 器件，在进行编程时断开跳线，使程序正常下载；编程完毕后短接跳线，系统得以开始工作。

在正式产品中，可以按图 2-25 所示，通过串接隔离电阻来解决 SPI 总线与 ISP 编程口发生冲突的问题。图中的电阻值在 3 kΩ 左右。

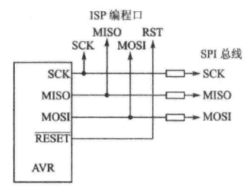

图 2-25　防止 SPI 总线与 ISP 口发生冲突的电路

第 3 章　短距离无线通信技术

3.1　蓝牙技术

所谓蓝牙技术，实质上是一种支持设备短距离无线通信技术标准的代称，用来描述设备之间的短距离无线电系统的链接情况，能够在无线手机、移动电话、计算机等设备之间进行通信，这种技术适用于没有电线连接的条件下完成的近距离无线信息交换。蓝牙技术具有全球开放标准，其开发和应用吸引了民众的广泛关注，促进了蓝牙技术的快速发展，具有广阔的发展前景。

3.1.1　蓝牙技术的特点

现阶段，随着科学技术的快速发展，蓝牙技术及蓝牙产品的特点主要有以下几个方面：

（1）蓝牙技术的适用设备多，无需电缆，通过无线使计算机与电信连网进行通信。

（2）蓝牙技术的工作频段全球通用，适用于全球范围内用户无界限的使用，解决了蜂窝式移动电话的"国界"障碍。

（3）蓝牙技术产品使用方便，利用蓝牙设备可以搜索到另外一个蓝牙设备，迅速建立起两个设备之间的联系，在控制软件的作用下可以自动传输数据。

（4）蓝牙技术的安全性和抗干扰能力强，由于蓝牙技术具有跳频功能，有效避免了 ISM 频带遇到干扰源。

（5）蓝牙技术的兼容性较好，目前，蓝牙技术已经能够发展成为独立于操作系统的一项技术，实现了各种操作系统中良好的兼容性能。

3.1.2　蓝牙地址及协议栈

3.1.2.1 蓝牙地址

蓝牙地址是由十六进制码构成，总共有十几位数。每台蓝牙设备都有一个唯一的地址，就像网络的 IP 地址一样。每个蓝牙设备生产商都有不同的地址号段，通过读取蓝牙地址码可以查出该设备的生产商及批次。手机的蓝牙地址好像每个人的身份证号码一样，都是唯一的，用来区别于其他蓝牙设备，保存蓝牙配对配置信息。

蓝牙地址的表示格式：XX：XX：XX：XX：XX：XX。X 可以是数字，也可以是字母，与网络设备的 MAC 地址一样，这是设备之间通信的唯一标识。

蓝牙地址分为三部分：LAP（24 位地址低端部分）、UAP（8 位地址高端部分）和 NAP（16 位无意义地址部分）。其中，NAP 和 UAP 是生产厂商的唯一标识码，必须由蓝牙权威部门分配给不同的厂商。而 LAP 由厂商内部自由分配。对于某一种型号的手机或者其他设备，所有个体的 NAP、UAP 是固定的，可变的是 LAP。LAP 共有 24 位，一般来说厂家在制造时会从 0 开始分配地址直到 2 的 24 次方，以保证个体之间地址的区别。当产品数量太多，导致 2 的 24 次方都用完之后，或者在写地址的时候出了问题，就会出现蓝牙地址重复使用的情况，但是概率非常小。

3.1.2.2 蓝牙协议栈

蓝牙规范的协议栈是为个人区域内的无线通信设计制定的协议，采用分层结构，分别完成数据流的传输和过滤、无线连接的建立和释放、保障业务服务质量、链路的控制，以及协议的分用和复用等功能。蓝牙协议栈遵循开放系统互连参考模型，如图 3-1 所示，由高到低可以将蓝牙协议分为三个层，即应用层协议组、中间件协议组、传输层协议组。应用层协议组专门用来规范蓝牙通信的顶层应用，包括开发驱动程序、拨号上网和语言通信等功能的蓝牙应用软件和程序。中间件协议组在逻辑链路上为高层应用协议或者程序提供了相应必要的支持，并为高层应用提供了各种所需的标准接口。传输层协议组能够实现蓝牙设备之间的相互确认功能，并负责建立和管理蓝牙设备之间的物理链路。蓝牙协议栈包含的协议有点对点协议、TCP/IP/UDP 协议、对象交换协议和无线应用协议。

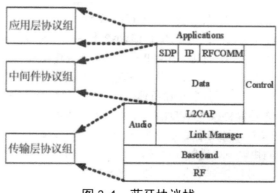

图 3-1　蓝牙协议栈

所有蓝牙堆栈的强制性协议包括：LMP、L2CAP 和 SDP。此外，与蓝牙通信的设备基本都能使用 HCI 和 RFCOMM 这些协议。

1. 链路管理协议（LMP）

用于两个设备之间无线链路的建立和控制，应用于控制器上。

2. 逻辑链路控制与适配协议（L2CAP）

用来建立两个使用不同高级协议的设备之间的多路逻辑连接传输，提供无线数据包的分割和重新组装。

在基本模式下，L2CAP 能最大提供 64KB 的有效数据包，并且有 672 字节作为默认 MTU（最大传输单元），以及最小 48 字节的指令传输单元。在重复传输和流控制模式下，L2CAP 可以通过执行重复传输和 CRC 校验（循环冗余校验）来检验每个通道数据是否正确或者是否同步。在蓝牙核心规格中添加了两个附加的 L2CAP 模式。这些模式有效地否决了原始的重传和流控模式。

（1）增强型重传模式（Enhanced Re transmission Mode，ERTM）：该模式是原始重传模式的改进版，提供可靠的 L2CAP 通道。

（2）流模式（Streaming Mode，SM）：这是一个非常简单的模式，没有重传或流控。该模式提供不可靠的 L2CAP 通道。

其中任何一种模式的可靠性都是可选择的，并 / 或由底层蓝牙 BDR/EDR 空中接口通过配置重传数量和刷新超时而额外保障的。顺序排序是由底层保障的。只有 ERTM 和 SM 中配置的 L2CAP 通道才有可能在 AMP 逻辑链路上运作。

（3）服务发现协议（SDP）：SDP 允许一个设备发现其他设备支持的服务以及与这些服务相关的参数。比如用手机去连接蓝牙耳机（其中包含耳机的配置信息、设备状态信息、高级音频分类信息（A2DP）等）。并且这些众多协议的切换需要被每个连接它们的设备设置。每个服务都会被全局独立性识别号（UUID）所识别。根据官方蓝牙配置文档给出一个 UUID 的简短格式（16 位）。

（4）射频通信（RFCOMM）：常用于建立虚拟的串行数据流。RFCOMM 提供了基于蓝牙带宽层的二进制数据转换和模拟 EIA-232（即早前的 RS-232）串行控制信号，也就是说，它是串口仿真。RFCOMM 向用户提供了简单而且可靠的串行数据流。类似 TCP，它可作为 AT 指令的载体直接用于许多电话相关的协议，以及通过蓝牙作为 OBEX 的传输层。许多蓝牙应用都使用 RFCOMM。由于串行数据的广泛应用和大多数操作系统都提供了可用的 API，所以使用串行接口通信的程序可以很快地移植到 RFCOMM 上面。

（5）网络封装协议（BNEP）：用于通过 L2CAP 传输另一协议栈的数据，主要目的是传输个人区域网络配置文件中的 IP 封包。BNEP 在无线局域网中的功能与 SNAP 类似。

（6）音频 / 视频控制传输协议（AVCTP）：AVCTP 被远程控制协议用来通过 L2CAP 传输 AV/C 指令。立体声耳机上的音乐控制按钮可通过这一协议控制音乐播放器。

（7）音频 / 视频分发传输协议（AVDTP）：AVDTP 被高级音频分发协议用来通过 L2CAP 向立体声耳机传输音乐文件。适用于蓝牙传输中的视频分发协议。

（8）TCS 电话控制协议—二进制（TCS-BIN）是面向字节协议，为蓝牙设备之间的语音和数据通话的建立定义了呼叫控制信令。此外，TCS-BIN 还为蓝牙 TCS 设备的群组管理定义了移动管理规程。

TCS-BIN 仅用于无绳电话协议，因此并未引起广泛关注。

（9）采用的协议是由其他标准制定组织定义、并包含在蓝牙协议栈中，仅在必要时才允许蓝牙对协议进行编码。采用的协议包括：

●点对点协议（PPP）：通过点对点链接传输 IP 数据报的互联网标准协议。

● TCP/IP/UDP：TCP/IP 协议组的基础协议。

●对象交换协议（OBEX）：用于对象交换的会话层协议，为对象与操作表达提供模型。

●无线应用环境 / 无线应用协议（WAE/WAP）：WAE 明确了无线设备的应

用框架，WAP 向移动用户提供电话和信息服务接入的开放标准。

3.1.3 蓝牙技术的应用

近年来，越来越多的蓝牙产品出现在人们的生活中，这些产品不仅具有优异的实用性能，还能够满足人们对新技术的需求，促进了我国信息化发展。

3.1.3.1 计算机

蓝牙技术在计算机中的应用实现了无下载软盘驱动器条件下的文件传输，只要将移动电话通过蓝牙技术与计算机进行无线连接，便可以在不消耗任何安装费用的情况下传输文件。便携式硬盘就是利用蓝牙技术进行无线接收数据，并加以存储，属于蓝牙技术在计算机中的应用范畴。在蓝牙技术产品的帮助下，可以方便快捷地完成计算机与硬盘间的无线连接操作，并且这种技术的安全性能较高。

3.1.3.2 语音通信

移动电话的无线耳机是蓝牙技术在语音通信方面应用的第一代产品，很快投入市场中。第二代蓝牙技术语音通信产品是带有嵌入式模块的数据通信产品，这种产品可在单个设备间传输数据或文件。构成特设网络也是蓝牙技术在语音通信中的应用。蓝牙技术产品在家庭、办公、移动电话系统的应用，实现了个人通信的梦想，形成了个人局域网。

3.1.3.3 办公自动化和电子商务

蓝牙技术还广泛应用于办公自动化和电子商务中。例如无线鼠标和无线键盘是通过无线接入局域网的蓝牙产品，实现了文件、打印机、服务器和调制解调器的共享；无线会议中，通过无线方式访问其他人，可以共享文件等信息。

3.1.3.4 家庭应用

蓝牙技术在家庭方面的应用，可以改造电话系统进行个人通信，可以实现水、电、气三表的远程输送和自动抄录。嵌入式蓝牙芯片的"信息家电"能够自动获取、发布和处理网络信息终端的信息，将家庭和社会紧密连接。

3.1.3.5 蓝牙定位

蓝牙局域网是蓝牙定位技术发展起来的基础，在定位区域部署适当数量的蓝牙接入点，定位时将蓝牙局域网配置成基础网络架构，接入该局域网的蓝牙标签与蓝牙接入点进行双向通信，通过相关算法估计出标签的位置。它可以通过测量信号强度值 RSSI 进行定位。蓝牙室内定位技术的最大优点是设备体积较小，可集成在手持设备、个人计算机、手机等终端设备中，因此易于推广普及。低版本蓝牙定位的不足之处在于稳定性差，易受噪声信号干扰，只适合短距离、小范围的定位。

3.2　Zig Bee 技术

Zig Bee 是基于 IEEE 802.15.4 标准的低功耗局域网协议。根据国际标准规定，Zig Bee 是一种具备低速率、短距离等特点的新型无线网络通信技术。这一名称（又称紫蜂协议）来源于蜜蜂的八字舞，由于蜜蜂（bee）是靠飞翔和"嗡嗡"（zig）地抖动翅膀的"舞蹈"来与同伴传递花粉所在方位信息的，也就是说蜜蜂依靠这样的方式构成了群体中的通信网络。Zig Bee 协议从下到上分别为物理层（PHY）、媒体访问控制层（MAC）、传输层（TL）、网络层（NWK）、应用层（APL）等，其中物理层和媒体访问控制层遵循 IEEE 802.15.4 标准的规定。

Zig Bee 定位技术采用 IEEE 802.15.4 无线电标准，通过数量众多的微传感器之间相互协调通信来实现定位。这些传感器功耗很小，通过无线电波以接力的形式将数据在传感器中进行传递，因此传感器有着很高的通信效率。因为其传输距离短，需要在室内的各个角落部署庞大数量的传感器节点，所以部署成本较高。

3.2.1 Zig Bee 技术的特点

Zig Bee 技术是一种双向无线通信技术，具有近距离、低复杂度、低功耗、低速率、低成本等特点。Zig Bee 的目标是建立一个无所不在的传感器网络（Ubiquitous Sensor Network），主要适用于自动控制和远程控制领域，可以嵌入到各种设备中，同时支持地理定位等功能。

3.2.1.1 低功耗

在低耗电待机模式下，2 节 5 号干电池可支持 1 个节点工作 6 ~ 24 个月，甚至更长。这是 Zig Bee 的突出优势。相比较，蓝牙能工作数周、WiFi 可工作数小时。TI 公司和德国的 Micropelt 公司共同推出新能源的 Zig Bee 节点，该节点采用 Micropelt 公司的热电发电机给 TI 公司的 Zig Bee 提供电源。

3.2.1.2 低成本

通过大幅简化协议（不到蓝牙的 1/10），降低了对通信控制器的要求，按预测分析，以 8051 的 8 位微控制器测算，全功能的主节点需要 32KB 代码，子功能节点少至 4KB 代码，而且 Zig Bee 免协议专利费。每块芯片的价格大约为 2 美元。

3.2.1.3 低速率

Zig Bee 工作在 20 ~ 250 kb/s 的速率，分别提供 250kb/s（2.4 GHz）、40kb/s（915 MHz）和 20 kb/s（868 MHz）的原始数据吞吐率，满足低速率传输数据的应用需求。

3.2.1.4 近距离

传输范围一般介于 10 ~ 100m 之间，在增加发射功率后，也可增加到 1 ~ 3km。这指的是相邻节点间的距离。如果通过路由和节点间通信的接力，传输距离将可以更远。

3.2.1.5 短时延

Zig Bee 的响应速度较快，一般从睡眠转入工作状态只需 15ms，节点连接进入网络只需 30ms，进一步节省了电能。相比较，蓝牙需要 3 ~ 10s，WiFi 需要 3s。

3.2.1.6 高容量

Zig Bee 可采用星状、片状和网状网络结构，由一个主节点管理若干子节点，一个主节点最多可管理 254 个子节点；同时主节点还可由上一层网络节点管理，最多可组成 65000 个节点的大网。

3.2.1.7 高安全

Zig Bee 提供了三级安全模式，包括无安全设定、使用访问控制清单（Access Control List，ACL）防止非法获取数据以及采用高级加密标准（AES128）的对称密码，以灵活确定其安全属性。

3.2.1.8 免执照频段

使用工业科学医疗（ISM）频段，915 MHz（美国），868 MHz（欧洲），2.4 GHz（全球）。由于这三个频带物理层并不相同，其各自信道带宽也不同，分别为 0.6 MHz、2 MHz 和 5 MHz，分别有 1 个、10 个和 16 个信道。这三个频带的扩频和调制方式亦有区别。扩频都使用直接序列扩频（DSSS），但从比特到码片的变换差别较大。调制方式都用了调相技术，但 868 MHz 和 915MHz 频段采用的是 BPSK，而 2.4 GHz 频段采用的是 OQPSK。

在发射功率为 0dBm 的情况下，蓝牙通常能有 10m 的作用范围。而 Zig Bee 在室内通常能达到 30 ~ 50m 的作用距离，在室外空旷地带甚至可以达到 400m（TICC 2530 不加功率放大）。所以 Zig Bee 可归为低速率的短距离无线通信技术。

Zig Bee 作为一种无线联网协议，属于个人区域网络（Personal Area Network，PAN）的范畴，有别于 GSM、GPRS 等广域无线通信技术和 IEEE 802.11a、IEEE 802.11b 等无线局域网技术，其参数及性能比较如表 3-1 所示。

表 3-1　各种无线联网技术性能对比表

市场名	GPRS/GSM	WiFi	Bluetooth	Zig Bee
系统资源	16MB+	1MB+	250KB+	4KB ~ 32KB
网络大小	1	32	7	225/65000
带宽（kb/s）	64 ~ 128+	11000+	720	20 ~ 250
传输距离（m）	1000+	1 ~ 100	1 ~ 10+	1 ~ 100+
电池寿命（天）	1 ~ 7	0.5 ~ 5	1 ~ 7	100 ~ 1000+
特点	覆盖面大，质量高	速度快，灵活性强	价格便宜，方便	可靠，低功耗，价格便宜
应用重点	广阔范围声音和数据	Web，Email，图像	电缆替代品	监测和控制

现在，Zig Bee 网络系统已经应用于智能家居、工业自动化、农业、医疗监控等领域。Zig Bee 由于其自身优点在业界得到了广泛的应用，特别是在家庭自动化领域，占据了大部分市场。随着 Zig Bee 技术的不断完善，其应用范围将更加广泛。

但是，Zig Bee 传输速率低不适合于视频业务。此外，由于 Zig Bee 采用随机接入媒质接入（Media Access Control，MAC）层，且不支持时分复用的信道接入方式，因此也不能很好地支持一些实时的业务。

3.2.2　Zig Bee 网络的组成

Zig Bee 是介于无线标记技术和蓝牙之间的技术方案，在传感器网络等领域应用非常广泛，这得益于它强大的组网能力，可以形成星型、树型和网状网三种 Zig Bee 网络，可以根据实际项目需要来选择合适的 Zig Bee 网络结构，三种 Zig Bee 网络结构各有优势。Zig Bee 网络中的设备可分为协调器节点（Coordinator）、汇聚节点（Router）、传感器节点（End Device）等三种角色。

3.2.2.1 星型拓扑

星型拓扑是最简单的一种拓扑形式，如图 3-2 所示。它包含一个协调器节点和一系列的传感器节点。每一个汇聚节点只能和协调器节点进行通信。如果需要在两个汇聚节点之间进行通信，则必须通过协调器节点进行信息的转发。

这种拓扑形式的缺点是节点之间的数据路由只有唯一的一个路径。协调器节点有可能成为整个网络的瓶颈。实现星型网络拓扑不需要使用 Zig Bee 的网络层协议，因为本身 IEEE 802.15.4 的协议层就已经实现了星型拓扑形式。但是，这需要开发者在应用层做更多的工作，包括自己处理信息的转发。

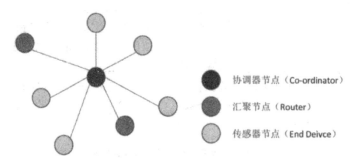

图 3-2　星型拓扑结构示意图

3.2.2.2 树型拓扑

树型拓扑包括一个协调器节点以及一系列的汇聚节点和传感器节点。协调器节点连接一系列的汇聚节点和传感器节点，它的子节点中的汇聚节点也可以连接一系列的汇聚节点和传感器节点。这样可以重复多个层级。树型拓扑的结构如图 3-3 所示。

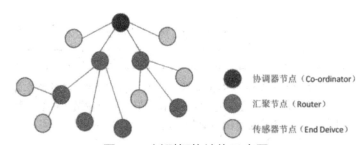

图 3-3　树型拓扑结构示意图

需要注意以下几点：

（1）协调器节点和汇聚节点可以包含自己的子节点。

（2）传感器节点不能有自己的子节点。

（3）有同一个父节点的节点之间称为兄弟节点。

（4）有同一个祖父节点的节点之间称为堂兄弟节点。

（5）树型拓扑中的通信规则：每一个节点都只能和他的父节点和子节点之间通信。

（6）如果需要从一个节点向另一个节点发送数据，那么信息将沿着树的路径向上传递到最近的祖先节点，然后再向下传递到目标节点。

这种拓扑方式的缺点就是信息只有唯一的路由通道。另外，信息的路由是由协议栈层处理的，整个的路由过程对于应用层是完全透明的。

3.2.2.3 网状拓扑

网状拓扑（Mesh 拓扑）包含一个协调器节点和一系列的汇聚节点和传感器节点。这种网络拓扑形式和树型拓扑形式相同；请参考之前所提到的树型网络拓扑。但是，网状拓扑具有更加灵活的信息路由规则，在可能的情况下，路由节点之间可以直接通信。这种路由机制使得信息的通信变得更有效率，而且意味着一旦一个路由路径出现了问题，信息可以自动沿着其他的路由路径进行传输。网状拓扑结构如图 3-4 所示。

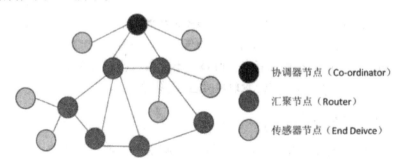

图 3-4　网状拓扑结构示意图

通常在支持网状网络的实现上，网络层会提供相应的路由探索功能，这一特性使得网络层可以找到信息传输的最优化的路径。需要注意的是，以上所提到的特性都是由网络层来实现，应用层不需要进行任何的参与。

网状拓扑结构的网络具有强大的功能，比如可以通过"多级跳"的方式来通信，可以组成极为复杂的网络，还具备自组织、自愈功能。

3.2.3 Zig Bee 组网通信方式

Zig Bee 技术所采用的自组织网可以用一个简单的例子来说明。当一队伞兵空降时，每人持有一个 Zig Bee 网络模块终端，降落到地面后，只要他们彼此间在网络模块的通信范围内，通过彼此自动寻找，很快就可以形成一个互联互通的 Zig Bee 网络。此外，由于人员的移动，彼此间的联络还会发生变化，模块还可以通过重新寻找通信对象，确定彼此间的联络，对原有网络进行刷新，这就是 Zig Bee 技术的自组织网。

网状网通信实际上就是多通道通信，在实际工业现场，由于各种原因往往并不能保证每一个无线通道都能够始终畅通，就像城市的街道一样，可能因为车祸、道路维修等原因，使得某条道路的交通出现暂时中断。此时由于有多个通道，车辆（相当于控制数据）仍然可以通过其他道路到达目的地，这对工业现场控制而言则非常重要。

自组织网采用动态路由的方式。所谓动态路由是指网络中数据传输的路径并不是预先设定的，而是在传输数据前通过对网络当时可利用的所有路径进行搜索，分析它们的位置关系以及远近，然后选择其中的一条路径进行数据传输。在我们的网络管理软件中，路径的选择使用的是"梯度法"，即先选择路径最近的一条通道进行传输，如传不通，再使用另外一条稍远一点的通道进行传输，依此类推，直到数据送达目的地为止。在实际工业现场，预先确定的传输路径随时都可能发生变化，或者因各种原因路径被中断了，或者过于繁忙不能进行及时传送。动态路由结合网状拓扑结构，就可以很好地解决这个问题，从而保证数据的可靠传输。

Zig Bee 是一种高可靠的无线数传网络，类似于 CDMA 和 GSM 网络。Zig Bee 数传模块类似于移动网络基站。通信距离从标准的 75 米到几百米、几千米，并且支持无限扩展。

Zig Bee 是一个由可多达 65000 个无线数传模块组成的无线数传网络平台，在整个网络范围内，每一个 Zig Bee 网络数传模块之间可以相互通信，每个网络节点间的距离可以从标准的 75m 无限扩展。与移动通信的 CDMA 网或 GSM 网不同的是，Zig Bee 网络主要是为工业现场自动化控制数据传输而建立，因而，它必须具有简单、使用方便、工作可靠、价格低的特点。移动通信网主要是为语音通信而建立，每个基站价值一般都在百万元人民币以上，而每个 Zig Bee "基站"却不到 1000 元人民币。每个 Zig Bee 网络节点不仅本身可以作为监控对象（如其所连接的传感器直接进行数据采集和监控），还可以自动中转别的网络节点传过来的数据资料。除此之外，每一个 Zig Bee 网络节点（FFD）还可在自己信号覆盖的范围内，和多个不承担网络信息中转任务的孤立的子节点（RFD）进行无线连接。

3.2.4 Zig Bee 技术的应用

Zig Bee 作为一种短距离无线通信技术，由于其网络可以便捷地为用户提供无线数据传输功能，因此在物联网领域具有非常强的可应用性。Zig Bee 技术主要应用在数据传输速率不高的短距离设备之间，非常适用于家电和小型电子设备的无线数据传输。其典型的传输数据类型有周期性数据（如传感器）、间歇性数据和反复低响应时间数据。

3.2.4.1 智能家庭和楼宇自动化

通过 Zig Bee 网络，可以远程控制家里的电器、门窗等；可以方便地实现水、电、气三表的远程自动抄表。通过一个 Zig Bee 遥控器，可以控制所有的家电节点。可以利用支持 Zig Bee 的芯片安装在家庭里面的电灯开关、烟火检测器、抄表系统、无线报警、安保系统、HVAC、厨房机械中，为实现远程控制服务。

3.2.4.2 消费和家用自动化市场

在未来的消费和家用自动化市场，可以利用 Zig Bee 网络来联网电视、录像机、PC 外设、运动与休闲器械、儿童玩具、游戏机、窗户和窗帘以及家用电器等，实现远程控制服务。

3.2.4.3 工业自动化领域

在工业自动化领域，利用传感器和 Zig Bee 网络，自动采集、分析和处理数据。Zig Bee 可以作为决策辅助系统，例如危险化学成分的检测、火警的早期检测和预报等。

3.2.4.4 医疗监控

在医疗监控领域，借助于各种传感器和 Zig Bee 网络，可以准确实时地监测病人的血压、体温和心跳速度等信息，从而减少了工作负担，特别是对重病和病危患者的监护治疗。

3.2.4.5 农业领域

在农业领域，由于传统农业主要使用孤立的、没有通信能力的机械设备，主要依靠人力监测作物的生长状况。采用了传感器和 Zig Bee 网络后，可以逐渐地向以信息和软件为中心的生产模式，使用更多的自动化、网络化、智能化和远程控制的设备实施管理的方式过渡。

3.3 RFID 技术

3.3.1 RFID 简介

RFID 是 Radio Frequency Identification 的缩写，即射频识别。通常称为感应式电子晶片或感应卡、非接触卡、电子条码等。RFID 是一种非接触式的自动识别技术，可以通过射频信号自动识别目标对象并获取相关数据，识别过程无需人工操作且适用于各种恶劣环境。

近年来，RFID 技术被广泛应用于医疗卫生、物流运输、餐饮旅游、交通运输和商业贸易等各个领域。相对于早期的条码技术和磁条识别技术，RFID 技术最大的优点就是可以进行非接触识别，另外其优点还有无需人工干预、不易损坏和操作方便快捷等。

典型的 RFID 系统主要包括三个部分：读写器（reader），标签（tag）和中间件（应用软件）。读写器由天线、射频收发模块和控制单元构成。其中，控制模块通常包含放大器、解码和纠错电路、微处理器、时钟电路、标准接口以及电源电路等。标签一般包含天线、调制器、编码器以及存储器等单元。国际标准委员会制定的电子产品代码 EPC，为每一个产品定义全球唯一的 ID，使每个标签对象携带有唯一的识别码。

RFID 技术的工作原理是标签进入磁场后，接收读写器发出的射频信号，凭借感应电流所获得的能量发送出存储在芯片中的产品信息，或者由标签主动发送某一频率的信号，读写器读取信息并解码后，送至中央信息系统，由应用软件进行有关数据处理。

3.3.2 RFID 系统的组成

一套完整的 RFID 系统由电子标签、读写器、中间件和应用软件系统四部分组成，如图 3-5 所示。

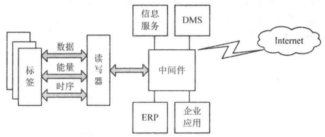

图 3-5　RFID 系统组成

基本工作原理是先由读写器发射一特定频率的射频信号，当电子标签进入磁场内，接收到读写器发射的无线电波，凭借所获得的能量将芯片中的数据发送出去，读写器依时序对接收到的数据进行解调和解码，并送给应用程序进行相应的处理。工作流程如下：

（1）读写器通过发射天线向外发射无线电载波信号。

（2）当电子标签进入发射天线所覆盖的区域时，就会获得读写器发送的无线电波能量，凭借能量标签将自身的信息代码发射出去。

（3）系统接收电子标签发出的载波信号，经天线的调节器传输给读写器，读写器对接收到的信号进行解调和解码，送往后台应用软件系统进行处理。

（4）应用软件判断该电子标签的合法性，针对不同的设定作出相应的处理和控制。

在 RFID 系统应用中，一般将标签置于需要进行跟踪管理的物品表面或内部，当带有标签的物品进入读写器发射的信号覆盖范围内时，读写器就能读取到标签内的数据信息。读写器将获取的信息发给中间件进行数据处理，由中间件对来自读写器的原始数据进行过滤、分组等处理。最终将中间件处理后的事件数据交给后台应用系统软件进行管理操作。

3.3.3 RFID 系统的分类

根据射频识别系统的不同特征，可以将 RFID 系统按照多种方式进行分类。常用的分类方法有按工作频率、工作方式、电子标签数据量或耦合类型等。

3.3.3.1 按工作频率分类

按工作频率进行分类，可以将射频识别系统分为低频、中高频和微波三种。

1. 低频系统

低频系统的工作频率一般为 30kHz ~ 300kHz。常见的低频工作频率为

125kHz 和 133kHz。低频系统的特点是阅读距离较短，与读写器传送数据的距离一般要小于 1m，电子标签省电，成本较低，标签内保存的数据量较少。目前低频系统主要应用于短距离、数据量低的 RFID 系统中。

2. 中高频系统

中高频系统的工作频率一般为 3MHz ~ 30MHz，常见的工作频率为 6.75MHz、13.54MHz 和 27.125MHz。在中高频系统中，标签与读写器的距离一般情况下要小于 1m，最大的读取距离是 1.5m。中高频系统的特点是保存数据量较大，数据传输速率较快，但是电子标签和读写器的成本较高，是目前应用比较成熟、使用范围较广的系统。

3. 微波系统

超高频系统的工作频率一般为 300MHz ~ 3GHz 或大于 3GHz。典型的工作频率为 433.92 MHz、860/960 MHz、2.45GHz 和 5.8GHz 等，其中 433.92MHz 和 860/960MHz 也常被称为超高频系统。在微波系统中，读写器与电子标签的读取距离一般大于 1m，典型情况为 4 ~ 7m，最大可达到 10m 及以上。微波系统的特点是阅读距离长，读写速度快，价格昂贵等。

3.3.3.2 按照基本工作方式分类

按照基本工作方式分类，可以将射频识别系统分为全双工系统、半双工系统和时序系统。

1. 全双工系统

在全双工系统中，读写器和电子标签可以在同一时刻双向传输数据。读写器传输给电子标签的能量是连续的，与传输方向无关。

2. 半双工系统

在半双工系统中，读写器和电子标签可以双向传输数据，但同一时刻只能向一个方向传送信息。读写器传输给电子标签的能量是连续的，与传输方向无关。

3. 时序系统

在时序系统中，读写器辐射出的电磁场短时间周期性断开，电子标签识别出这些间隔，在间隔时间内完成从电子标签到读写器之间的数据传输。时序系统的缺点是在读写器发出间隔时，会造成电子标签的能量供应中断，这就要求系统必须通过装入足够大容量的辅助电容器或辅助电池进行补偿。

3.3.3.3 按照电子标签的数据量分类

按照电子标签的数据量分类，可以将射频识别系统分为 1 位系统和多位系统。

1.1 位系统

1 位系统的数据量为 1 位，只能用 0 和 1 两种方式表示。因此，1 位系统只有两种状态："在电磁场的响应范围内有电子标签"和"在电磁场的响应范围内无电子标签"。这种功能简单的 1 位系统具有价格便宜，使用方便等特点。目前这种系统被广泛应用于商场的电子防盗系统中。该系统的读写器通常被放置在商场出口，如果带着没有付款的商品离开商场，读写器就会标识出"在电磁场的响应范围内有电子标签"，并作出报警反应。

2. 多位系统

在多位系统中，电子标签的数据量可以是几字节或者是几千字节，具体由实际应用来决定。

3.3.3.4 按照耦合方式、工作频率和作用距离分类

按照耦合方式、工作频率和作用距离的不同分类，可以将射频识别系统分为电感耦合系统和电磁反向散射耦合系统。

1. 电感耦合系统

在电感耦合系统中，电子标签由一个电子数据作载体，一个微芯片和一个作为天线的大面积线圈组成，由读写器产生的交变磁场来供电。电感耦合方式一般适用于中频率、低频率工作的近距离射频识别系统。

电感耦合系统又可分为密耦合系统和遥耦合系统。

（1）在密耦合系统中，电子标签和读写器的作用距离较近，典型作用距离范围是 0 ～ 1cm。需要将电子标签插入到读写器中，或将电子标签放置在读写器的表面。密耦合方式通常用于安全性要求较高、但不要求作用距离的应用系统中，如电子门锁等。

（2）在遥耦合系统中，电子标签与读写器的作用距离一般为 15cm ～ 1m，遥耦合系统又可分为近耦合系统（典型作用距离为 15cm）和疏耦合系统（典型作用距离为 1m）。遥耦合系统使用范围较广，典型工作频率是 13.56MHz，是目前 RFID 系统中的主流应用。

2. 电磁反向散射耦合系统

电磁波从天线向周围空间发射，会遇到不同的目标。到达目标的电磁能量的一部分（自由空间衰减）被目标所吸收，另一部分以不同的强度散射到各个方向。反射能量的一部分最终会返回发射天线，称为回波。对 RFID 系统来说，可以采用电磁反向散射耦合的工作方式，利用电磁波反射完成从电子标签到读写器的数据传输，主要应用在 915MHz、2.45GHz 或更高频率的系统中。

3.3.4 读写器

不同的 RFID 系统在通信模式、数据传输方式和耦合方式等方面存在着很大差别，但是作为 RFID 系统最核心最复杂的部件，读写器的基本工作原理和工作方式大体上都是相同的，基本模式如图 3-6 所示。

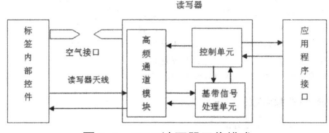

图 3-6　RFID 读写器工作模式

如图 3-6 所示，读写器通过空中接口将要发送的信号进行编码后加载到特定频率的载波信号上，通过天线向标签发出指令，进入到读写器工作范围内的标签收到指令后作出回应。另外，读写器对从电子标签中采集到的数据进行解码处理后，送到后台由系统软件进行处理，处理后的数据再由读写器写入到标签中，在这个过程中，读写器是通过应用程序 API 接口实现的。

读写器有两种工作模式：RTF（读写器先发言）和 TTF（标签先发言）。在非工作情况下，电子标签一般处于"等待"状态，当标签进入到读写器的工作范围内，检测到有射频信号时，便从"等待"状态切换到"工作"状态。电子标签接收读写器发送的指令，作出相应处理，然后再将结果回传给读写器。只有接收到读写器发送的特殊信号，电子标签才发送数据的工作方式叫作 RTF 模式；电子标签一进入到读写器的工作范围就主动发送自身信息的工作方式叫作 TTF 模式。

如果读写器采用 RTF 的工作模式，读写器是主动方，电子标签则为从动方。

在读写器的工作范围内，标签接收到读写器发送的特殊命令信号后，内部芯片对信号进行解调处理，然后对请求、密码和权限进行判断。若接收到的是读取标签内部信息命令，逻辑控制电路则会从存储器中读取相关信息，经编码调制后再发回给读写器。读写器将接收到的标签信息进行解码解调后送至后台应用程序进行处理。

3.3.5 电子标签

电子标签的主要功能在于接收到读写器的命令后，将本身所存储的编码回传给读写器。在 RFID 应用系统中，电子标签作为特定的标识附着在被识别物体上，是一种损耗件。电子标签由 IC 芯片和无线通信天线组成，一般保存有约定格式的电子数据。数据可以由读写器以无线电波的形式非接触地读取，通过读写器的处理器进行信息解读并进行相关管理。

电子标签的功能有：

（1）电子标签存储的数据既能被写入也能被读出。

（2）具备一定的存储容量，可以存储被识别物品的相关信息。

（3）可维持对被识别物品相关的完整信息。

（4）可编程，编程后的数据具有永久性。天线

从总体上看，电子标签主要由天线、芯片和射频接口三部分组成，如图 3-7 所示。

时钟可以将所有的电路功能时序化，以确保读写器可以在精确的时间内接收到存储器中的数据；数据读出时，编码发生器把存储器中的数据进行编码，调制器接收由编码器编码后的信息，通过天线电路将此信息发送到读写器。数据被写入时，由控制器进行控制，将天线收到的信号解码后写入到存储器中。

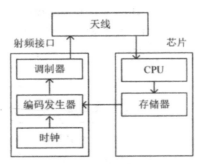

图 3-7　电子标签组成结构

3.3.6 RFID 技术的应用

3.3.6.1 RFID 技术在机场中的应用

RFID 射频技术作为一种高新技术，所具备的独特性和先进性获得了航空运输业的青睐。近年来，随着航空货运业务在全球的快速发展和自动分拣技术的普遍使用，RFID 技术以全新的姿态投入到机场管理中。RFID 技术在航空货运管理中的应用可以提高货物代理收货到机场货站、安检、地服交接等环节的效率，可以降低差错率，还可以监控货物的实时位置。

1. 麦卡伦国际机场

麦卡伦国际机场是美国最繁忙的七大机场之一，客、货流量极大。通过对机场全面深入地了解和调查后，麦卡伦国际机场认为行李处理流程是客户关心的首要问题，于是他们选择了 RFID 技术来解决乘客安全和满意度的问题，也成为美国首家使用 RFID 系统对乘客的行李进行管理的机场。麦卡伦国际机场配备了 RFID 行李标签打印机，打印出来的 RFID 标签具有唯一的标识码和机场代码，将这种具备唯一性的标签贴在行李上，由输送带送到筛检机，最后运送到相应的飞机上。如今，麦卡伦国际机场的服务速度和效率比以往任何时候都要高，尽管机场的客流量一直在持续增长，乘客的满意度也在不断攀升。

2. 香港国际机场

香港国际机场是亚太地区首个引入并全面应用 RFID 行李传送系统的机场。RFID 技术可以加快行李识别的速度，提高行李识别的准确性。RFID 行李传送系统的工作模式为：

（1）乘客在柜台登记托运行李，并检查行李有无问题，若行李没有问题则直接送到输送带；

（2）为行李贴上 RFID 标签，系统将国际航空运输协会的行李服务信息码写入到 RFID 标签中，经输送带送至行李分拣系统进行分类；

（3）行李被送达班机舱门时，由 RFID 读写器确认是否为正确的行李以及行李的数量是否正确。

3. 纽瓦克国际机场

纽瓦克国际机场使用 RFID 技术来保证机场地面运输特别是燃油车辆的安全，机场方面可以利用 RFID 管理系统提高运输安全性以及打击恐怖分子。该系统可以同时监管 80 辆汽车，每辆汽车上都安装了 RFID 读写器，司机佩戴嵌有有源 RFID 标签的标识徽章，从汽车启动的那一刻起，系统就能够通过检测到司机身上的徽章信息而监控汽车的运行。

3.3.6.2 RFID 在智能车场管理系统中的应用

使用 RFID 技术的智能停车场与普通的 IC 卡停车场相比，具有无需刷卡、自动识别车辆信息以及自动收费的优势。智能停车场系统包含有查询及管理系统、读卡器、天线、车位指引系统、停车场控制系统、摄像头、数据服务器等。

查询及管理系统用于管理员对车库的日常管理，如查询车辆出入次数、停留的时间、车辆图像和收费情况等。

停车场控制系统用于控制出入口道闸的启动，配合车辆的 RFID 信息卡和传输天线获得入场车辆的信息。当车辆停在车位后，车辆信息由传感器发送给控制系统，再传送到查询管理系统。

智能停车场实现流程：

1. 确认车辆信息

当车辆驶入天线工作区域时，天线以微波的方式与电子识别卡进行数据交换，确定车辆信息。

2. 记录车辆入场时间并分配停车位

如果停车场车位已满，车辆不能进入停车场；如果停车场还有空闲车位，则允许车辆进入停车场，管理系统会指定一个空闲车位给新入场的车辆并且记录车辆进入停车场的时间。

3. 指示车辆进入指定车位

车位指引系统会按照系统分配好的停车位显示一条到达指定位置的路径。

4. 停车状态确认

在车辆进入指定停车位后，安装在车位上的传感器会采集到车辆到位的信息，并将信息发回管理系统后自动更新停车场车位的状态信息。

5. 车辆驶离

车辆离开停车场时，控制系统获取车辆信息，管理系统可以计算出车辆的停车时间和应缴纳的费用，通过 RFID 信息卡进行收费处理，同时更新停车场的车位状态信息。

3.3.6.3 RFID 技术在智能物流中的应用

由于传统物流存在感知不及时、没有充分的互通互联和缺少智慧型计算支持与服务等问题，因此，难以实现对物流信息的及时调节与协同。伴随着全球经济一体化进程的推进，调度、管理和平衡供应链的各环节之间的资源就变得日益迫切。现代物流是传统物流发展的高级阶段，以先进的信息采集、信息处理技术为基础，结合现代管理方式和生产方式，完成物流运输、仓储、配送、包装等整个过程，强调物流的高效化和智能化。智能物流系统的功能特性：

（1）对物流配送进行智能优化调度，包括配送物品的路径规划和成本计算。

（2）对物流设备进行监控和管理。

（3）处理物流信息，包括库存信息、仓储配送信息及其他信息资源。

（4）可以为客户提供订单处理、市场前景预测等服务。

3.4 Wi-Fi 技术

3.4.1 Wi-Fi 无线传感网认知

3.4.1.1 相关知识

Wi-Fi 是一种允许电子设备连接到一个无线局域网（WLAN）的技术，通常使用 2.4G UHF 或 5G SHFISM 射频频段。连接到无线局域网通常是有密码保护的；但也可是开放的，这样就允许任何在 WLAN 范围内的设备可以连接上。Wi-Fi 是一个无线网络通信技术的品牌，由 Wi-Fi 联盟所持有。目的是改善基于 IEEE 802.11 标准的无线网络产品之间的互通性。有人把使用 IEEE 802.11 系列协议的局域网称为无线保真，甚至把 Wi-Fi 等同于无线网际网络（Wi-Fi 是 WLAN 的重要组成部分）。

Wi-Fi 是由无线接入点 AP（Access Point）、站点（Station）等组成的无线网络。AP 一般称为网络桥接器或接入点，它作为传统的有线局域网络与无线局域网络之间的桥梁，因此任何一台装有无线网卡的 PC 均可透过 AP 去分享有线局域网络甚至广域网络的资源。它的工作原理相当于一个内置无线发射器的 HUB（多端口轻发器）或路由，而无线网卡则是负责接收由 AP 所发射信号的 CLIENT（客户端）端设备。

无线局域网的应用范围非常广泛，如果将其应用划分为室内和室外，室内应用包括大型办公室、车间、酒店宾馆、智能仓库、临时办公室、会议室、证券市场；室外应用包括城市建筑群间通信、学校校园网络、工矿企业厂区自动化控制与管理网络、银行金融证券城区网、矿山、水利、油田、港口、码头、江河湖坝区、野外勘测实训、军事流动网、公安流动网等。

3.4.1.2 实训目标

1. 掌握 Wi-Fi 组网过程。

2. 掌握 Wi-Fi 网络工具的使用。

3. 设计智能家居工作场景。

3.4.1.3 实训环境

实训环境包括硬件环境、操作系统、开发环境、实训器材、实训配件，见表 3-2。

表 3-2　实训环境

项目	具体信息
硬件环境	PC、Pentium 处理器机、双核 2GHz 以上、内存 4GB 以上
操作系统	Windows 764 位及以上操作系统
开发环境	IAR For ARM 集成开发环境
实训器材	N Lab 未来实训平台：智能网关、3×Lite B 节点（Wi-Fi）、Sensor-A/B/C 传感器
实训配件	USB 线、12V 电源

3.4.1.4 实训步骤

1. 认识 Wi-Fi 硬件平台

（1）准备智能网关、三个 Lite B-WiFi 节点、Sensor-A/B/C 传感器。经典型无线节点 ZX Bee Lite B：ZX Bee Lite B 经典型无线节点采用无线模组作为 MCU 主控，板载信号指示灯（包括电源指示灯、电池指示灯、网络指示灯、数据指示灯），两路功能按键，板载集成锂电池接口，集成电源管理芯片，支持电池的充电管理和电量测量；板载 USB 串口，Ti 仿真器接口，ARM 仿真器接口；集成两路 RJ-45 工业接口，提供主芯片 PO0 ~ PO7 输出，硬件包含 IO、ADC3.3V、ADC5V、UART、RS-485、两路继电器等功能，提供两路 3.3V、5V、12V 电源输出，如图 3-8 所示。

图 3-8　经典型无线节点 ZX Bee Lite B

智能网关和 Sensor-A/B/C 传感器介绍参见附录 A。

（2）设置跳线并连接设备。ZX Bee Lite B 节点跳线方式，如图 3-9 所示。

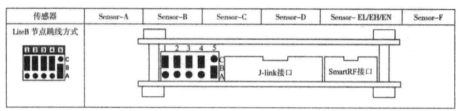

图 3-9　ZX Bee Lite B 节点跳线方式

3.4.1.5 采集类传感器（Sensor-A）：无跳线

控制类传感器（Sensor-B）：硬件上步进电动机和 RGB 灯复用，风扇和蜂鸣器复用。出厂默认选择步进电动机和风扇，则跳线按照丝印上说明，设置为⑧和⑦选通，如图 3-10 所示。

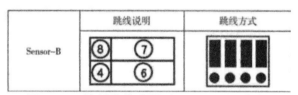

图 3-10　控制类传感器（Sensor-B）跳线

安防类传感器（Sensor-C）：硬件上人体红外和触摸复用，火焰、霍尔、振动和语音合成复用，出厂默认选择人体红外和火焰、霍尔、振动，则跳线按照丝印上说明，设置为⑦、⑨、⑩、④选通。

3.4.1.6 镜像固化

阅读《产品手册 -nLab》第 6 ~ 7 章内容，掌握实训设备的出厂镜像固化和网络参数修改。

掌握 Wi-Fi 节点的镜像固化（分别烧录 Sensor-A/B/C 三个传感器出厂固

件）。

3.4.1.7 Wi-Fi 组网及应用

1.Wi-Fi 网络构建过程

（1）准备一个智能网关、若干 Wi-Fi 节点和传感器。

（2）智能网关先上电启动系统，配置 Wi-Fi 连接 Wi-Fi 节点。

（3）配置智能网关的网关服务程序，设置 Wi-Fi 传感网接入到物联网云平台。

（4）通过应用软件连接到设置的 Wi-Fi 项目，与 Wi-Fi 设备进行通信。

2. 连接设备并组建 Wi-Fi 网络

准备智能网关、Lite B 节点、传感器，接上天线，先上电启动智能网关，再将连接有传感器的 Lite B 节点上电（网络红灯闪烁后长亮表示加入网络成功）。

3. 配置智云网关

智能网关上电。

4. 应用综合体验

阅读《产品手册 -nLab》第 9.3 节内容构建项目并通过 Z Cloud Tools 综合应用进行演示体验。

3.4.1.8 Wi-Fi 组网异常分析

Wi-Fi 组网可能出现以下异常情况，可根据表 3-3 所示进行验证。

表 3-3　Wi-Fi 组网异常分析

序号	异常状况	正常状况	原因说明
1	Z Cloud Tools 不能显示联网节点，没有连接网络（只能有线连接 RJ-45 接口）	正常组网（网络红灯先闪后长亮，有数据收发时数据蓝灯闪）	因为网关上的 Wi-Fi 模块同 Lite B（Wi-Fi）节点组网进行连接时，网关 Wi-Fi 作为无线 AP 使用，智云服务远程服务需要外网，需使用有线网络接入
2	网关无线热点配置正常，节点不法连接	正常组网（网络红灯先闪后长亮，有数据收发时数据蓝灯闪）	通过 x Lab Tools 工具查看 SSID 与密码输入是否正确。

3.4.1.9 网络参数改变影响

修改 Wi-Fi 名称为 Android AP，密码为无。注意：此设置要与网关建立的热点一致。

3.4.1.10 理解智慧家居场景

Wi-Fi 无线网络在物联网系统中扮演传感网的角色，用于获取传感器数据和控制电气设备。而完整的物联网其中还包含了传输层、服务层和应用层。通过远程的应用 App 实现对 Wi-Fi 网络的组网关系、数据收发与网络监控等功能有一个初步了解。

使用 Wi-Fi 网络构建智能家居系统，根据用户对智能家居功能的需求，整合以下最实用最基本的家居控制功能：环境数据采集、智能设备控制、防盗报警、煤气泄漏等，对基于 Wi-Fi 网络的物联网系统架构建立感观认知。

根据实训设备与智慧家居场景进行对比联想，掌握 Wi-Fi 设备与网络在智慧家居中的应用。

3.4.1.11 实训拓展

（1）两组学生组成更大的网络进行相关测试。

（2）测试通信距离和网络断开后的自愈问题。

3.4.1.12 注意事项

1. 下载程序时，需要按住 K2 按键，同时按 K3 复位键一次，然后松手等待下载即可，如果此时多次开关电源或按复位键，可能会使程序下载失败。

2. 用 Uniflash 软件烧写节点程序时，将 bin 文件复制到没有中文目录的文件夹下烧录，有中文目录时候会报错。烧写程序完成后，用 x Lab Tools 工具连接时候要按下 K3 复位键，不行就多按几次。直到连接时 D1 灯闪烁，程序才运行正常。

3.4.1.13 实训评价

过程质量管理见表 3-4。

表 3-4　过程质量管理

姓名			组名	
评分项目			分值	得分	组内管理人
通用部分（40分）	团队合作能力	10		
	实训完成情况	10		
	功能实现展示	10		
	解决问题能力	10		
专业能力（60分）	设备连接与操作	10		
	程序的下载、安装和网络配置	10		
	掌握网络组网过程及参数设置	20		
	实训现象的记录与描述	20		
过程质量得分				

3.4.2 Wi-Fi 无线传感网工具

3.4.2.1 相关知识

CC3200 是得州仪器通过取得 ARM 公司的 Cortex-M4 内核的授权，并在 Cortex-M4 内核的基础上添加计时器、Wi-Fi 模块、电源管理等外围电路设计而成的。CC3200 是业界第一个具有内置 Wi-Fi 连通性的单片微控制器单元，由应用微控制器、Wi-Fi 网络处理器和电源管理子系统组成。

CC3200 SDK 即 Simple Link Wi-Fi CC3200 SDK，它包含用于 CC 3200 可编程 MCU 的驱动程序、40 个以上的示例应用以及使用该解决方案所需的文档。它还包含闪存编程器，这是一款命令行工具，用于闪存软件并配置网络和软件参数（SSID、接入点通道、网络配置文件等）、系统文件和用户文件（证书、网页等）。此 SDK 可与得州仪器的 Simple LInk Wi-Fi CC3200 Launch Pad 配合使用。

得州仪器官方提供的 Wi-Fi 通信协议栈安装包使用的默认开发环境是 IAR 集成开发环境，因此 Wi-Fi 的相关程序开发同样需要在 IAR 的集成开发环境上进行。注意：Wi-Fi 开发的 IAR 为 ARM 版本。

3.4.2.2 实训目标

（1）了解 CC3200 Wi-Fi 芯片。

（2）了解 Wi-Fi 协议栈的使用。

（3）掌握 Wi-Fi 调试工具的使用。

3.4.2.3 实训环境

实训环境包括硬件环境、操作系统、开发环境、实训器材、实训配件，见表 3-5。

表 3-5　实训环境

项目	具体信息
硬件环境	PC 机 Pentium 处理器双核 2GHz 以上，内存 4GB 以上
操作系统	Windows764 位及以上操作系统
开发环境	IAR for ARM 集成开发环境
实训器材	nLab 未来实训平台：智能网关、3×Lite B 节点（Wi-Fi）、Sensor-A/B/C 传感器
实训配件	USB 线，12V 电源

3.4.2.4 实训步骤

1. 理解 CC3200 Wi-Fi 硬件

CC3200 是最小系统。

2.Wi-Fi 协议栈的安装、调试和下载

（1）Wi-Fi 协议栈安装。① Wi-Fi 协议栈安装文件为"DISK-x Lab Base\02—软件资料\02—无线节点"文件夹中的 CC3200-1.0.0x-SDK.zip。②将 CC3200-1.0.0x-SDK.zip 解压后建议复制到计算机 C：\stack 文件夹中。

（2）Wi-Fi 协议栈工程① Wi-Fi 协议栈默认工程路径为 C：\stack\CC 3200-1.0.0 x-SDK\zonesion。②协议栈内置 Template 工程，运行文件 Template\Template.eww 可打开工程，该工程是一个简单的示例程序。③ CC3200 SDK 的安装包名为 CC3200-1.0.0-SDK.exe，双击此安装包直接安装，安装完成后，协议栈会被安装到 C：\Texas Instruments\CC3200-1.0.0-SDK 路径下。进入此文件夹后，有 14 个文件。分别是 docs、driverlib、example、inc、middleware、netapps、oslib、Simple Link、Simple Link-extlib、third-party、ti-rtos、tools、zonesion 和 readme.txt 文件。④每个工程内有 Read Me 文件，通过阅读该文件可以了解相关通信协议说明。

（3）Wi-Fi 协议栈编译、调试：以 Template 工程为例，运行文件 Template\Template.eww 可打开工程。

编译工程：选择 Project → Rebuild All。或者直接单击工具栏中的 make 按钮。编译成功后会在该工程的 zonesion\template\ewarm\Release\Exe 目录下生成 template.bin 和 Template.out 文件。

调试 / 下载：正确连接 USB 线到 PC 机和 ZX Bee Lite B 节点，打开节点电源（上电）。①打开 CCS Uni Flash，会弹出引导界面。单击带有下画线的蓝色字体的 New Target Configuration，弹出选项卡后单击 OK 按钮进入操作界面。配置要下载程序的芯片类型 CC3200。

②查看当前 USB 转串口工具占用的端口号（右键计算机→管理→设备管理器→端口），假如是 COM3，那么在 Uni Flash 操作界面 COMPort 下的空白栏中填入 3，表示此软件通过 COM3 向芯片烧写程序。

③选中 Uni Flash 操作界面左侧 System Files 下的 /sys/mcuimg.bin 选项，表明将要烧写的是 bin 文件，而不是前面实训中所说的 hex 文件，这一点需要注意。单击 /sys/mcuimg.bin 选项后，单击 Url 右侧空白栏后面的 Browse 按钮，选中需要下载的 bin 文件。选中 Erase、Update、Verify 复选框。

④单击 CC31xx/CC32xx Flash Setup and Control → Program，或选择 Operation → Program，开始编程（此时节点板应处于上电状态，USB 转串口应正确和 CC3200 相连接）。当看到软件信息提示区域显示 please restart the device 时，按

下复位按钮（按住 K2 按键不放，同时按一次 K3 复位键），用户程序便开始下载，当程序下载进度条弹出后可松开 K2 按键，当信息提示区域显示的下载信息为 Operation Program returned 的时候，表示用户程序下载完毕。再次按下底板上的复位按钮或者重新给节点板上电，新下载的用户程序开始运行。

程序下载成功后页面会显示操作成功。

3.Wi-Fi 协议栈网络参数

通过工程源码可以直接修改 Wi-Fi 节点的网络参数 AP SSID、密码和网络类型。

打开工程文件 common → wifi-cfg.h，其中 Wi-Fi 名称宏定义为 Z-SSID-NAME，安全类型宏定义为 Z-SECURITY-TYPE，密码宏定义为 Z-SECURITY-KEY。

//Wi-Fi 名称和密码

#define Z-SSID-NAME "AndroidAP" /* 热点名称 SSID*/

#define Z-SECURITY-TYPE SL-SEC-TYPE-OPEN/*S 安全类型（OPEN 或 WEP 或 WPA）*/

#define Z-SECURITY-KEY "123456789"/* 安全接入热点密码 */

// 网关 IP 地址 0xC0A82B01 // 网关 ip192.168.43.1

#define GW-IP

#define GW-PORT 7003

#define LO-PORT 7004

4.Wi-Fi 网络拓扑结构

Wi-Fi 网络拓扑结构通过 Z Cloud Tools 工具可以查看。

5.智云数据分析工具

（1）智云数据分析工具包含 x Lab Tools 和 Z Cloud Tools，分别对应硬件层数据调试和应用层数据调试。① x Lab Tools 工具：通过 USB 线连接 ZX BeeLite 节点到计算机，运行 x Lab Tools 工具连入该节点的串口观察节点信息。可读取/修改节点的网络信息（地址、网关 IP、模块 IP、SSID、Wi-Fi 密码、加密类型）。

可以通过"读取"和"写入"选项对当前各个节点进行网络参数配置。注意：SSID、Wi-Fi 密码、网关 IP 必须与网关设置一致，若不一致，则需要重新

"写入"，否则终端节点将无法加入该 Wi-Fi 网络。

②Z Cloud Tools 工具：a. 在网关插入网线，让网关与智云服务器连接。b. 当 Wi-Fi 设备组网成功，并且正确设置智能网关将数据连接到智云端，此时可以通过 Z Cloud Tools 工具抓取和调试应用层数据。（Z Cloud Tools 包含 Android 和 Windows 两个版本。）

c.Z Cloud Tools 可查看网络拓扑图，了解设备组网状态。

d.Z Cloud Tools 可查看网络数据包，支持下行发送控制命令。

（2）选择 Wi-Fi 设备构建智慧家居应用场景。通过智云数据分析工具对网络数据进行跟踪和调试。①选择 Sensor-A/B/C 传感器，模拟智慧家居环境监控系统（温度传感器）、智能饮水机系统（继电器）、智能安防系统（人体红外传感器）。②Sensor-A 传感器默认 30s 上传一次数据，通过 Z Cloud Tools 工具可以观察到数据及其变化（通过手触摸传感器改变温度值 A0 变化）。③Sensor-B 传感器继电器控制指令为：开（{OD1=64，D1=?}）、关（{CD1=64，D1=?}），通过 Z Cloud Tools 工具发送控制指令，观察继电器开关现象。

3.4.2.5 实训拓展

1. 阅读《产品手册 –nLab》第 12 章，理解智云传感器协议。

2. 通过 x Lab Tools 工具修改 SSID 和 Wi-Fi 密码，然后重新组网。

3.4.2.6 注意事项

Wi-Fi 组网时会使用网关的无线网络设备，连接智云服务器请使用有线网络。

3.4.2.7 实训评价

过程质量管理见表 3-6。

表 3-6　过程质量管理

姓名			组名	
评分项目		分值	得分	组内管理人
通用部分（40分）	团队合作能力	10		
	实训完成情况	10		
	功能实现展示	10		
	解决问题能力	10		
专业能力（60分）	设备连接与操作	10		
	掌握各种调试工具的使用	25		
	实训现象记录与描述	25		
过程质量得分				

3.4.3 Wi-Fi 无线传感网程序分析

3.4.3.1 相关知识

Simple Link 协议栈中 main 函数是程序入口函数，程序由此开始执行。在上述代码中，程序首先对硬件进行了初始化，包括板载的初始化、systick 定时器初始化、DMA 控制初始化、引脚复用初始化、串口初始化等，有些初始化是用户自己可以改写的，如 systick 定时器的初始化，其代码完全可见；另外函数，由 TI 提供 API 供用户调用，但是不能看到源代码，如在板载初始化中的 MCU 初始化函数 PRCM CC3200 MCU Init（），通过右键→Goto 功能对函数进行跟踪，最后只能找到函数的声明，并不能找到函数的定义。

通过对 Simple Link 协议栈的执行原理和功能结构细致的分析，可以大致理解协议栈的工作逻辑和工作原理。但是要将 Simple Link 协议栈完整的使用起来对于初学者来说还是具有一定的困难，为了能够让初学者对 Simple Link 网络的使用快速上手，企业在原有的 Simple Link 协议栈上通过官方提供的 Simple BLE Peripheral 历程开发了一套智云框架，在智云框架上省去了组建 Simple Link 网络和建立用户任务并定义用户事件的工作，让 Simple Link 网络的开发更方便简单。

3.4.3.2 实训目标

（1）掌握 Wi-Fi 程序框架。

（2）掌握用户接口的调用。

（3）理解关键函数的使用。

3.4.3.3 实训环境

实训环境包括硬件环境、操作系统、开发环境、实训器材、实训配件，见表 3-7。

表 3-7　实训环境

项目	具体信息
硬件环境	PC、Pentium 处理器机、双核 2GHz 以上、内存 4GB 以上
操作系统	Windows 764 位及以上操作系统
开发环境	IAR For ARM 集成开发环境
实训器材	nLab 未来实训平台：智能网关、Lite B 节点（Wi-Fi）
实训配件	USB 线、12V 电源

3.4.3.4 实训步骤

1.编译、下载和运行程序，组网

（1）准备智能网关和 Wi-Fi 无线节点及相关 Wi-Fi 协议栈工程。无线节点实训工程为 WiFi Api Test。将实训代码中 16-WiFi-Api 文件夹下的工程 WiFi Api Test 复制到 C：\stack\CC3200-1.0.0x-SDK\zonesion 文件夹下。

（2）打开实训代码中 WiFi Api Test 目录下的 WiFi Api Test.eww 工程，编译并下载到 Lite B-WiFi 节点。

（3）参考前面的内容将设备进行组网，并保证设备正常入网运行，数据通信正常。

2.Wi-Fi 协议栈框架关键函数调试

（1）阅读节点工程 BLE Api Test 内源码文件：ZX Bee BLE Peripheral Main.c，掌握 BLE 框架程序的调用。BLE 框架程序函数及说明见表 3-8。

表 3-8　BLE 框架程序函数及说明

函数名称	函数说明
BoardInit（）	板载初始化
Sys TickInit（）	初始化 systick 定时器
UDM AInit（）	初始化 DMA 控制
Pin Mux Config（）	引脚复用配置
LED Init（）	LED 初始化
Init Term（）	配置串口
Initialize App Variables（）	初始化应用
Configure Simple Link To Default State（）	配置 Simple Link 为默认状态（station）
sl_Start（）	启动 Simple Link 设备
ATC ommandInit（）	AT 指令初始化
ZXBeeInfInit（）	获取网络配置
sensorInit（）	传感器初始化
Wlan Connect（）	连接到 Wi-Fi 设备
Sensor Loop（）	循环定时数据上报

（2）阅读节点工程 WiFi Api Test 内源码文件：sensor.c，理解传感器应用的设计，见表 3-9。

表 3-9　sensor.c 函数及说明

函数名称	函数说明
sensorInit（）	传感器硬件初始化
Sensor Link On（）	节点入网成功操作函数
Sensor Update（）	传感器数据定时上报
Sensor Control（）	传感器/执行器控制函数
ZX BeeInf Recv（）	解析接收到的传感器控制命令函数
My Event Process（）	自定义事件处理函数，启动定时器触发事件 MY_REPORT_EVT

3.画出 Wi-Fi 框架函数调用关系图

Wi-Fi 无线节点程序流程图如图 3-11、图 3-12 所示。

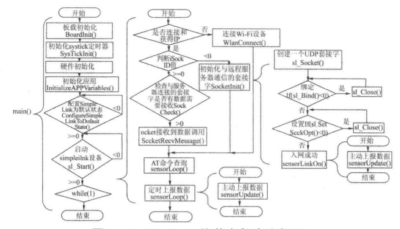

图 3-11　Wi-Fi 无线节点程序流程图 1

图 3-12　Wi-Fi 无线节点程序流程图 2

4. 设计智慧家居系统协议

WiFi Api Test 工程以智慧家居项目为例，学习 Wi-Fi 协议栈程序的开发。sensor.c 传感器驱动内实现了一个温度传感器和继电器（传感器有程序模拟数据）的采集和控制，数据通信格式见表 3-10。

表 3-10　数据通信格式

数据方向	协议格式	说明
上行（节点往应用发送数据）	temperature=X	X 表示采集的温度值
下行（应用往节点发送指令）	cmd=X	X 为 0 表示关闭继电器；X 为 1 表示开启继电器

5. 智慧家居系统程序测试

WiFi Api Test 工程实现了智慧家居项目温度传感器（随机数模拟数据）的循环上报，以及继电器的远程控制功能。

（1）编译 WiFi Api Test 工程下载到 Wi-Fi 节点，与智能网关正确组网并配置网关服务连接到物联网云。

（2）通过 Mini USB 线连接 Wi-Fi 节点到计算机，运行 x Lab Tools 工具查看程序的调用关系，并通过 Z Cloud Tools 工具查看应用层数据。

根据程序设定，Wi-Fi 节点每隔 20s 会上传一次光强数据到应用层（温度数据是通过随机数产生的）。同时，通过 Z Cloud Tools 工具发送继电器控制指令（cmd=1 开启继电器；cmd=0 关闭继电器），可以对 Wi-Fi 节点继电器进行开关控制。

3.4.3.5 实训拓展

（1）深入理解 Wi-Fi 协议栈，理解协议栈运行机制。

（2）分析程序代码，了解程序运行机制。

3.4.3.6 注意事项

（1）下载程序时，需要按住 K2 按键，同时按 K3 复位键一次，然后松手等待下载即可，如果此时多次开关电源或按复位键，可能会使程序下载失败。

（2）用 Uniflash 软件烧写节点程序时，将 bin 文件复制到没有中文目录的文件夹下烧录，有中文目录有时候会报错。

（3）当使用云服务时，开启远程服务时，要求网关和应用终端连接互联网，并使用 Android 智能网关内置的 ID/KEY；当开启本地服务时，要求网关和应用终端连接到同一局域网，此时应用（包括 Z Cloud Tools 工具）的服务地址为网关的 IP 地址。

3.4.3.7 实训评价

过程质量管理见表 3-11。

表 3-11　过程质量管理

姓名		组名		
评分项目	分值	得分	组内管理人
通用部分（40 分）	团队合作能力	10		
	实训完成情况	10		
	功能实现展示	10		
	解决问题能力	10		
专业能力（60 分）	设备的连接和实训操作	10		
	掌握用户接口及调用关系	20		
	关键函数的使用和理解	10		
	实训现象记录与描述	20		
过程质量得分				

3.4.4　Wi-Fi 家居环境采集系统

3.4.4.1 相关知识

Wi-Fi 无线网络的使用过程中最为重要的功能之一就是能够实现远程的数据传输，通过 Wi-Fi 无线节点将采集的数据通过 Wi-Fi 网络将大片区域的传感器数据在网关汇总，并为数据分析和处理提供数据支持。

数据采集可以归纳为以下三种逻辑事件：

（1）节点定时采集数据并上报。

（2）节点接收到查询指令后立刻响应并反馈实时数据。

（3）能够远程设定节点传感器数据的更新时间。

3.4.4.2　实训目标

（1）掌握采集类传感器程序逻辑设计。

（2）掌握智云采集类程序应用框架。

（3）学习网络数据包的解析处理。

（4）了解温度传感器的使用。

3.4.4.3　实训环境

实训环境包括硬件环境、操作系统、开发环境、实训器材、实训配件，见表 3–12。

表 3-12　实训环境

项目	具体信息
硬件环境	PC、Pentium 处理器机、双核 2GHz 以上、内存 4GB 以上
操作系统	Windows 764 位及以上操作系统
开发环境	IAR For ARM 集成开发环境
实训器材	N Lab 未来实训平台：智能网关、Lite B 节点（Wi–Fi）、Sensor–A 传感器
实训配件	USB 线、12V 电源

3.4.4.4　实训步骤

1. 理解家居环境采集系统设备选型

（1）家居环境采集硬件框图设计。温度采集使用了外接传感器，外接传感器使用的是 HTU21D，通过 IIC 总线与 CC3200Wi–Fi 芯片进行通信。

（2）硬件电路设计。HTU21D 传感器采用 IIC 总线，其中 SCL 连接到 CC3200 单片机的 PO0 端口，SDA 连接到 CC3200 单片机的 P01 端口。

2. 编译、下载和运行程序，组网

（1）准备智能网关和 Wi–Fi 无线节点（接 Sensor–A 传感器）及相关 Wi–Fi 协议栈工程：温度传感器节点实训工程为 WiFi Temperature，将实训代码中 17–WiFi–Temperature 文件夹下的工程 WiFi Temperature 复制到 C：\stack\CC3200–1.0.0x–SDK\zonesion 文件夹下。

（2）重新编译程序，并下载到设备中。

（3）参考前面的内容将设备进行组网，并保证设备正常入网运行，数据通信正常。

3. 设计家居环境采集系统协议

温度传感器节点 WiFi Temperature 工程实现了家居环境采集系统，该程序实现了以下功能：

（1）节点入网后，每隔 20s 上行上传一次温度传感器数值。

（2）应用层可以下行发送查询命令读取最新的温度传感器数值。

WiFi Temperature 工程采用类 josn 格式的通信协议（{[参数]=[值]，{[参数]=[值]，…}），具体见表 3-13。

表 3-13　通信协议

数据方向	协议格式	说明
上行（节点往应用发送数据）	{temperature=X}	X 表示采集的温度值
下行（应用往节点发送指令）	{temperature=?}	查询温度值，返回：{temperature=X}，X 表示采集的温度值

4. 采集类传感器程序调试

温度传感器节点 WiFi Temperature 工程采用智云传感器驱动框架开发，实现了温度传感器的定时上报、温度传感器数据的查询、无线数据包的封包 / 解包等功能。下面详细分析家居环境采集系统项目的采集类传感器的程序逻辑。

（1）传感器应用部分：在 sensor.c 文件中实现，包括温度传感器硬件设备初始化（sensorInit（ ））、温度传感器节点入网调用（sensor Link On（ ））、温度传感器数据上报（sensor Update（ ））、处理下行的用户命令（ZX Bee User Process（ ））、循环定时触发上报数据（sensor Loop（ ）），具体见表 3-14。

表 3-14　温度传感器应用函数及说明

函数名称	函数说明
sensorInit（ ）	温度传感器硬件设备初始化
Sensor Link On（ ）	温度传感器节点入网调用
Sensor Update（ ）	温度传感器数据上报
ZXBee User Process（ ）	处理下行的用户命令
Sensor Loop（ ）	循环定时触发上报数据

（2）温度传感器驱动：在 htu21d.c 文件中实现，通过调用 IIC 驱动实现对温度传感器实时数据的采集。函数及说明见表 3-14。

表 3-14　温度传感器驱动函数及说明

函数名称	函数说明
htu21d_init（ ）	温度传感器 HTU21D 初始化
htu21d_get_data（ ）	获取温度传感器 HTU21D 实时温度数据
htu21d_read_reg（ ）	连续读出温度传感器 HTU21D 内部数据

（3）无线数据的收发处理：在 zxbee-inf.c 文件中实现，包括 WiFi 无线数据

的收发处理函数。

（4）无线数据的封包 / 解包：在 zxbee.c 文件中实现，封包函数有 ZXBee Begin（）、ZX Bee Add（char*tag，char*val）、ZX Bee End（void），解包函数有 ZX Bee Decode Package（char*pkg，int len）。

5. 采集类传感器程序关系图

温度采集类传感器协议栈详细程序流程图如图 3-13 所示。

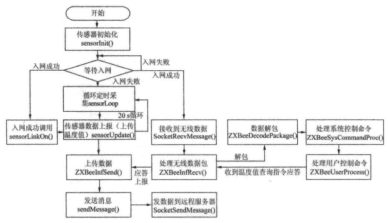

图 3-13　温度采集类传感器程序流程图

6. 家居环境采集系统测试

WiFi Temperature 工程实现了智慧家居项目温度传感器的 20s 循环数据上报，并支持实时温度数据的下行查询。

（1）编译 WiFi Temperature 工程下载到光强传感器节点，与智能网关正确组网并配置网关服务连接到物联网云。

（2）通过 Mini USB 线连接光强传感器节点到计算机，运行 x Lab Tools 工具查看节点接收到的数据，并通过 Z Cloud Tools 工具查看应用层数据。

根据程序设定，温度传感器节点每隔 20s 会上传一次温度数据到应用层。同时，通过 Z Cloud Tools 工具发送温度查询指令（{temperature=?}），程序接收到响应后将会返回实时温度值到应用层。

（3）通过触摸温度传感器可以改变温度传感器的数值变化。

（4）修改程序循环上报时间间隔，记录温度传感器温度值的变化。

3.4.4.5 实训拓展

（1）修改程序，实现家居环境 HTU21D 温湿度传感器的湿度数据采集。

（2）修改程序，实现当温度值波动较大时才上传温度数据。

3.4.4.6 注意事项

（1）在没有 Sensor-A 传感器的情况下，可以通过 x Lab Tools 工具的数据模拟功能，设置模拟的"温度"数据进行定时上传。

（2）当节点仅通过 USB 线供电启动时，由于电流不足，会导致传感器数据异常，此时需要将节点通过实训基板接入 12V 供电（电源开关要按下）。

3.4.4.7 实训评价

过程质量管理见表 3-16。

表 3-16　过程质量管理

姓名		组名	
评分项目	分值	得分	组内管理人
通用部分（40分）　团队合作能力	10		
实训完成情况	10		
功能实现展示	10		
解决问题能力	10		
专业能力（60分）　设备的连接和实训操作	10		
掌握采集类传感器程序设计	20		
掌握数据包解析和封包处理	10		
实训现象记录和描述	20		
过程质量得分			

3.4.5　Wi-Fi 家居智能饮水机系统

3.4.5.1 相关知识

Wi-Fi 的远程设备控制有很多场景可以使用如家居风扇控制、家居环境灯光控制、家居智能电饭煲控制等。

针对控制节点，其主要的关注点还是要了解控制节点对设备控制是否有效，以及控制结果。控制类节点逻辑事件可分为以下三种：

（1）远程设备对节点发送控制指令，节点实时响应并执行操作。

（2）远程节点发送查询指令后，节点实时响应并反馈设备状态。

（3）控制节点设备工作状态的实时上报。

3.4.5.2 实训目标

（1）掌握控制类传感器程序逻辑设计。

（2）掌握智云控制类程序应用框架。

（3）学习网络数据包的解析处理。

（4）了解继电器的使用。

3.4.5.3 实训环境

实训环境包括硬件环境、操作系统、开发环境、实训器材、实训配件，见表 3-17。

表 3-17　实训环境

项目	具体信息
硬件环境	PC、Pentium 处理器机、双核 2GHz 以上、内存 4GB 以上
操作系统	Windows764 位及以上操作系统
开发环境	IAR For ARM 集成开发环境
实训器材	nLab 未来实训平台：智能网关、Lite B 节点（Wi-Fi）、Sensor-B 传感器
实训配件	USB 线、12V 电源

3.4.5.4 实训步骤

1. 理解家居智能饮水机系统设备选型

（1）家居智能饮水机控制系统硬件框图如图 3-14 所示。CC3200 通过 I/O 引脚来控制继电器。

（2）继电器原理如图 3-15 所示。

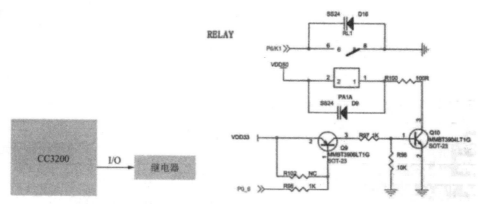

图 3-14　家居智能饮水机控制系统硬件框图　　**图 3-15 继电器原理图**

2. 编译、下载和运行程序，组网

（1）准备智能网关和 Wi-Fi 无线节点（接 Sensor-B 传感器）及相关 Wi-Fi 协议栈工程。温度传感器节点实训工程为 WiFi Relay，将实训代码中 18-WiFi-Relay 文件夹下的工程 WiFi Relay 复制到 C：\stack\CC3200-1.0.0x-SDK\zonesion 文件夹下。

（2）重新编译程序，并下载到设备中。

（3）参考前面的内容将设备进行组网，并保证设备正常入网运行，数据通信正常。

3. 设计家居智能饮水机控制系统协议

继电器节点 WiFi Relay 工程实现了家居智能饮水机控制系统，该程序实现了以下功能：

（1）节点入网后，每隔 20s 上行上传一次继电器状态数值。

（2）应用层可以下行发送查询命令读取当前的继电器状态数值。

（3）应用层可以下行发送控制命令控制继电器开关。

WiFi Relay 工程采用类 josn 格式的通信协议（{[参数]=[值]，{[参数]=[值]，…}}），具体见表 3-18。

表 3-18　通信协议

数据方向	协议格式	说明
上行（节点往应用发送数据）	{switch Status=X}	X 为 0 表示关闭；X 为 1 表示开空调；2 表示开加湿器；X 为 3 表示开空调和加湿器
下行（应用往节点发送指令）	{switch Status=?}	查询当前继电器状态，返回：{switch Status=X}。X 为 0 表示关闭；X 为 1 表示开空调；X 为 2 表示开加湿器；3 表示开空调和加湿器
	{cmd=X}	继电器控制指令，X 为 0 表示关闭；X 为 1 表示开空调；X 为 2 表示开加湿器；X 为 3 表示开空调和加湿器

4. 控制类传感器程序调试

继电器节点 WiFi Relay 工程采用智云传感器驱动框架开发，实现了继电器的远程控制、继电器当前状态的查询、继电器状态的循环上报、无线数据包的封包 / 解包等功能。下面详细分析家居智能饮水机控制系统项目的控制类传感器的程序逻辑。

（1）传感器应用部分：在 sensor.c 文件中实现，包括电动机传感器硬件设备初始化（sensorInit（））、电动机传感器节点入网调用（sensor Link On（））、电动机传感器状态上报（sensor Update（））、电动机传感器控制（sensor Control（））、处理下行的用户命令（ZX Bee User Process（））、循环定时触发（sensor Loop（））。具体见表 3-19。

表 3-19　传感器应用函数及说明

函数名称	函数说明
sensorInit（）	电动机传感器硬件设备初始化
Senso Link On（）	电动机传感器节点入网调用
Senso Update（）	电动机传感器状态上报
Sensor Control（）	电动机传感器控制
ZXBee User Process（）	处理下行的用户命令
Sensor Loop（）	循环定时触发

（2）继电器驱动：在 stepmotor.c 文件中实现，实现电动机硬件初始化、电动机正转、电动机反转等功能。具体见表 3-20。

表 3-20 继电器驱动函数及说明

函数名称	函数说明
relay_init（）	继电器初始化
relay_on（）	控制继电器开
relay_off（）	控制继电器关
relay_control（）	控制继电器开关

（3）无线数据的收发处理：在 zxbee-inf.c 文件中实现，包括 Wi-Fi 无线数据的收发处理函数。

（4）无线数据的封包/解包：在 zxbee.c 文件中实现，封包函数有 ZX Bee Begin（）、ZX Bee Add（char*tag，char*val）、ZX Bee End（void），解包函数有 ZX Bee Decode Package（char*pkg，intlen）。

5. 控制类传感器程序关系图

继电器控制类传感器程序关系图如图 3-16 所示。

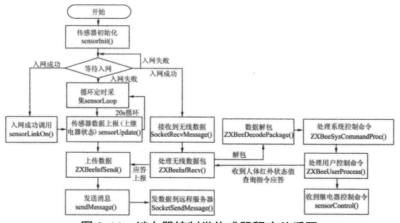

图 3-16 继电器控制类传感器程序关系图

6. 家居智能饮水机控制系统测试

WiFi Relay 工程实现了智慧家居项目继电器的远程控制、状态上报、状态查询等功能。

（1）编译 WiFi Relay 工程下载到继电器节点，与智能网关正确组网并配置网关服务连接到物联网云。

（2）通过 Mini USB 线连接电动机传感器节点到计算机，运行 x Lab Tools 工具查看节点接收到的数据，并通过 Z Cloud Tools 工具查看应用层数据。

根据程序设定，继电器节点每隔 20s 会上传一次继电器状态到应用层。

（3）通过 Z Cloud Tools 工具发送继电器状态查询指令（{switch Status=?}），程序接收到响应后将会返回当前继电器状态到应用层。

（4）通过 Z Cloud Tools 工具发送继电器控制指令（关闭指令 {cmd=0}，开空调指令 {cmd=1}，开加湿器指令 {cmd=2}，开空调和加湿器指令 {cmd=3}），程序接收到响应后将会控制继电器执行相应的动作。

3.4.5.5 实训拓展

（1）修改程序，实现家居智能风扇控制的风扇设备控制。

（2）思考控制类节点为什么要定时上报传感器状态。

（3）修改程序，实现控制类传感器在控制完成后立即返回一次新的传感器状态。

3.4.5.6 注意事项

当节点仅通过 USB 线供电启动时，由于电流不足，会导致传感器数据异常，此时需要将节点通过实训基板接入 12V 供电（电源开关要按下）。

3.4.5.7 实训评价

过程质量管理见表 3-21。

表 3-21　过程质量管理

姓名			组名	
评分项目		分值	得分	组内管理人
通用部分（40 分）	团队合作能力	10		
	实训完成情况	10		
	功能实现展示	10		
	解决问题能力	10		
专业能力（60 分）	设备的连接和实训操作	10		
	掌握控制类传感器程序设计	20		
	掌握数据包解析和封包处理	10		
	实训现象记录和描述	20		
过程质量得分				

3.5　M2M 技术

M2M 是 Machine-to-Machine/Man 的缩写，是一种以机器终端智能交互为核心的、网络化的应用与服务。M2M 是将数据从一台终端传送到另一台终端，也就是机器与机器的对话。

在生活中，M2M 的应用范围较为广泛，例如上班用的门禁卡，超市的条码扫描；在石油行业可以利用网络远程遥控油井设备，及时准确了解各个设备处于的工作状态；在电力行业可以远程对配电系统进行一系列的现代化管理维护操作，即监测、保护、控制；在交通行业主要用于采集车辆信息（如车辆位置、行驶速度、行驶方向等），远程管理控制车辆。

3.5.1 M2M 的含义

M2M 有狭义和广义之分。狭义的 M2M 指机器到机器的通信；广义的 M2M 指以机器终端智能交互为核心的、网络化的应用与服务。

M2M 基于智能机器终端，以多种通信方式为接入手段，为客户提供信息化解决方案，满足客户对监控、指挥调度、数据采集和测量等方面的信息化需求。

M2M 的扩展概念包括"Machine to Mobile，机器对移动设备"和"Man to Machine，人对机器"等。M2M 提供了设备实时数据在系统之间、远程设备之间、机器与人之间建立通信连接的简单手段，旨在通过通信技术来实现人、机器、系统三者之间的智能化、交互式无缝连接，从而实现人与机器、机器与机器之间畅通无阻、随时随地通信。

3.5.2 M2M 系统结构的特点

3.5.2.1 多数性

设备的数量在数量级上的增加将导致应用程序结构和网络负载的压力，移动网络在设计时并没有考虑这些 M2M 设备。

3.5.2.2 多样性

M2M 应用程序的实现导致了大量有多种需求的设备的出现。由于大量设备的出现带来异构性，使得设备与设备之间的互操作能力变得很困难。

3.5.2.3 不可见性

设备必须很少或不需要人的控制，这就要求设备管理被无缝地集成到服务和网络管理中。

3.5.2.4 临界性

一些应用，如智能电网上的电压、生命保障系统等，在延迟和可靠性上有严格要求，这将挑战和超越现代网络的能力。

3.5.2.5 隐私问题

设备管理被集成到通信系统中，这就意味着设备上数据的隐私问题和安全问题成为人们关注的问题之一。

3.5.3 M2M 系统结构

M2M 业务是一种以机器终端智能交互为核心的、网络化的应用与服务。M2M 业务流程涉及众多环节，其数据通信过程内部也涉及多个业务系统。

M2M 系统架构包括终端、系统以及应用三层。

3.5.3.1 第一层——M2M 终端

M2M 终端具有的功能主要包括接收远程 M2M 平台激活指令、本地故障报警、数据通信、远程升级、使用短消息 / 彩信 /GPRS 等几种接口通信协议与 M2M 平台进行通信。

3.5.3.2 第二层——M2M 管理系统

它为客户提供统一的移动行业终端管理、终端设备鉴权，支持多种网络接入方式，提供标准化的接口，使得数据传输简单直接，提供数据路由、监控、用户鉴权、内容计费等管理功能。

3.5.3.3 第三层应用系统

该层是 M2M 终端获得了信息以后，本身并不处理这些信息，而是将这些信息集中到应用平台上，由应用系统来实现业务逻辑，把感知和传输来的信息进行分析和处理，做出正确的控制和决策，实现智能化的管理、应用和服务。

3.5.4 M2M 应用实例

3.5.4.1 安防视频监控

安防视频系统包括快照、视频信息采集终端、无线通信网络和远程信息管理系统、服务器、客户端等模块。快照信息、视频信息通过无线网络将信息传到用户终端，包括可视电话、Web 服务器、传真机等。另外，快照、视频采集终端也可以先将现场的数据信息及时更新到远端的 Web 服务器，用户再通过 Web 浏览器对远程环境信息进行浏。

3.5.4.2 车载系统

车载系统由 GPS 卫星定位系统、移动车载终端、无线网络和管理系统、GPS 地图、Web 服务器、用户终端组成。车载终端由控制器模块、GPS、无线模块、视频图像处理设备及信息采集设备等组成。对于车载 GPS 导航而言，不仅可以利用 GPS 模块对导航信息进行在线获取，而且可以借助无线模块对地图进行及时更新。车载系统一般是首先获取车辆信息，采集设备中的车辆使用状况信息，在此基础上利用无线通信模块将车辆信息上传到远端的服务管理系统。值得说明的是车辆防盗系统可以借助无线通信模块实现与用户终端的实时交互，从而获取车辆的准确信息。

3.5.4.3 智能交通系统

智能交通系统由 GPS 卫星定位系统、ITS 控制中心、无线通信网络和移动车载终端等系统模块组成。其中，移动车载终端包括对各个部件进行操作的控制器模块、GPS 定位模块、无线通信模块以及视频图像处理设备等。在移动车载终端上控制器模块借助 RS-232 接口连接到 GPS 模块、无线通信模块、视频图像处理等相关设备。在实际系统中，移动车载终端模块通过 GPS 卫星定位系统对车辆的经度、纬度、速度、时间等信息进行获取，并将这些信息传送给控制器模块；通过视频图像设备采集车辆状态信息。微控制器通过 GPRS 模块与监控中心进行双向的信息交互，完成相应的功能。车载终端通过无线模块还可以支持车载语音功能。

第 4 章 低功耗广域网通信技术

随着智慧城市、大数据、物联网时代的到来，无线通信将实现万物连接，预计未来全球物联网连接数将是千亿级的时代。目前已经存在的大量物与物的连接大多通过蓝牙、WiFi、Zig Bee 等短距通信技术，或者移动蜂窝网络，为满足越来越多远距离物联网设备的连接需求，低功耗广域网络（Low Power Wide Area Network，LPWAN）应运而生。LPWAN 具有低带宽、低功耗、远距离、大容量等众多优点。本章介绍了 LPWAN 包含的多种技术，如 Lo Ra、Sig Fox、NB-IoT 和 eMTC。

4.1 低功耗广域网的特点

物联网就是物物相连的互联网。物联网的核心和基础仍然是互联网，是在互联网基础上的延伸和扩展的网络；将互联网的用户端延伸和扩展到了任何物品与物品之间，进行信息交换和通信，也就是物物相息。万物相连是必然趋势，在智能家居、工业数据采集等局域网通信场景一般采用短距离通信技术，如 Zig Bee、WiFi、蓝牙、Z-wave 等；但对于广范围、远距离的连接则需要长距离通信技术。低功耗广域网络（LPWAN）技术是正式为满足物联网需求应运而生的远距离无线通信技术。

LPWAN 专为低带宽、低功耗、远距离、大量连接的物联网应用而设计。LPWAN 可分为两类：一类是工作于未授权频谱的 LoRa、Sig Fox 等技术，这类技术大多是非标、自定义实现；另一类是工作于授权频谱下，如 GSM、CDMA、WCDMA 等较成熟的 2G/3G 蜂窝通信，以及技术 3GPP 支持的 2G/3G/4G 蜂窝通信技术，比如 EC-GSM、LTE Cat-m、NB-IoT 等。各项技术参数、特征对比如表 4-1 和图 4-1 所示。

表 4-1　几种主要接入协议参数对比

	NB-IoT	LoRa	WiFi	ZigBee	蓝牙	SigFox
传输速度	100kb/s	0.3 ~ 50kb/s	150 ~ 200Mb/s	250kb/s	1Mb/s	10 ~ 1000b/s
通信距离	1 ~ 20km	1 ~ 20km	50m	2 ~ 20m	20 ~ 200m	3 ~ 50km
频段	800 ~ 900MHz	470 ~ 510MHz	2.4GHz 或 5GHz	2.4GHz	2.4GHz	900MHz
安全性能	高	低	低	中	高	低
功耗	< 5mA	< 5mA	10 ~ 50mA	5mA	20mA	50mW 或 100mW
成本	5 美元	< 5 美元	25 美元	5 美元	2 ~ 5 美元	< 1 美元

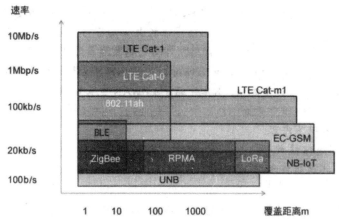

图 4-1　LPWAN 各类技术速率及其覆盖距离

4.2　NB-IoT 无线通信技术

4.2.1　NB-IoT 技术发展

在 GERAN（GSM EDGE Radio Access Network，即 GSM/EDGE 无线通信网络的缩写）组 FS — IoT — LC 的研究项目中，主要有 3 项技术被提出，分别是：扩展覆盖 GSM 技术 EC-GSM

（Extended Coverage-GSM）、NB-CIoT 和 NB-LTE。其 中 NB-C IoT 由 华为、高通和 Neul（Neul

为英国物联网公司，在 2014 年 9 月被华为收购）联合提出；NB-LTE 由爱立信、中兴、诺基亚等厂商联合提出。

NB-CIoT 提出了全新的空口技术，较现有 LTE 网络侧理论上改动较大，也就是说与旧版 LTE 网络存在兼容的问题。然而 NB-CIoT 是提出的六大 Clean Slate 技术中，唯一一项能满足 TSG GERAN#67 会议中提出的五大目标的蜂窝物联网技术，即提升室内覆盖性能、支持大规模低速率终端连接、减小终端复杂性、降低时延和功耗、与 GSM/UMTS/LTE 的干扰共存，特别是 NB-CIoT 的通信模块成本可低于 GSM 模块和 NB-LTE 模块。

NB-LTE 更倾向于与现有 LTE 网络兼容，其主要优势在于容易部署，但是成本高于 GSM 模块。

在 2015 年 9 月的 RAN#69 次全会上经过激烈讨论，最终协商统一，将 NB-CIoT 和 NB-LTE 融合为一种技术方案，即 NB-IoT。

4.2.2 NB-IoT 简介

NB-IoT 是 2015 年 9 月在 3GPP 标准组织中立项提出的一种新的窄带蜂窝通信 LPWAN 技术。

英国运营商沃达丰计划 2017 年商用 NB-IoT 技术，核心网和无线网升级已开始。美国运营商 AT&T 也积极开拓物联网项目，目前，不仅占据了美国物联网市场高达 43% 的份额，还为全球财富 1000 强企业中的 99% 提供了物联网服务。

2015 年 11 月，华为曾联合主流运营商、设备厂商、芯片厂商和相关国际组织在内的 21 家产业巨头，在华为香港 MBB 论坛期间举办的 NB-IoT 论坛筹备会上，正式宣布成立了 GSMA NB-IoT Forum 产业联盟，旨在加速窄带物联网生态系统的发展。2016 年中国电信与华为签署了 NB-IoT（窄带物联网）创新研究合作协议，标志着双方在物联网创新领域建立起全方位合作关系。同时，中国电信等国内单位发起制定的两项物联网标准 IEEE 1888.1 及 IEEE 1888.3 成功转化为 ISO/IEC 国际标准，中国电信分别担任两个标准的主席和副主席单位，这是继 2015 年其主导完成 10 项国际标准后的又一突破。中国联通在超过 5 个城市启动基于 900MHz/1800MHz 的 NB-IoT 外场规模组网试验及业务示范，2018 年全面推进国家范围内的商用部署。中国移动则携手中兴通讯率先完成基于 NB-IoT 标准协议系统的技术验证。

随着智能城市、大数据时代的来临，无线通信将实现万物连接。很多企业预计未来全球物联网连接数将是千亿级的时代。目前已经出现了大量物与物的连接，然而这些连接大多通过蓝牙、WiFi 等短距通信技术承载，而非运营商移动网络。为了满足不同物联网业务需求，根据物联网业务特征和移动通信网络特点，3GPP 根据窄带业务应用场景开展了增强移动通信网络功能的技术研究以适应蓬勃发展的物联网业务需求。

基于蜂窝的窄带物联网（NB-IoT）成为万物互联网络的一个重要分支。NB-IoT 构建于蜂窝网络，只消耗大约 180kHz 的频段，可直接部署于 GSM 网络、UMTS 网络或 LTE 网络，以降低部署成本、实现平滑升级。NB-IoT 将结束物联网行业终端、网络、芯片、操作系统、平台等各方路径不一的"碎片化"现象，预计到 2020 年 M2M 设备连接数将高达 70 亿。

4.2.3 NB-IoT 特性

NB-IoT 技术总体上定义为一种对于 E-UTRAN 非后向兼容、有较大幅度变动的蜂窝物联网无线接入技术，它可以解决室内大范围覆盖、低速率设备大量接入、时延低敏感、设备低成本、低功耗等一系列问题。

NB-IoT 具备六大特点：一是广覆盖。将提供改进的室内覆盖，在同样的频段下，NB-IoT 比现有的网络增益 20dB，覆盖面积扩大 100 倍。二是低时延敏感。由于大量数据重传将导致时延增加，支持低延时敏感度、超低设备成本、低设备功耗和优化的网络架构。三是高容量、窄带灵活部署。NB-IoT 一个扇区能够支持 10 万个连接，具备支撑海量连接的能力，同时在授权频段内支持三种部署方式。四是支持非连续移动的业务。五是低功耗。NB-IoT 终端模块的待机时间可长达 10 年。六是低成本。企业预期的单个接连模块不超过 5 美元。

4.2.3.1 广覆盖

根据 TR45.820 中典型业务模型下的仿真测试数据，可以确定在独立部署方式下，NB-IoT 覆盖能力应也可达 164dB。NB-IoT 为实现覆盖增强采用了重传（可达 200 次）和低阶调制等机制。

4.2.3.2 低时延敏感

在耦合耗损达 164dB 的环境下，若要保证提供可靠的数据传输，大量数据重传必不可少，那将导致时延增加。表 4-2 的结果详细说明了 TR45.820 中仿真测试异常报告业务场景、保证 99% 可靠性、不同耦合耗损环境下的时延（区分有无头压缩）。目前 3GPP IoT 设想允许时延约为 10s，但实际可以支持更低时延，如 6s 左右（最大耦合耗损环境）。

表 4-2　异常报告业务场景、保证 99% 可靠性、不同耦合耗损环境下的时延

处理时间	发送报告无头压缩（100Byte 负荷）			发送报告有头压缩（65Byte 负荷）		
	耦合损耗 /dB			耦合损耗 /dB		
	144	154	164	144	154	164
Tsync/ms	500	500	1125	500	500	1125
TPSI/ms	550	550	550	550	550	550
TPRACH/ms	142	142	142	142	142	142
T 上行分配 /ms	908	921	976	908	921	976
T 下行分配 /ms	152	549	2755	93	382	1964
T 上行 Ack/ms	933	393	632	958	540	154
总时间 /ms	4236	4525	9911	4152	4338	7851

4.2.3.3 高容量、窄带灵活部署

NB-IoT 单扇区支持 5 万个连接，比现行网络高 50 倍（2G/3G/4C 分别是 14/128/1200）。目前全球约有 500 万个物理站点，假设全部部署 NB-IoT，每站点三扇区可接入物联网终端数高达 4500 亿个。

NB-IoT 在授权频段中使用窄带技术，有三种部署方式：独立部署（Stand-alone）、保护带部署（Guard-band）、带内部署（In-band）。独立部署模式，利用现网的空闲频谱或者新的频谱，适合用于 GSM 频段的重耕；保护带部署模式，可以利用 LTE 系统中边缘无用频带，最大化频谱资源利用率；带内部署模式，可以利用 LTE 载波中间的任何资源块部署。在带内部署方案中，NB-IoT 频谱紧临 LTE 的资源块。3GPP 为了避免干扰，规定 NB-IoT 频谱和相邻 LTE 资源块的功率谱密度不应该超过 6dB。由于功率谱密度的限制，NB-IoT 的覆盖在带内场景中相比其他场景更受限，故一般多采用独立部署模式或保护带部署模式。

表 4-3　NB-IoT 频谱部署模式比较

	独立部署	保护带部署	带内部署
频谱	频谱独占，不存在与现有系统共存问题	需考虑与 LTE 系统共存问题，如干扰规避、射频指标等	需考虑与 LTE 系统共存的问题，如干扰消除、射频指标等
带宽	限制较少	LTE 带宽的不同对应可用保护带宽也不同，用于 NB-IoT 的频域位置也比较少	要满足中心频点 300kHz 需求
兼容性	频谱独占，配置限制较少	需要考虑与 LTE 兼容	需要考虑与 LTE 兼容，如避开 PDCCH 域、避开 CSI-RS、PRS、LTE- 同步信道和 PBCH、CRS 等
覆盖	满足协议覆盖要求，覆盖最大	满足协议覆盖要求，覆盖略小	满足协议覆盖要求，覆盖最小

容量	大于基站每扇区 200000 个终端，能满足每扇区 52500 个终端的容量目标	大于基站每扇区 200000 个终端，能满足每扇区 52500 个终端的容量目标	大于基站每扇区 70000 个终端，能满足每扇区 52500 个终端的容量目标但支持容量略小
传输时延	满足协议时延要求，时延最小	满足协议时延要求，时延略大	满足协议时延要求，时延最大
终端能耗	大于 10 年，满足能耗目标	大于 10 年，满足能耗目标	大于 10 年，满足能耗目标

全球主流的频段是 800MHz 和 900MHz。中国电信会把 NB-IoT 部署在 800MHz 频段上，而中国联通会选择 900MHz 来部署 NB-IoT，中国移动则可能会重耕现有 900MHz 频段。

NB-IoT 属于授权频段，如同 2G/3G/4G 一样，是专门规划的频段，频段干扰相对少。NB-IoT 网络具有电信级网络的标准，可以提供更好的信号服务质量、安全性和认证等的网络标准。可与现有的蜂窝网络基站融合更有利于快速大规模部署。运营商有成熟的电信网络产业生态链和经验，可以更好地运营 NB-IoT 网络。国内运营商可用频段如表 4-4 所示。

表 4-4　NB-IoT 国内运营商可用频段

运营商	上行频率（MHz）	下行频率（MHz）	频宽（MHz）
中国联通	900 ~ 915	954 ~ 960	6
中国移动	890 ~ 900	934 ~ 944	10
中国电信	825 ~ 840	870 ~ 885	15

4.2.3.4 支持非连续性移动的业务

NB-IoT 最初就被设想为适用于非移动或者移动性支持不强的应用场景（如智能抄表、智能停车），同时也可简化终端的复杂度、降低终端功耗，Rel-13 中 NB-IoT 不支持连接态的移动性管理，包括相关测量、测量报告、切换等。

4.2.3.5 低功耗

NB-IoT 借助 PSM（Power Saving Mode，节电模式）和 eDRX 可实现更长待机。其中 PSM 技术是 Rel-12 中新增的功能，在此模式下，终端仍旧注册在网但信令不可达，从而使终端更长时间驻留在深睡眠以达到省电的目的。eDRX 是 Rel-13 中新增的功能，进一步延长终端在空闲模式下的睡眠周期，减少接收单元不必要的启动，相对于 PSM，大幅度提升了下行可达性。

PSM 和 eDRX 节电机制如图 4-2 所示。

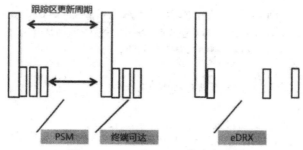

图 4-2　PSM 和 eDRX 节电机制

NB-IoT 目标是对于典型的低速率、低频次业务模型，等容量电池寿命可达 10 年以上。根据 TR45.820 的仿真数据，在耦合耗损 164dB 的恶劣环境，PSM 和 eDRX 均部署，如果终端每天发送一次 200 字节报文，5 瓦时电池寿命可达 12.8 年，如表 4-5 所示。

表 4-5　电池寿命预估

大小 / 间隔	电池寿命（年）		
	耦合损耗 =144dB	耦合损耗 =154dB	耦合损耗 =164dB
50 字节 /2 小时	22.4	11.0	2.5
200 字节 /2 小时	18.2	5.9	1.5
50 字节 /1 天	36.0	31.6	17.5
200 字节 /1 天	34.9	26.2	12.8

4.2.3.6 低成本

华为在《Narrow Band IoT Wide Range of Opportunities WMC2016》中提到，NB-IoT 芯片组价格 1 ～ 2 美元，模组价格是 5 ～ 10 美元。NB-IoT 模组理想价格应该小于 5 美元。

中兴在《Pre5G Building the Bridge to 5G》中提到，NB-IoT 模组的成本是 5 ～ 10 美元，芯片组成本约 1 ～ 2 美元。

互联网工程任务组（The Internet Engineering Task Force，IETF）也提到，每个模块成本小于 5 美元。

综上所述，NB-IoT 模块目前的成本不超过 5 美元，目标是下降到 1 美元。但是，由于 NB-IoT 工作于授权频段，除了 NB-IoT 模组价格以外，还需接入运营商网络，每个 NB-IoT 模块还会增加流量费用或者服务费用。

4.2.4 NB-IoT 推广应用

NB-IoT 的应用部署包含终端、基站、核心网、IoT 连接管理平台等部分。现在分别对各部分的部署给出合理化建议。

终端侧部署：终端侧包括客户对业务芯片、模组或终端的选择。在部署时需要根据客户的业务属性及需求，合理开展入网测试，最终确定终端的适用范围。

NB-IoT 基站部署：建议 NB-IoT 基站部署纳入现有移动网络运营商的基站部署规划中。基站侧作为信息通信的通道，可以采用 2G/3G/4G 网络，利用现网的 LTE 站点资源和设备资源，在此基础上完成复用、升级或新建，以达到节省成本、快速部署的目的。对于在现有基站不能覆盖的区域内部署，无法共享现有热点区域和站点资源，可对网络进行升级改造或新建 NB-IoT 基站。

核心网部署：NB-IoT 核心网部署具体涉及的设备包括接入物联网业务的移动管理实体、服务网关，以及物联网专网网关。根据标准规范进行开发，并对现存网络进行升级改造，以更好地支持 NB-IoT 相关核心网特性，满足业务接入要求。

平台部署：建议进行 NB-IoT 平台部署时，首先满足 M2M 业务新型商业模式的需要，为达到业务需求的快速响应和长期稳定发展，采用集约模式进行建设，在满足传统平台部署可扩展性、简洁性等原则外，还要确保平台架构的完整、可控、在控；其次，为实现平台的中心定位目标，应确保 M2M 连接信息提供的完整性、实时性和一致性。

依据 NB-IoT 的特性，NB-IoT 技术可满足对低功耗、深覆盖、大容量所要求的低速率业务；同时由于较差的移动性能，更适合非连续移动、静态场景的实时传输数据的业务或者是对传输时延低敏感度的业务。从全球目前的应用经验看，主要聚焦以下几种典型业务应用。

4.2.4.1 安防行业

如视频监控、烟雾探测器报警、电梯报警、电子围栏报警、车辆防盗报警等。

4.2.4.2 农业物联网行业

如土壤温湿度监测、光照度监控、空气温湿度监测、土壤 PH 值监测、天气预测以及农冻灾害监测等，亦可作为预防虫害、掌握农作物疾病、了解影响农作物生长水平的重要信息来源。

将 NB-IoT 模块嵌入土壤温湿度设备，设备可以结合太阳能板进行照度探测，这样的物联网设备就可以有效侦测农场的土壤、空气的温湿度、土壤 PH 值、照明强度、农作物成熟状况、叶子湿度等数据，并回传至数据库进行分析统计，可全程监控农作物生长的历程。若是进一步结合昆虫探测、农冻灾害侦测、天气预测、可视化的地图显示等，亦可以预防虫害、掌握农作物疾病的爆发过程，或是了解季节如何影响农作物生长等应用。

4.2.4.3 公共设施行业

如气象环境监控、灯光照明管理、市政设施监控、自动售货机防破坏监控、公共区域无线上网、智能垃圾处理、智能停车场管理、共享单车等。

4.2.4.4 社会安全行业

如宠物管理、精神病患者及老人监管、儿童监护、危险品监控等。

4.2.4.5 远程抄表行业

如智能电表、水表、燃气表等的远程抄表，有效降低人工抄表所产生的成本，减少人工抄表的错误率。更重要的是可以确保用电高峰时数据实时性搜集，掌握各城市不同区域用电状况，从而进行用电调度，提供阶梯式电费计价。

4.2.4.6 医疗行业

如可穿戴监控设备、救护车调度及跟踪管理、远程医疗诊断。

4.2.4.7 智慧建筑

如能源管理、能耗监控、安防监控、火灾报警、建筑环境相关数据的采集和调控、远程物业管理等。

4.2.5 eMTC 无线通信技术

4.2.5.1 eMTC 简介

eMTC 是物联网技术的一个重要分支，基于 LTE 协议演进而来，为了更加适合物与物之间的通信，也为了拥有更低的成本，LTE 协议在原有的基础上进行了裁剪和优化。2016 年 3 月，3GPP 正式宣布 eMTC 相关内容已经被 R13 接纳，标准已正式发布，未来会根据技术特点、应用场景等发展随着 LTE 协议共同演进。eMTC 基于蜂窝网络进行部署，其用户设备通过支持 1.4MHz 的射频和基带带宽，可以直接接入通过软件升级的 LTE 网络。eMTC 支持上下行最大 1Mb/s 的峰值速率，可以支持丰富、创新的物联网应用。

eMTC 技术与 NB–IoT 技术类似，是业界已形成共识的，由运营商承建的蜂窝物联网的统

一标准。3GPP 已完成的 eMTC 关键技术指标，主要包括以下 3 个方面：第

一，在 CATO 基础上，进一步降低成本，降低带宽至 1.4MHz，实现低功率、少传输的模式；第二，通过子帧打包、删减或重传等控制信道增强覆盖；第三，采取减少激活收发时间等方式实现终端节电目标。

4.2.5.2 eMTC 特性

eMTC 具备以下 8 个特点：①广覆盖，在同样的频段下，eMTC 比现有网络增益 15dB ～ 20dB，极大地提升了 LTE 网络的深度覆盖能力；②海量连接能力，一个扇区能够支持 10 万个连接；③高速率，eMTC 支持的峰值速率为上下行最大 1Mb/s，相比 NB-IoT 技术可支撑的物联网应用更加丰富；④低功耗，终端模块的待机时间可长达 10 年；⑤可移动性，eMTC 支持连接态的移动性，用户可以实现无缝切换；⑥可定位，基于 TDD 的 eMTC 可以利用基站侧的 PRS 测量信息，在无需新增 GPS 芯片的情况下就可进行位置定位，低成本的定位技术更有利于 eMTC 在物流跟踪、货物跟踪等场景的普及；⑦支持语音，eMTC 从 LTE 协议演进而来，可以支持 VoLTE 语音，也可应用到智能手表等可穿戴设备中；⑧低成本，在 LTE 及物联网应用需求的基础上，对成本进行了一定程度的优化，在市场初期，其模组成本可低于 10 美元。

4.2.5.3 eMTC 应用情况

eMTC 技术的应用可以很大程度地复用现在 LTEFDD 和 TD-LTE 的网络基础设施，因此通过少量的设备投资，现有网络就可以对未来的 eMTC 进行支持，并不需要重建一个新网。

eMTC 技术主要应用在以下典型业务中：智能公交、智能电梯、儿童手表、物流跟踪、工业监控等。

物联网的大规模应用离不开新兴低功耗广域网的创新，现阶段市场上应用较普遍的解决方案是采用 ISM（Industrial Scientific Medical）非授权频段阵营，如 LoRa、SigFox 等。由于已有具体的解决方案问世，该阵营具备先发优势，预计早期发展应用多属于特定垂直领域的行业应用。但 ISM 的阵营也并非没有缺点，不少运营商和设备商并不看好这一项基于非授权频段的技术，由于非授权频段接入门槛较低，该频段上日益增加的技术类型及接入设备容易产生干扰与拥塞，意味着服务质量将受限、安全性能低下、干扰风险最大化。并且 ISM 的阵营技术规格尚未统一，使得相对 NB-IoT 来说，产生全球大规模应用预计需要更久时间。

作为一项全新批准的技术，NB-IoT 目前受到来自 SigFox 和 LoRa 技术的竞争压力。按照过去无线通信技术发展经验，一旦标准定案后 2 ～ 3 年内可能会产生经济规模，对中国供应链有较强的带动效果。NB-IoT 基于授权频段，在提供大面积和长期的连接方面可提供可靠的物联网连接，它的技术特性非常适合于物联网细分业务的发展场景，大规模的部署有待于瓶颈问题的进一步解决，如终端通信模块成本及终端功耗进一步下降等问题，随着 NB-IoT 商用网络的逐步大规模部署，预计 NB-IoT 的商用价值在未来几年将逐渐显露出来。

就技术而言，在短时间内，NB-IoT 和 LoRa 肯定会并行，有共同点和不同点，又各有优缺点。很难说谁压倒谁，但是如果受到技术以外的因素影响，比如赢利模式的创新、与应用行业的紧密结合、借助行业的影响力等等，那么就什么都有可能。

就中国产业而言，选择开放阵营且避免被锁进单一厂商行列非常重要，尤其 LPWAN 强调低成本模块，中国产业要由硬件创造利润不易，未来 LPWAN 对中国产业的价值将在于以平台孕育垂直解决方案应用整合与验证，同时掌握资料收集和分析。因此，建议中国产业可运用开放式平台结合开放场域，推动终端、应用、解决方案及运营商的协同验证，以催生整体应用解决方案，借此不断实践或修正创新应用，协助解决方案走向商业化，或可作为未来 NB-IoT 物联网应用推动之先期基础。

4.3 LoRa 无线通信技术

Semtech 公司主导的 LoRa 技术是一种基于扩频技术的超远距离无线传输技术，主要面向物联网（IoT）或 M2M 等应用。LoRa 联盟已于 2015 年 3 月的世界移动通信大会上成立，联盟成员包括跨国电信运营商、设备制造商、系统集成商、传感器厂商、芯片厂商和创新创业企业等。LoRa 可应用于诸多垂直行业，包括能源、农业、商业、制造业、汽车及物流等，这些产业资源也应是未来 LoRa 联盟发展的成员。

LoRa 融合了数字扩频、数字信号处理和前向纠错编码技术，是一种面向无线传感网络与控制应用的通信技术。无线网络利用电磁波在空气中发送和接收数据而无需线缆介质，使用方便，已经有广泛应用。在 LoRa 之前已经有多种无线技术，可组成局域网或广域网。广域网的主要有 2G/3G/4G；局域网的短距离无线有 WiFi、蓝牙、Zig Bee、UWB、Z-wave 等。这些技术各有优缺点，但是最突出的矛盾在于低功耗和远距离似乎只能选择其一。是 LoRa 的出现打破了这一格局。LoRa 更易以较低功耗远距离通信，可以使用电池供电或者其他能量收集的方式供电。较低的数据速率延长了电池寿命、增加了网络容量，LoRa 信号对建筑的穿透力也很强。LoRa 的这些技术特点更适合于低成本大规模的物联网部署。

LoRa 的技术特点如表 4-6 所示。

表 4-6　LoRa 技术特点

特点	具体信息
长传输距离	1 ~ 20km
多节点	万级，甚至百万级
低成本	基础建设和运营成本低
长电池寿命	3 ~ 10 年
传输速率	0.3 ~ 50kb/s

4.3.1 LoRa 无线通信设计原理

LoRa（Long Range）技术是一种超长距离的无线技术，融合了数字扩频、数字信号处理和前向纠错编码技术，拥有前所未有的性能。使用 LoRa 技术可以有数万个无线传输模块组成的一个无线数字传输网络（类似现有的移动通信的基站网，每一个节点类似移动网络的手机用户），在整个网络覆盖范围内，每个网络节点和集中器（网关）之间的可视通信距离在城市一般为 1 ~ 2km，在郊区或空旷地区甚至达到 20km，同时，LoRa 对建筑的穿透力也很强。

LoRa 采用星形的网络结构，与网状网络结构相比，具有最简单的网络结构和最小传输延迟，使用起来非常方便简单。LoRa 既可以通过简单的集中器设备组建局域网，也可以利用网关设备组建广域网。LoRa 集中器（网关）位处 LoRa 星形网络的核心位置，是终端和服务器（Server）间的信息桥梁，是多信道的收发机。集中器（网关）通过标准的 IP 互联，终端采用单跳方式与一个或多个网关通信，且均为双向通信。

4.3.1.1 LoRa 集中器（网关）

LoRa 集中器（网关）使用不同的扩频因子，不同的扩频因子两两正交，理论上多条不同扩频因子的信号可以在同一信道中进行解调。集中器（网关）与网络服务器间通过标准 IP 进行连接，终端通过单跳与一个或多个集中器（网关）进行双向通信，同时也支持软件远程升级等。集中器（网关）的几个重要的特点如下：

1. 分类

根据 LoRa 的不同定义，类型也不相同。例如，按照应用场景不同可分为室内型网关和室外型网关；按照通信方式不同可分为全双工网关和半双工网关；按照设计标准不同可分为完全符合 LoRa WAN 协议网关和不完全符合 LoRa WAN 协议网关。

2. 容量

容量是指在一定时间内集中器（网关）接收数据包数量的能力。如 SX1301 芯片，理论上该芯片拥有 8 个信道，在完全符合 LoRa WAN 协议的情况下，每天最多能接收 1500 万个数据包。若某应用发包频率为 1 包 / 小时，单个 SX1301 芯片构成的网关能接入 62500 个终端节点。集中器（网关）的接入终端数量与信道数量、终端发包频率、发包字节数和扩频因子息息相关

3. 接入点决定因素

LoRa 网关接入的节点数取决于 LoRa 网关所能提供的信道资源以及单个 LoRa 终端占用的信道资源。LoRa 网关如果采用 Semtech 标准参考设计，采用 SX1301 芯片，那么信道数是固定的 8 个上行信道和 1 个下行信道。LoRa 网关能提供的信道资源根据物理信道数确定。单个 LoRa 终端占用的信道资源与终端占用信道的时间一致，也就与终端的发包频率、发包字节数以及 LoRa 终端的扩频因子息息相关。当 LoRa 终端的发包频率和发包字节数上升，该终端占据信道收发的时间就会增加，就占用了更多的信道资源，反之，则发包频率和发包字节数下降，收发的时间减少；当 LoRa 终端采用更大的扩频因子时，信号可以传的更远，随之带来的是需要花费更多时间来传递单位字节的信息。

4.3.1.2 LoRa 终端 / 节点

LoRa 终端是 LoRa 网络的组成部分，一般由 LoRa 模块和传感器等器件组成。LoRa 终端可使用电池供电，能够地理定位。每一个符合 LoRa WAN 协议的终端都能与符合 LoRa WAN 的网关直接通信，从而实现互联互通。

LoRa 使用到达时间差（Time Difference of Arrival，TDOA）来实现地理定位。首先，所有的集中器（网关）共享一个共同的时基（即时间同步），当任何 LoRa WAN 设备发送一个数据包时，不必扫描和连接到特定的网关，而是统一发送给范围内的所有集中器（网关），并且每个数据包都将发送给服务器。所有的

集中器（网关）都一样，它们一直在信道上接收所有数据速率的信号。传感器简单地唤醒，发送数据包，范围内的所有集中器（网关）都可以接收它。内置在集中器（网关）中的专用硬件和软件捕获高精度到达时间，服务器端的算法比较到达时间、信号强度、信噪比和其他参数，综合多种参数，最终计算出终端节点的最可能位置。

为了使地理位置准确，通常需要不少于三个网关接收数据包，更多网关更密集的网络会提高定位的精度和容量，因为当更多的网关接收到相同的数据包时，服务器算法会收到更多的信息，从而提高了地理位置精度。未来，我们期待混合数据融合技术和地图匹配技术来改善到达时间差，增强定位精度。

4.3.1.3 LoRa 频段

LoRa 使用的是免授权 ISM 频段，但各国或地区的 ISM 频段使用情况是不同的。表 4-7 是 LoRa 联盟规范里提到的部分使用的频段。

表 4-7　LoRa 部分地区使用频

	欧洲	北美	中国	韩国	日本	印度
频段	867 ~ 869MHz	902 ~ 928MHz	470 ~ 510MHz	920 ~ 925MHz	920 ~ 925MHz	865 ~ 867MHz
通道	10	64+8+8	技术委员会定义			
通道带宽 Up	125/250kHz	125/500kHz	技术委员会定义			
通道带宽 Dn	125kHz	500kHz	技术委员会定义			
发射频率 Up	+14dBm	+20dBm typ（+30dBmallowed）	技术委员会定义			
发射频率 Dn	+14dBm	+27dBm	技术委员会定义			
扩频因子	7 ~ 12	7 ~ 10	技术委员会定义			
速率	250b/s ~ 50kb/s	980b/s ~ 21.9kb/s	技术委员会定义			
链路设计 Up	155dB	154dB	技术委员会定义			
链路设计 Dn	155dB	157dB	技术委员会定义			

按理论来讲，可以使用 150MHz ~ 1GHz 频段中的任何频率。但是 Semtech 的 LoRa 芯片并不是所有的 sub-GHz 的频段都可以使用，在常用频段（如 470 ~ 510MHz，780MHz 以及欧美常用的 868MHz 和 915MHz 都属于常用频段）以外的一些频率并不能很好的支持。470 ~ 510MHz 这个频段是无线电计量仪表使用频段。《微功率（短距离）无线电设备的技术要求》中提到：在满足传输数据时，其发射机工作时间不超过 5 秒的条件下，470 ~ 510MHz 频段可作为民用无线电计量仪表使用频段。目前在中国使用 470 ~ 510MHz 频段。

4.3.1.4 LoRa 的数据传输

LoRa WAN 协议定义了一系列的数据传输速率，不同的芯片可供选择的速率范围不同，例如 SX1272 支持 0.3 ~ 38.4kb/s，SX1276 支持 0.018 ~ 38.4kb/s 的速率范围。目前 AUGTEK 能实现 0.3 ~ 37.5kb/s 的传输速率。使用 LoRa 设备发送或接收的数据长度有限制，理论来说 SX127x 系列芯片有 256 Bytes 的 FIFO，发射或接收 256 Bytes 都行得通。但是，并不是在任何传输速率下 LoRa 模块的负载长度都能为 256 Bytes。在传输速率较低的情况下，一次传输 256 Bytes 需要花费的时间很长，可能达到几秒甚至更多，这不利于抗干扰和交互，因此，在技术处理上一般建议用户将一条长数据分割成数条小数据来进行传输。

4.3.2 LoRa 终端工作模式

LoRa 终端有三种工作模式：Class A（双向终端设备）、Class B（支持下行时隙调度的双向终端）和 Class C（最大接收时隙的双向终端）。LoRa 终端在一个时间段内只能工作于一种工作模式，每种工作模式可根据不同的业务模型和省电模式来进行选择。目前 Class A 凭借其低功耗、超省电的特点备受青睐。

Class A 工作模式：A 类终端设备提供双向通信，但不能进行主动的下行接收，每个终端设备先发送后接收，上行发送过程之后会跟随两次很短的下行接收窗口，发送和接收交替进行。终端发送时隙是根据终端的需求安排，也可依据很小的随机量决定，发送数据不受接收数据的限制。Class A 工作模式节点平时休眠，只有在发送数据后才接收处理服务器发送来的数据，即才开始工作，因此 A 类终端功耗最低，最省电。

Class B 工作模式：B 类终端兼容 A 类终端，会在预设时间中开放多余的接收窗口，并且支持下行接收信号与网关的时间同步，以便在下行接收调度的时间上进行信息监听。Class B 的终端也是先发送后接收，不同的是每次发送后按照一定的时隙（与网关同步）启动接收窗口，接收多条下行数据信息。B 类终端对时间同步要求很高，需兼顾实时性和低功耗，因此功耗会大于 A 类终端。

Class C 工作模式：C 类终端兼容 A 类、B 类终端，为常发常收模式。接收窗口几乎持续开放，仅在发射数据的时刻关闭下行接收窗口。Class C 模式随时可以接收网关下行数据，实时性能最好，适用于需要大量下行数据、实时性要求高、不考虑功耗的应用。相比 A 类和 B 类终端，C 类终端最耗电，但对于终端与服务器交互的业务，C 类模式的时延最低。

4.3.3 LoRa 应用分析

LoRa 技术的优势在于：①远距离、低功耗、高性能大规模组网；②独一无二的原生地理位置技术。

4.3.3.1 远距离、低功耗、高性能大规模组网

百万级的节点数以及高达 0.3 ~ 50kb/s 的数据传输速率，极大地增强了网络容量和通信质量，同时由于信号具有极强的建筑物穿透能力，更适合于大规模部署物联网应用。LoRa 发射功率较低，通信距离的增加不是通过提高发射功率来达到的。分析 LoRa 技术发射功率低的原因，首先是因为发射频率低，信号波长较长，在传播过程中所产生的信号衰减比较小；其次，LoRa 采用特殊扩频技术，能使其通信链路距离达到 15km 左右，接收电流为 10mA 信号，睡眠电流仅为 200μA，大大降低了节点能耗，提高了电池使用寿命。

LoRa 技术因其低功耗、低成本、广覆盖以及支持大规模组网技术，使得其在物联网技术得到了广泛应用。并且在频带干扰足够小的情况下，其覆盖能力和容量也能满足低功耗广域网通信的需求，因此使得终端—网关—服务器模式成为物联网技术发展的理想技术发展方向。目前中国无线网络中主要是以 2G/3G/4G 为固定协议网络，故基于 LoRa 的物联网技术也可以采用固定协议网络进行运行，通过在现有的基站地区安装集中器（网关），通过与 Ethernet 连接，此方案不需要申请许可证，故这种蜂窝网络技术将会改变当前物联网市场发展局面。通过其原有的基站网路，在基站中布局 LoRa 网络，大大提高网络运行速率，这对于现有无线领域发展是极为重要的。

对 LoRa 和目前主流的 3GPP 标准技术进行比较，可以看出各种技术的主要特性差别，且能覆盖的应用类型也不尽相同。

4.3.3.2 独一无二的原生地理位置技术

Semtech 公司于 2016 年 6 月宣布增加 LoRa 的地理位置功能，此功能允许用户定位资产、跟踪路径和管理设备。LoRa 的地理位置功能是 LoRa WAN 独有的，通过 LoRa 技术来实现。目前，LoRa 的地理位置用途主要有 4 个：定位、导航、管理和跟踪。

1. 定位

快速识别位置意味着节省时间并提高效率。例如，通过了解事件的确切位置，用户可以快速做出反应并可能提高安全性。

2. 导航

即时的位置信息开启导航功能，帮助确定一个可靠、有效的路线，并避免延迟或拥堵。

3. 管理

提供数据的位置关联性有助于增强其价值和实用性。这对于温度和水位监测特别有用，可以改善自然灾害的反应时间，如火山和洪水。

4. 跟踪

LoRa 地理位置对跟踪资产和传感器特别有用。通过访问地理标签的数据，用户可以对偏差做出反应，预测潜在的问题。

LoRa 是独一无二的，只要终端节点与网络通信，就可以得到地理位置数据。与地理位置相关的接收、传输或处理在传感器外面完成，因此不需要额外的硬件、电池或时间，对物料清单和功耗几乎没有任何影响。基于 LoRa 的地理位置特点，它可以工作在室外，也可以工作在室内，精度取决于地形和基站密度。

综上所述，相比其他通信技术而言，LoRa 有更低的功耗水平、更广的覆盖范围和独一无二的地理位置，因此 LoRa 技术得到了广泛应用。

（1）智慧农业。物联网在农业应用需要部署大量的传感器，如温湿度传感器、二氧化碳传感器、光照传感器、风速传感器等。传感器测量出的大量数据进行传输，数据指标短时间内不会发生明显变化，并且传输数据量小，所以实时性的要求不高的 LoRa 技术无疑是最佳选择。

（2）智能建筑。对传统建筑物进行改造，通过添加烟雾报警器、温湿度传感器、视频监控、灯光控制传感器等，定时上传监测信息，使得用户生活更加便捷、安全，并可满足日益增长生活质量需求。

（3）智慧养殖。在大牧场上，通过跟踪家畜并监测它们的健康，可以了解病畜的具体位置，更快、更容易地照料病情，明显地提高反应时间。

（4）智慧交通。将此技术应用在交通管理中，可方便地进行事故跟踪和通知，并根据具体位置数据预测出维护需求。

（5）智能计量和物流。对一些公共设施，如垃圾桶、回收库、气罐等容器本身及内部填充率进行监测，并根据监测数据跟踪资产、自动优化收集路线，在节省运营成本的同时实现有效的资产库存管理。

（6）智能电网。智慧电表搭载 LoRa 技术可以提供长距离、小数据传输应用，有效降低人员抄表所产生的成本，也可避免人工抄表的错误率。更重要的是可以确保实时性的尖离峰用电的数据搜集，掌握城市各区域用电状况进行用电调度，并提供阶梯式计费。除了抄表服务之外，还可以透过远程设备监控以及故障排除服务确保电表正常运作。

LoRa 技术还可以应用在建筑、保险和消费等行业，用于跟踪高价值资产，如建筑材料、保险商品、宠物甚至是人。

LoRa 技术的应用需要注意以下问题：距离范围、供电功耗、节点数、移动性、应用场景与成本控制。在城市与郊区的传输应用中，距离范围是不同的，所以对于 LoRa 技术的网络拓扑结构需要与实际场景结合设计。近年来不少电信运营商使用 LoRa 技术进行网络部署。随着网络设备的增多，同频谱段干扰不可避免，这就需要进一步研究一个统一协调管理机制。

4.3.4　Sig Fox 无线通信技术

4.3.4.1 Sig Fox 简介

Sig Fox 协议由是法国企业家 Ludovic Le Moan 创建，是商用化速度较快的一项 LPWAN 网络技术，它工作于未授权频谱，采用超窄带技术，以降低速率为代价，获得远距离通信与低功耗工作的指标优势。

Sig Fox 使用一种称为超窄带（UNB）的技术，使用范围在 WiFi 和蜂窝之间，它使用免费的 ISM 频带，不需要额外获取许可证，可以在非常窄的频谱范围内将数据传输到连接对象和从连接对象传输数据。对于运行在小型电池上的许多 M2M 应用程序，Sig Fox 只需要低级别的数据传输，而 WiFi 技术的有效传输范围太小，蜂窝电话则太贵，并且功耗巨大。相比较而言，Sig Fox 仅用于处理每秒 10 至 1000 位的低数据传输速度，消耗设备功率为 50 微瓦或 100 微瓦，2.5Ah 的电池可提供典型的待机时间 20 年；蜂窝电话的设备消耗功率为 5000 微瓦，2.5Ah 电池提供典型的待机时间仅为 0.2 年。

Sig Fox 技术特点如表 4-8 所示。

表 4-8　Sig Fox 技术的特点

远距离	30 ~ 50km（农村环境），3 ~ 10km（城市环境）
低传输速率	10 ~ 1000b/s
低功耗	50 微瓦或 100 微瓦
低成本	＜ 1 美元
工作频率	900MHz

4.3.4.2 Sig Fox 应用情况

Sig Fox 在网络侧，与传统的无线网络在结构上有很大的差异，Sig Fox 可以说是个连网络概念都没有的网络，它的连接只有在有载荷要传输的情况下才建立。这种无线架构使用了超窄带调制技术，提供了一个强大的，功率高效和可扩展的网络，从理论上讲，仅依靠少量网络传送器便可支持数百万计的电池供电设备在几平方千米的区域进行通信。这种未授权频率通常适用于病人监视器，儿童安全设备，智能电表，灯光照明和环境传感器等。这种频率一个基站的覆盖范围即可相当于蜂窝网络的 50 ~ 100 个站点的覆盖。

相对于无线局域网技术，Sig Fox 的专用网络还具有覆盖范围广、即买即用的特点。接入其网络不需要购买网关、不需要进行配置、也不需要设备进行配对。这正是其他物联网先驱追求的概念。周边同类的电子产品会接入到专用的数据网络上。

在设备侧，嵌入物体中的无线模块约为硬币大小，模块发送功率仅为蜂窝网络环境下模块的 1/50，电池供电时间可长达 20 年。SigFox 技术传输速率很低，仅支持 10 ~ 1000b/s 的带宽，相比最差的 2G 数据连接都要低得多，所以不适用于传输大量数据或保持长连接的设备。

由于价格便宜，SigFox 技术的使用非常普遍，从法国起源，推广至澳大利亚、捷克、欧洲，甚至会遍布全球。

2012 年 Intel Ventures 在 B 轮融资中向 Sig Fox 公司投资了 1000 万美元。

2013 年 Silicon Labs 与 Sig Fox，在 IoT 市场实现业内首次合作。Silicon Labs 的 EZRadio PRO 无线收发器和 Sig Fox 独特的超窄带（UNB）技术相结合。

2014 年 Atmel 和 SigFox 在远程物联网连接领域开展合作。Atmel 的 ATA 8520 器件通过了 SIGFOX Ready TM 认证，是首款通过该认证的片上系统（So C）解决方案。

2015 年获 1.15 亿美金的 VC 投资。同年，Sig Fox 携手 TI 共同打造高成本效益、远程、低功耗物联网连接。致力于利用 Sub-1 GHz 频谱加强 IoT 的部署，客户可通过配备 TI Sub–1 GHz RF 收发器的 SigFox 网络来部署无线传感器节点。

2016 年 2 月，SigFox 开始在捷克建网，该项目称为 Simple Cell。经过一个半月的部署，其网络覆盖的城市和直辖市已经超过 3300 个，超过了原计划要覆盖 6245 个地点的一半。在与 T–Mobile 合作下，如今已经建成了 60 多个的 Simple Cell 基站，并计划在当年 5 月份完成对所有地区的部署。

2016 年 4 月，SigFox 携手 Thinxtra 在澳大利亚和新西兰部署物联网网络，从而为成千上万待联网的传感器提供全球性、效益高、节能的通信解决方案。通过这次合作 SigFox 也将部署全球网络的触角伸到了亚太地区，为该公司在亚太地区部署自己的网络树立了一块里程碑，标志着该公司 2016 年在 30 多个国家推出服务跨出了重要的一步。

SigFox 网络目前正在欧洲主要城市推出，其中包括英国的十个城市。

SigFox 还与模块制造商、设备制造商、晶片制造商、物联网平台提供商等产业链上的众多企业都建立了合作关系，SigFox 还希望与运营商合作，而不是竞争，愿意将其超窄带网络与运营商的蜂窝网络搭配使用。

同时，SigFox 还将其技术提交给了欧洲电信标准协会，希望将自己的专有技术变成标准。

SigFox 公司甚至规划了宏伟蓝图：计划建立专用于物联网的全球网络，该网络将与现今的 GSM/LTE 网络并驾齐驱。在这种合作模式中，SigFox 与合作伙伴进行收入分成，SigFox 分得的收入作为技术和网络的设计回报；合作伙伴分得的收入作为运营和维护回报。SigFox 还为调制解调器制造商（如德州仪器、Atmel Corp、Silicon Laboratories 和 Telit Communications Plc 等）提供免费的软件协议，使得企业用户能够方便的接入使用。

第 5 章　5G 通信技术

5.1　5G 概述

5.1.1 5G 系统架构与标准体系

与 3G（IMT-2000）和 4G（IMT-Advanced）技术标准过程类似，5G（IMT-2020）在国际上最重要的两个标准化组织是 ITU 和 3GPP。自 2012 年 4G 标准在 ITU-R 正式发布，5G 系统的概念和关键技术研究逐步成为移动通信领域的研究热点。5G 研究和标准化制定大致经历了 4 个不同的阶段：第一阶段是 2012 年，提出 5G 基本概念；第二阶段是 2013—2014 年，主要关注 5G 愿景与需求、应用场景和关键能力；第三阶段是 2015—2016 年；主要关注 5G 定义，开展关键技术研究和验证工作；第四阶段是 2017—2020 年，主要开展 5G 标准方案的制定和系统试验验证工作。

5.1.1.1 ITU 的 5G 标准化情况

1. ITU 的 IMT-2020 工作计划

ITU 是联合国的 15 个专门机构之一，主管信息通信技术事务，由无线电通信部门（ITU-R）、电信标准化部门（ITU-T）和电信发展部门（ITU-D）三大核心部门组成。每个部门下设多个研究组，5G 的相关标准化工作主要是在 ITU-RWP5D 下进行的。ITU-RWP5D 是专门负责地面移动通信业务的工作组，从其 3G（IMT-2000）和 4G（IMT-Advanced）标准酝酿准备到完成标准化，基本上经过了十年，通常有"移动通信标准十年一代"的说法。

2010 年 10 月，WP5D 完成了 4G 技术的评估工作，并决定采纳 TD-LTE-Advanced 和 FDD-LTE-Advanced 为 IMT-Advanced 国际 4G 核心技术标准，4G 标准之争落下帷幕，只剩下标准协议细节的制定。同年，WP5D 启动了面向 2020 年的业务发展预测报告起草工作，以满足未来 IMT 频率分配和后续技术发展需求。该报告预测结果显示，移动数据流量呈现爆发式增长，远远超过了预期，IMT 后续如何发展以满足移动宽带的快速发展成为一个重要问题。2012 年世界无线电通信大会（World Radio Conference2012，WRC-12）确立了 WRC-15 的议题，讨论为地面移动通信分配频率，以支持移动宽带的进一步发展。WRC-12 之后，WP5D 除完成频率相关工作外，还启动了面向 5G 的愿景与需求建议书撰写、面向后 IMT-Advanced 的技术趋势研究报告工作以及 6GHz 以上频段用于 IMT 的可行性研究。

2014 年年中，WP5D 初步制订了 5G 标准化工作的整体计划，并向各外部标准化组织发送了联络函。截至 2015 年年中，ITU-R 完成了对 5G 的命名，即 IMT-2020。

ITU 的 IMT-2020（5G）标准化整体分为 3 个阶段：第一阶段是前期需求分析阶段，主要开展 5G 的技术发展趋势、愿景、需求等方面的研究工作；第二阶段是准备阶段（2016—2017 年），完成需求、技术评估方案，以及提交模板和流程等工作，并发出技术征集通函；第三阶段是提交和评估阶段（2018—2020 年），完成技术方案的提交、性能评估，以及多个提交方案融合等工作，并最终完成详细标准协议的制定和发布。

IMT-2020 的技术提交、评估和标准化流程

经过多轮讨论，ITU-R 分别于 2017 年 3 月和 6 月完成了对 IMT-2020 最小技术性能要求、技术方案评估方法以及候选技术提交模板的制定工作。

首先，在最小技术性能要求方面，ITU-R WP5D 将 IMT-2020 愿景中的 8 项关键能力进一步细化为 IMT-2020 系统的 14 项核心技术性能，并规定了相应的最小量化要求，在峰值速率、平均和边缘频谱效率、用户平面时延、支持海量终端数等方面均比 IMT-Advanced（4G）评估阶段有了大幅提升。对于后续提交的 5G 候选技术方案，必须满足不同场景下的最小技术需求。

其次，ITU-R 制定的技术方案评估指导方法定义了多个基于不同技术参数假设、基站和用户分布、业务及信道模型的评估场景，提出了对应的评估方法，并通过为每个场景定义不同的技术指标要求来验证候选技术对差异化需求的支持能力。其中，已明确 IMT-2020 应支持移动互联网业务和移动物联网业务的 5 个主要测试场景：增强型移动宽带（eMBB）应用场景的密集城区、室内热点和郊区 3 个场景，以及面向海量机器类通信（mMTC）和超可靠低时延通信（uRLLC）

的城区测试场景，以验证移动物联网业务。

候选技术提交模板会要求 IMT-2020 的候选技术提交者根据 ITU 的要求对候选技术方案进行详细讲解，以体现候选技术方案的特点及优势。除能满足 14 个核心技术性能指标外，还需要根据模板体现候选技术能满足业务以及频谱方面的最小要求，同时提供该候选技术的技术描述以及不同场景下的链路预算。

ITU-R 详细和明确地制定了以下准则来指导候选技术提交者不同阶段的工作内容：在初始候选技术提交阶段，要求提交无线接口技术（Radio Interface Technology，RIT）提案时须满足至少 3 个测试场景的最小要求，而这 3 个场景要满足"2+1"的要求，即满足 eMBB 两个测试场景及一个 mMTC 或 uRLLC 场景；在提交 SRIT（Set of RIT）提案时，SRIT 由两个或两个以上 RIT 组成，其中 SRIT 包含的每个 RIT 应满足至少两个测试场景。从而由这些 RIT 组成的 SRIT 应满足至少 4 个测试场景的要求，同时这些测试场景应涵盖 eMBB、mMTC 和 uRLLC3 个应用场景，以上对候选技术提案的要求称为方案的入口准则。如果提案或融合提案能够满足 ITU 的 IMT-2020 标准，就应满足出口准则，即在最终候选技术提交阶段，要求最终候选技术应满足移动互联网和移动物联网的全部 5 个测试场景。

只有满足了入口准则的 RIT 或 SRIT 提案才能成为候选无线接口技术或候选无线接口技术集合，只有满足了出口准则的候选 RIT 或 SRIT 提案才能成为被 ITU-R 接受的 IMT-2020 无线接口技术并形成 ITU-R 建议书。在提交阶段的中后期（2018 年 10 月至 2020 年 3 月），ITU-R 组织第三方独立评估组对 IMT-2020 候选技术进行评估，并将基于评估结果判定候选方案是否可以被认定为 IMT-2020 标准。

5.1.1.2 3GPP 的 5G 标准化情况

1. 3GPP 标准化组织简介

3GPP 是一个成立于 1998 年 12 月的通信行业标准化组织，目前其组织伙伴有 7 个标准化组织，包括欧洲的欧洲电信标准化协会（European Telecommunications Standards Institute，ETSI）、日本的无线工业及商贸联合会（Association of Radio Industries and Business，ARIB）和电信技术委员会（Telecommunications Technology Committee，TTC）、中国的中国通信标准化协会（China Communications Standards Association，CCSA）、韩国的电信技术协会

（Telecommunications Technology Association，TTA）、北美的世界无线通信解决方案联盟（The Alliance for Telecommunications Industry Solution，ATIS）以及印度的电信标准发展协会（Telecommunications Standards Development Society，India，TSDSI）。目前独立成员超过 550 个，包含网络运营商、终端制造商、芯片制造商、基础制造商以及学校、研究机构、政府机构，这些成员分别来自 40 多个国家。

3GPP 的组织结构中，项目协调组（Project Coordination Group，PCG）是最高管理机构，负责全面协调工作，如负责 3GPP 组织架构、时间计划、工作分配等。技术方面的工作则由技术规范组（Technology Standards Group，TSG）完成。目前，3GPP 包括 3 个 TSG，分别负责核心网和终端（Core Network and Terminal，CT）、系统和业务（Seiviceand System Aspects，SA）以及无线接入网（Radio Access Network，RAN）方面的工作。其中，每一个 TSG 又进一步分为多个不同的工作组（Work Group，WG），每个 WG 分别承担具体的任务，目前有 16 个 WG。例如，TSGRAN 分为 RANWG1（无线物理层）、RANWG2（无线空口协议层）、RANWG3（无线网络架构和接口）、RANWG4（射频性能）、RANWG5（终端一致性测试）和 RANWG6（GERAN 无线协议）6 个 WG。

3GPP 制定的标准规范以 Release 作为版本进行管理，平均每 15 ~ 21 个月就会完成一个版本的制定，从建立之初的 R99 到之后的 R4，目前已经发展到 R16，共 14 个版本。

3GPP 本质上是一个代表全球移动通信产业的产业联盟，其目标是根据 ITU 的需求，制定更加详细的技术规范和标准，以规范产业的行为。

2. 5G 在 3GPP 中的标准化过程

3GPP 组织最早提出 5G 是 2015 年 9 月在美国凤凰城召开的 RAN workshop on 5G 上，这次会议旨在讨论并初步判订一个面向 ITU IMT-2020 的 3GPP 5G 标准化时间计划，目标是根据 ITU 的时间规划最终向 ITU 提交 3GPP 5G 技术标准。

随后，3GPP 规划了 R14 ~ R16 这 3 个版本的时间表：R14 主要开展 5G 系统框架和关键技术研究；R15 作为第一个版本的 5G 标准规范，主要完成 eMBB 业务和 uRLLC 基本业务，满足部分 5G 需求；R16 完成第二个版本的 5G 标准，满足 ITU 所有的 IMT-2020 需求（eMBB、uRLLC 和 mMTC 业务），并向 ITU 提交。

根据 3GPP 的工作程序，3GPP 总体规范可分为 3 个阶段：第一阶段是业务需求定义；第二阶段是总体技术实现方案；第三阶段是实现该业务在各接口定义的具体协议规范。5G 标准化依然是采用该工作程序，其中 3 个版本的时间安排计划如表 5-1 所示。

表 5-1   3GPP R14/R15/R16 各版本完成时间点

	R14	R15	R16
第一阶段完成时间	2016 年 3 月	2017 年 6 月	2018 年 12 月
第二阶段完成时间	2016 年 9 月	2017 年 12 月	2019 年 6 月
第三阶段完成时间	2017 年 3 月	2018 年 6 月	2019 年 12 月
标准冻结	2017 年 6 月	2018 年 9 月	2020 年 3 月

在 RAN workshop on 5G 之后，2015 年 12 月在西班牙 3GPP RAN 第 70 次全会上通过了 5G RAN 需求研究项目，随后在 2016 年 3 月的瑞典哥德堡 3GPP RAN 第 71 次全会上通过了 5G RAN 技术研究项目，在 R14 阶段正式启动了 5G 技术标准研究。在 R14 阶段，3GPP 从技术需求、物理层、空口协议层、网络架构、射频发送和接收等方面均做了 NR 技术研究报告，具体如表 5-2 所示。

表 5-2   3GPP R14 NR 技术研究报告

报告编号	技术研究报告名称
TR 38.801	Radio access architecture and interfaces
TR 38.802	Study on new radio access technology physical layer aspects
TR 38.803	Radio frequency（RF）and co-existence aspects
TR 38.804	Radio interface protocol aspects
TR 38.805	60 GHz unlicensed spectrum
TR 38.900	Study on channel model for frequency spectrum above 6 GHz
TR 38.901	Study on channel model for frequencies from 0.5 to 100 GHz
TR 38.912	Study on new radio（NR）access technology
TR 38.913	Study on scenarios and requirements for next generation access technologies

在 2017 年 3 月举行的 3GPP RAN 第 75 次全会上，3GPP 完成了 5GNR 接入技术的研究项目（study item），同时正式启动了 NR 工作项目（work item）。

为了满足部分激进运营商的需求，R15 的标准化规范分为 3 个子阶段分别发布不同的子版本。其中，在 2017 年 12 月 21 日的 3GPP RAN 第 78 次全体会议上，3GPP 宣布 5G NR R15 版本标准的非独立组网（Non-Stand Alone，NSA）子版本方案正式冻结并发布，该版本主要利用 5G 新空口的传输能力来进一步提升现有 4G 网络的整体传输速率和容量，因此需要与 4G 联合组网，同时采用 4G 的核心网，但 5G 新业务将无法得到更好的支持。2018 年 6 月 14 日，5G NR R15 标准独立组网（Standalone，SA）子版本在 3GPP 第 80 次 TSG RAN 全会上正式完成并发布，这标志着首个真正完整的国际 5GNR 技术标准正式出炉，也从标准上使 5GNR 具有了独立部署的能力。3GPP 同时在 2019 年 3 月发布了另外一个子版本，该版本主要支持使用第一个 NSA 子版本的运营商网络过渡到使用 5G 核心网，从而支持全面的 5G 业务，即"R15 Late Drop"。

5.1.2 5G 系统需求与愿景

5.1.2.1 5G 需求

1.5G 的驱动力

互联网不仅能像传统电话网一样，将人和人连接起来，还能把网站和网站连接起来。互联网提供的不仅是简单的话路连接，还能够向全世界提供知识、信息和智能。尽管互联网的物理层与传统电话网可以有很大部分的重合，但互联网是把人类星球连接成为一个地球村的崭新信息网络。于是，社会学家开始使用一个词语——互联网时代。

原先的互联网随着光纤和网线，送到楼，送到户，送到屋，送到桌，送到网络终端：个人电脑。现在，移动通信把互联网的终端真正交给了每个人口袋里的智能手机。带着手机的网民在任何时候、任何地方都能上网。从此，就有了一个新词：移动互联。

传感技术无论在物理学领域还是信息通信领域，一直是一个重要的研究方向。随着 30 年来移动通信的进步，无线传感器网络的研究取得了重大进展。

现代微型传感器已经具备 3 种能力：感知、计算和通信，并且具有体积小、能耗小的特征。现代无线传感器网络将传感器、嵌入式计算、分布式信息处理和无线通信技术结合在一起，能将感知信息通过多跳的方式传输给用户，同时可以做到传感器节点相对密集。这些节点既可以是静止的，又可以是移动的。此外，网络还包括通信路径自组织网络（Ad-Hoc）。

将现代传感器网络与互联网连接是世间人类和万物的连接，有着极其广阔的发展前景和极其深远的历史意义。

正是在这样的背景下，产生了物联网（Internet of Things，IoT）的概念。为了满足移动互联网和物联网等新型业务的发展需求，5G 应能适应各种业务类型和应用场景。一方面，随着智能终端的迅速普及，移动互联网在过去的几年中在世界范围内发展迅猛，面向未来，移动互联网将进一步改变人类社会信息的交互方式，为用户提供增强现实、虚拟现实等更加身临其境的新型业务体验，从而带来未来移动数据流量的飞速增长；另一方面，物联网的发展将传统人与人通信扩大到人与物、物与物的广泛互联，届时，智能家居、车联网、移动医疗、工业控制等应用的爆炸式增长将带来海量的设备连接。在保证设备低成本的前提下，5G 网络需要满足以下需求。

（1）服务更多的用户。2019 年 11 月出版的《爱立信移动市场报告》预测：到 2025 年底，5G 的全球人口覆盖率将达到 65%，全球 45% 的数据流量将由 5G 网络承载，蜂窝物联网连接总数将从 2019 年底的 13 亿增加到 50 亿，复合年增长率为 25%，窄带物联网（NB-IoT）和 Cat-M 技术将占到蜂窝物联网连接的 52%。

（2）支持更高的速率。随着移动宽带用户在全球范围的快速增长，即时通信、社交网络、文件共享、移动视频、移动云计算等新型业务不断涌现，带来了移动用户对数据量和数据速率需求的迅猛增长。ITU 发布的数据预测显示，相比 2020 年，2030 年全球的移动业务量将飞速增长，全球移动数据流量将达到 5000 EB/ 月。

相对应地，未来 5G 网络还应为用户提供更高的峰值速率，如果以 10 倍于 4G 蜂窝网络峰值速率计算，5G 网络的峰值速率将达到 10 Gbit/s 量级。

（3）支持无限的连接。随着移动互联网、物联网等技术的进一步发展，移动通信网络的对象将呈现泛化的特点。它们在传统人与人之间进行通信的基础上，增加了人与物（如智能终端、传感器、仪器等）、物与物之间的互通。不仅如此，通信对象还具有泛在的特点，人或物可以在任何时间和地点进行通信。因此，5G 移动通信网将变成一个能够让任何人和任何物，在任何时间和地点都可以自由通信的泛在网络。

近年来，国内外运营商都已经开始在物联网应用方面开展新的探索和创新，已出现的物联网解决方案，如智慧城市、智能交通、智能物流、智能家居、智能农业、智能水利、设备监控、远程抄表等，都致力改善人们的生产和生活。随着物联网应用的普及、无线通信技术及标准化的进一步发展，全球物联网的连接数甚至将达到 1000 亿左右。在这个庞大的网络中，通信对象之间的互联和互通不仅能够产生无限的连接数，还会产生巨大的数据量。预计未来几年，物物互联数据量将达到传统人与人通信数据量的 30 倍左右。

（4）提供个性的体验。随着商业模式的不断创新，移动网络将推出更为个性化、多样化、智能化的业务应用，这就要求未来 5G 网络应进一步改善移动用户体验，如汽车自动驾驶应用要求将端到端时延控制在毫秒级、社交网络应用需要为用户提供永远在线体验以及为高速场景下的移动用户提供全高清 / 超高清视频实时播放等体验。

因此，面向未来的 5G 移动通信技术要求在确保低成本，传输的安全性、可靠性、稳定性的前提下，能够提供更高的数据速率、服务更多的连接数和获得更好的用户体验。

2. 运营需求

移动通信系统从 1G 到 4G 的发展是无线接入技术的发展，也是用户体验的发展。每一代的接入技术都有自己鲜明的特点，同时每一代的业务都给予用户更全新的体验。然而，在技术发展的同时，无线网络已经越来越"重"。

"重"部署：基于广域覆盖、热点增强等传统思路的部署方式对网络层层加码。另外，泾渭分明的双工方式以及特定双工方式与频谱间严格的绑定加剧了网络之重（频谱难以高效利用，双工方式难以有效融合）。

"重"投入：无线网络越来越复杂，使网络建设投入加大，导致投资回收期长，对站址条件的要求也越来越高。另外，很多关键技术的引入对现有标准影响较大，从而使系统达到目标性能的代价变高。

"重"维护：多接入方式并存，新型设备形态的引入带来了新的挑战，技术复杂使运维难度加大，维护成本增高；无线网络配置情况愈加复杂，一旦配置则难以改动，所以难以适应业务、用户需求快速发展变化的需要。

在 5G 阶段，因为需要服务更多用户、支持更多连接、提供更高速率以及多样化用户体验，网络性能等指标需求的爆炸性增长将使网络难以承受其"重"。为了应对在 5G 网络部署、维护及投资成本上的巨大挑战，对 5G 网络的研究应总体致力建设满足部署轻便、投资轻度、维护轻松、体验轻快要求的"轻形态"网络。

（1）部署轻便。基站密度的提升使网络部署难度逐渐加大，轻便部署毫无疑问地成为运营商未来网络建设的重要方向。鉴于此，5G 技术研究应考虑降低对部署站址的选取要求，以一种灵活的组网形态出现，同时应具备即插即用的组网能力。

（2）投资轻度。从既有网络投入方面考虑，在运营商无线网络的各项支出中, OPEX (Operating Expense, 运营性支出) 占比显著, 但 CAPEX (Capital Expenditure, 资本性支出) 仍不容忽视。其中, 设备复杂度、运营复杂度对网络支出影响显著。随着网络容量的大幅提升, 运营商的成本控制面临巨大挑战, 未来的网络必须要有更低的部署和维护成本, 在技术选择时应注重降低两方面的复杂度。

新技术的使用要有效控制设备的制造成本, 采用新型架构等技术手段降低网络的整体部署开销。另外, 还需要降低网络运营复杂度, 以便捷的网络维护和高效的系统优化来满足未来网络运营的成本需求; 应尽量避免基站数量不必要的扩张, 尽量做到基站设备轻量化、低复杂度、低开销, 采用灵活的设备类型, 尤其在基站部署时, 应能充分利用现有的网络资源, 采用灵活的供电和回传方式。

（3）维护轻松。在 5G 通信技术中, 多网络的共存和统一管理将是网络运营面临的巨大挑战。为了简化维护管理成本、统一管理、提升用户体验, 智能化的网络优化管理平台将是未来网络运营的重要技术手段。

此外, 运营服务的多样性, 如虚拟运营商的引入, 对业务 QoS (Quality of Service, 服务质量) 管理及计费系统带来了影响。因此, 5G 网络运营要实现更加自主、灵活, 更低成本和更快适应地进行网络管理与协调, 必须在多网络融合和高密复杂网络结构下拥有自组织的、灵活简便的网络部署和优化技术。

（4）体验轻快。网络容量数量级的提升是每一代网络最鲜明的标志和用户最直观的体验, 然而 5G 网络不应只关注用户的峰值速率和总体的网络容量, 更需要关心用户的体验速率, 需要小区去边缘化以给用户提供连续一致的极速体验。此外, 不同的场景和业务对时延、接入数、能耗、可靠性等指标有不同的需求, 不可一概而论, 应该因地制宜, 全面评价和权衡。总体来讲, 5G 系统应能够满足个性、智能、低功耗的用户体验, 具备灵活的频谱利用方式、较强的干扰协调 / 抑制处理能力, 使自身的移动特性得到进一步的提升。

另外, 移动互联网的发展带给用户全新的业务体验, 未来网络的架构和运营要向着能为用户提供更丰富的业务服务方向发展。网络智能化, 服务网络化, 利用网络大数据的信息和基础管道的优势, 带给用户更好的业务体验。游戏发烧友、音乐达人、微博控以及机器间通信等, 不同的用户有不同的需求, 更需要个性化的体验。未来网络架构和运营方式应使运营商能够根据用户和业务属性以及产品规划, 灵活自主地定制网络应用规则和用户体验等级管理等。同时, 网络应具备智能化认知用户使用习惯，并能根据用户属性提供更加个性化的业务服务。

3. 业务需求

（1）支持高速率业务。无线业务的发展瞬息万变，仅从目前阶段可以预见的业务看，在移动场景下，大多数用户为支持全高清视频业务，需要达到 10Mbit/s 的速率保证；对于支持特殊业务的用户，如支持超高清视频，要求网络能够提供 100Mbit/s 的速率体验；在一些特殊应用场景下，用户要求达到 10Gbit/s 的无线传输速率，如短距离瞬间下载、交互类 3D（3–Dimensions）全息业务等。

（2）业务特性稳定。无所不在的覆盖、稳定的通信质量是对无线通信系统的基本要求。由于无线通信环境复杂多样，仍存在很多场景覆盖性能不够稳定的情况，如地铁、隧道、室内深覆盖等。通信的可靠性指标可以定义为在特定业务的时延要求下成功传输的数据包比例，5G 网络在典型业务下，其可靠性指标应能达到 99%，甚至更高；对于机器类型通信（Machine Type Communication，MTC）等非时延敏感性业务，可靠性指标要求可以适当降低。

（3）用户定位能力高。对于实时性的、个性化的业务而言，用户定位是一项潜在且重要的背景信息。在 5G 网络中，对于用户的三维定位精度应提出较高要求，如将 80% 的场景（如室内场景）精度从 10m 提高到 1m 以内。在 4G 网络中，定位方法包括 LTE 自身解决方案和借助卫星的定位方式，5G 网络则可以借助既有的技术手段，但应该从精度上进一步增强。

（4）对业务的安全保障。安全性是运营商提供给用户的基本功能之一，从基于人与人的通信到基于机器与机器的通信，5G 网络将支持各种不同的应用和环境。所以，5G 网络应当能够应对通信敏感数据有未经授权的访问、使用、毁坏、修改、审查、攻击等问题。此外，由于 5G 网络能够为关键领域，如公共安全、电子保健和公共事业提供服务，其应具备提供一组全面保证安全性的功能，用以保护用户的数据、创造新的商业机会，并防止或减少任何可能的网络安全攻击。

4. 用户需求

（1）终端多样性。自 2000 年以来，终端业务由传统的语音业务向宽带数据业务发展，终端形态呈现多样化发展，未来还会出现手表、眼镜等多种形态的终端，围绕个人、行业、家庭三大市场形成个性化多媒体信息平台。

智能终端的流行促进了终端与互联网业务的结合，为用户带来全新的业务体验与交互能力，刺激用户对移动互联网的使用欲望，拉动数据流量的激增。根据相关统计，智能终端用户有 70% 的时间花费在游戏、社交网络等活动上，随着终端的发展，将会产生更多的数据流量。

（2）应用的多样性。智能终端的发展带动了移动互联网业务的高速发展。移动互联网业务由最初简单的短 / 彩信业务发展到现在的微信、微博和视频等业务，改变了信息通信产业的整体发展模式。

随着移动互联网业务的发展，5G 移动通信将渗透到各个领域，除了常规业务，如超高清视频（3D 视频）、3D 游戏、移动云计算外，还会在远程医疗、环境监控、社会安全、物联网业务等各个领域方便人们的生活。这些新应用、新业务仍然以客户为中心，保证用户随时随地的最佳体验，更快速地开展业务，即使在移动状态下，也能使其享有高质量的服务。因此，未来人机之间的混合通信对网络流量增长，高效、便捷和安全访问显得非常重要，只有充分关注用户体验，才能促进整个移动通信行业的长远发展。

5. 网络需求

（1）提高频谱的使用效率。移动通信系统的频率由 TTU-R 进行业务划分。目前，TTU-R 划分了 450MHz、700MHz、800MHz、1800MHz、1900MHz、2100MHz、2300MHz、2500MHz、3500MHz 和 4400MHz 等频率给 IMT 系统使用。LTE 网络部署初期主要集中在 2.6GHz、1.8GHz 和 700MHz。然而，由于各个国家和地区使用情况存在差异，给产业链和用户带来了困难。

另外，可以通过新技术来实现频谱利用率的最大化，如基于 OFDMA 的 4G 通信技术相比 2G、3G 在容量上有了新的突破，为了达到系统需求的峰值速率，采用 MIMO 和高阶调制技术提升频谱利用率。在 LTE-Advanced 演进过程中引入的载波聚合（CA）技术，将多个连续或不连续离散频谱聚合使用，从而满足了高带宽需求，提高了频谱利用率。因此，针对频谱资源稀缺问题，5G 需要使用合适的频谱使用方式和新技术来提高频谱使用效率，如 TDD/FDD 融合的同频同时全双工（CCFD）可以有效提升频谱效率，并给频谱的使用提供方便。

（2）通过 IPv6 促进网络融合。现有数字技术允许不同的系统，如有线、无线、数据通信系统融合在一起。这种融合正在全球范围内发生，并且迅速改变着人们和设备的通信方式。基于 IP 的通信系统不管是为运营商和用户提供多种设备、网络和协议的连接，还是实现管理的灵活性和节省网络资源都具有一定的优势。由于 IP 化进程加快，各接入系统的互通可以通过共用 IP 核心网络实现任何时间、任何地点的最优连接。除此之外，IPv6 在安全性、QoS、移动性等方面具有巨大的优势。因此，IPv6 对未来网络的演进和业务发展起着重要作用。

6. 效率需求

频谱利用、能耗和成本是移动通信网络可持续发展的三个关键因素。为了实现可持续发展，5G 相比 4G 在频谱效率、能源效率和成本效率方面应得到显著提升。具体来说，频谱效率需要提高 5 ~ 15 倍，能源效率和成本效率均要求有百倍以上的提升。

7. 终端需求

无论硬件还是软件方面，智能终端设备在 5G 时代都将面临功能和复杂度上的显著提升，尤其是在操作系统方面，必然会有持续的革新。另外，5G 的终端除基本的端到端通信外，还可能具备其他的效用，如成为连接其他智能设备的中继设备，或者支持设备间的直接通信等。考虑目前终端的发展趋势以及对 5G 网络技术的展望，可以预见 5G 终端设备将具备以下特性。

（1）更强的运营商控制能力。对于 5G 终端，应该具备网络高度可编程性和可配置性，如终端能力、使用的接入技术、传输协议等。运营商应能通过空口确认终端的软 / 硬件平台、操作系统等的配置来保证终端获得更好的服务质量。另外，运营商还可以通过获知终端关于服务质量的数据，如掉话率、切换失败率、实时吞吐量等进行服务体验的优化。

（2）支持多频段、多模式。未来的 5G 网络时代必将是多网络共存的时代，同时考虑全球漫游，这就对终端提出了多频段、多模式的要求。另外，为了达到更高的数据速率，5G 终端需要支持多频带聚合技术。这与 LTE-Advanced 系统的要求是一致的。

（3）支持更高的效率。虽然 5G 终端需要支持多种应用，但应提供基本的供电保障，如智能手机充电周期为 3 天，低成本 MTC 终端能达到 15 天。这就要求终端在资源和信令效率方面应有所突破，如在系统设计时考虑在网络侧加入更灵活的终端能力控制机制，有针对性地发送必须的信令信息等。

（4）个性化。为满足以人为本、以用户体验为中心的 5G 网络要求，可以让用户按照个人偏好选择个性化的终端形态、定制业务服务和资费方案。在未来的网络中，形态各异的设备将大量涌现，如目前已经初见端倪的内置在衣服上的用于健康信息处理的便携式终端、3D 眼镜终端等，将逐渐商用和普及。另外，因为部分终端类型需要与人长时间紧密接触，所以终端的辐射需要进一步降低，以保证长时间使用不会对人的身体造成伤害。

5.1.2.2 愿景

1. 5G 总体愿景

移动通信已经深刻地改变了人们的生活，但人们对更高性能移动通信的追求从未停止。为了应对未来爆炸性的移动数据流量增长、海量的设备连接、不断涌现的各类新业务和应用场景，第五代移动通信（5G）系统应运而生。

5G 将渗透到未来社会的各个领域，以用户为中心构建全方位的信息生态系统。5G 将使信息突破时空限制，提供极佳的交互体验，为用户带来身临其境的信息盛宴；5G 将拉近万物的距离，通过无缝融合的方式，便捷地实现人与万物的智能互联；5G 将为用户提供光纤般的接入速率，"零"时延的使用体验，千亿设备的连接能力，超高流量密度、超高连接数密度和超高移动性等多场景的一致服务、业务及用户感知的智能优化，同时为网络带来超百倍的能效提升和超百倍的比特成本降低，最终实现"信息随心至，万物触手及"的总体愿景。

2. 5G 网络的特征

为了满足未来用户、业务、网络的新需求，必然要求 5G 具有更多、更先进的功能，实现无时不在、无所不在的信息传递。因此，5G 是一个广带化、泛在化、智能化、融合化、绿色节能的网络。

（1）网络广带化，满足用户需求。终端的快速发展以及各类新应用的产生将会刺激移动业务数据量的飞速增长。随着技术发展和行业融合，移动互联网产业将会继续呈现快速增长的态势，用户对移动网络带宽和传输速率的需求将更大。未来几年，移动业务量更是以指数级增长。因此，为了满足未来用户和业务的发展需求，5G 将具有超高容量。

（2）网络泛在化，适应移动互联网发展。在移动智能终端和移动互联网业务应用所呈现的发展态势下，互联网业务的发展日新月异。

移动超高清视频播放：随着移动智能终端和移动互联网的发展，越来越多的用户希望在任何时间和任何地点都能通过移动终端观看视频。随着移动网络能力的提升，移动视频的服务质量将提升到新的高度。

增强现实：借助智能手机和智能穿戴式移动通信设备，通过移动通信网络实时反馈给用户海量的虚拟信息，有效帮助用户感知和认识真实世界。

　　未来 5G 网络的泛在化将满足各种类型互联网业务的个性化需求，提供无所不在的智能信息服务、无所不在的连接。

　　（3）网络智能化，提升网络资源效率。未来，5G 网络数据流量和信令流量将呈现爆炸式增长。面对挑战，只有通过网络智能化，才能实现比特币收益最大化，实现网络资源、用户体验和收益的和谐发展。未来，网络的智能化主要体现在频谱智能化、网络架构智能化、网络管理智能化、流量管控智能化等方面。

　　频谱智能化：目前，我国的频谱资源是通过固定方式分配给不同的无线电部门的，频谱资源的利用呈现出高度的不均衡。因此，未来可以借助新技术智能化地使用频谱，如基于认知无线电（CRS）技术对所处的电磁环境进行实时监测、寻找空闲频谱、通过动态频谱共享提高无线频谱的利用效率。

　　网络架构智能化：新时代，互联网业务呈爆炸式增长，服务器虚拟化，各种云计算业务不断出现，传统网络很难适应这种变化。由于 SDN 具有控制和转发分离、设备资源虚拟化、通用硬件及软件可编程三大特征，未来可以利用 SDN 理念改造现有无线网，以更加智能、更加灵活的方式提供新业务。

　　网络管理智能化：移动通信发展到 LTE 阶段，为实现高带宽，网络会越来密集，这时若采用传统的人工维护方式，不但工作量大，而且成本很高。为了减少网络建设成本和运维成本，3GPP 将 SON 概念引入 LTE，其通过综合传统运维手段并将其智能化来提升网络管理效率。

　　流量管控智能化：在网络中，流量分布存在极不均衡的场景，如在一些区域，在个别时间，有很多用户同时使用 P2P 业务等，占用大量带宽，网络系统忙闲流量差异巨大，导致网络资源利用率很低。基于此，电信运营商提出了"智能管道"的战略，通过"开源"和"节流"来吸引业务量，保证用户体验。对于 LTE 网络部署，同样采用智能管道的措施。例如，LTE-Advanced 中的 Het Net（异构网络）可有效提高小区边缘速率和小区平均吞吐量，并适于业务量时空分布不均衡的情况，能够有效吸收热点地区业务。在进行 LTE 建设的同时考虑 PCC（策略和计费控制）的引入，可使运营商具备有效和完备的移动智能管道控制能力，并借助该技术有效地调节和均衡数据流量。可见，未来业务的发展将会给网络带来更多的流量，但仍然需要通过智能化流量管控来提高网络资源效率。

　　（4）网络融合化，推进网络演进。随着全球信息产业的发展，5G 将呈现更加融合的发展趋势：一是电信网、广播电视网、互联网三网融合推动业务发展，为用户提供更多的增值价值；二是 2G、3G、4G 多制式网络融合，实现电信网络资源共享和投资利益最大化。

三网融合：电信网、广播电视网、互联网三网融合，在给人们的生活带来巨大便利的同时，给网络带来了新的挑战。三网融合要求扁平化和透明化的网络架构，同时对网络容量需求大幅提高。三网融合业务逐步放开，将引发接入网、核心网的流量激增。由于 5G 具有超高的传输能力、超高容量、超可靠性的特点，将会产生更多的新技术、新的传输方式，为三网融合的进程添砖加瓦。

多制式网络融合：随着移动通信的发展，5G 时代将会是 2G、3G、4G、5G 等多制式网络并存的局面，因此在保证用户体验的情况下，提升网络资源效率显得尤为重要。一是网络内各尽其责：2G、3G 优先疏通语音业务，在保证语音业务的前提下，可适度承载数据业务。4G 网络 TDD+FDD 主要承载数据业务，WLAN 为无线蜂窝网络承载移动数据业务的重要补充。二是网络间协调发展：各网络间相互协同，优势互补，实现低成本、高效率的协调均衡发展。针对网络业务分布的不均衡性，根据网络负荷、业务类型进行网络动态选择，提升网络流量价值。例如，当 WLAN 负荷高而蜂窝网负荷低时，可以根据网络负荷情况动态选择蜂窝网承担用户的数据业务，在保证用户体验不受影响的情况下，实现不同网络之间的动态负载均衡。

（5）绿色节能，降低网络能耗。就移动通信而言，提升通信网络的节能环保性能、建设绿色移动网络、实现与环境的和谐发展已成为通信产业的共识。当前，基站建设规模逐年扩大，基站年耗电量随之剧烈增长，不但带来了较大的运营成本负担，而且给环境带来了污染。未来，5G 网络基站之间距离更近，异构网络更加普及。在保证用户感受不受影响的前提下，将会采用更加有效的节能技术，有效降低网络的整体能耗，实现绿色环保的移动通信运营，如有源天线技术将有源器件与天线集成为一体，实现了电磁波产生、变换、发射和接收等系统的装置。由于有源天线将射频紧密集成到天线中，没有馈线损耗，在保证相同输出功率的情况下，功耗更小，基站的射频部置于塔上自然散热，可有效降低移动网络的功耗，起到节能环保的作用。

5.1.3 5G 系统性能指标

ITU-R 制定了 5G 系统的性能指标，其为 5G 系统定义了 8 个性能指标和 3 种应用场景，8 个性能指标如表 5-3 所示。

表 5-3　ITU-R 制定的 5G 系统性能指标

指标名称	流量密度	连接数密度	时延	移动性	能效	用户体验速率	频谱效率	峰值速率
性能指标	10Tbit/（s·km²）	10^6/m²	空口1ms	500km/h	100 倍提升（相对 4G）	0.1 ~ 1 Gbit/s	3倍提升（相对 4G）	10 Gbit/s

ITU-R 将 5G 的应用场景划分为三大类，包括应用于移动互联网的增强型移动宽带（enhanced Mobile Broadband，eMBB）、应用于物联网的海量机器类通信（massive Machine Type Communications，mMTC）和超可靠低时延通信（ultra Reliable and Low Latency Communications，uRLLC）。其中，移动宽带又可以进一步分为广域连续覆盖和局部热点覆盖两种场景。

广域连续覆盖场景是移动通信最基本的应用场景，该场景以保证用户的移动性和业务连续性为目标，为用户提供无缝的高速业务体验。结合 5G 整体目标，该场景的主要挑战在于要能够随时随地（包括小区边缘、高速移动等恶劣环境）为用户提供 100 Mbit/s 以上的用户体验速率。

局部热点覆盖场景主要面向局部热点区域覆盖，为用户提供极高的数据传输速率，满足网络极高的流量密度需求。结合 5G 整体目标，1 Gbit/s 的用户体验速率、数十 Gbit/s 的峰值速率和数十 Tbit/（s·km²）的流量密度需求是该场景面临的主要挑战。

大容量物联网场景主要面向智慧城市、环境监测、智能农业、森林防火等以传感和数据采集为目标的应用场景，具有小数据分组、低功耗、海量连接等特点。这类终端分布范围广、数量众多，不仅要求网络具备超千亿连接的支持能力，满足 10^6/km² 的连接数密度指标要求，还要求终端成本和功耗极低。

高性能物联网场景主要面向车联网、工业控制等垂直行业的特殊应用需求，这类应用对端到端时延和可靠性具有极高的要求，需要为用户提供毫秒级的端到端时延和接近 100% 的业务可靠性保证。

5G 系统的应用场景与关键性能指标挑战如表 5-3 所示。

表 5-3　5G 系统的应用场景与关键性能指标挑战

业务分类		关键挑战
移动宽带	广域连续覆盖	100Mbit/s 的用户体验速率 3 ~ 5 倍的频谱效率提升
	局部热点覆盖	1Gbit/s 的用户体验速率 10Gbit/s 以上的峰值速率 10Tbit/（s·km²）的流量密度
移动物联	大容量物联网	$10^6/m^2$ 的连接数密度终端低成本，低功耗
	高性能物联网	1ms 的空口时延毫秒级的端到端时延趋于 100% 的可靠性

5.1.4 全球 5G 网络发展进程

5G 作为新一轮全球竞争的产业制高点，话题度一直居高不下。无论是频谱、标准还是架构方面的任何举动和消息，都会引发业内的讨论，可以说，5G 的一举一动都牵动着产业界的每一根神经。下面主要介绍全球 5G 网络的发展进程。

5.1.4.1 逐步落地的频率规划

频率资源是承载无线业务的基础，是所有研发和部署 5G 系统最关键的核心资源，明确频率规划对 5G 产业意义重大。

国际方面，美国监管机构 FCC 在 2016 年 7 月率先公布美国的 5G 频率规划。此后，欧盟在前期出台 5G 计划的基础上，紧锣密鼓地发布涉及中低频段和高频段的 5G 频谱战略和路线图，韩国和日本也在加速推进 5G 技术研发和频率规划。中国方面，2017 年 11 月 15 日，中华人民共和国工业和信息化部（以下简称"工信部"）官网发布《关于第五代移动通信系统使用 3300 ~ 3600MHz 和 4800 ~ 5000MHz 频段相关事宜的通知》，使我国成为国际上率先发布 5G 系统在中频段内频率使用规划的国家。规划明确 3300 ~ 3400MHz、3400 ~ 3600MHz 和 4800 ~ 5000MHz 频段作为 5G 系统的工作频段。2020 年，工信部发布《工业和信息化部关于推动 5G 加快发展的通知》："调整 700MHz 频段频率使用规划，加快实施 700MHz 频段 5G 频率使用许可；适时发布部分 5G 毫米波频段频率使用规划，开展 5G 行业（含工业互联网）专用频率规划研究，适时实施技术试验频率许可。进一步做好中频段 5G 基站与卫星地球站等其他无线电台（站）的干扰协调工作。"

5.1.4.2 首个 5GNR 标准冻结

5G 标准作为商用的发令枪，得到业界的高度关注以及相关组织、企业的争相参与。在业界各方的共同努力下，2017 年 12 月 21 日，第五代移动通信技术"5GNR"首发版在 RAN 第 78 次全会代表的掌声中正式冻结并发布，这是 5G

标准化的重要里程碑。按照 3GPP 规划，2018 年 6 月，完成独立组网 5G 新空口和核心网标准化，支持 eMBB 和 uRLLC 两大靠场景；到 2019 年 9 月，支持 eMBB、mMTC、uRLLC 三大场景，满足 ITU 技术要求。

5.1.4.3 5G 系统架构和流程标准制定完成

网络架构是为设计、构建和管理通信网络提供一个构架和技术基础的蓝图，因此在 5G 的发展中，网络架构也是非常重要的一点。新的网络对研究和标准化都极具挑战。5G 系统架构和流程标准制定完成是无数研发和标准化人员夜以继日钻研的结果。

2018 年 6 月 14 日，3GPP 在美国举行全体会议，正式批准冻结第五代移动通信技术标准独立组网功能。5GNR 非独立组网（NSR）标准已于 2017 年 12 月冻结，至此第一阶段全功能完整版 5G 标准正式出台，5G 商用进入全面冲刺阶段。

2017 年 5G NR NSA 标准的冻结使 5G 的部署可以采用非独立组网方式，基于 LTE 网络、通过双连接方式实现 5G 超宽带（eMBB）业务。SA 标准的冻结则可实现真正的 5G 独立组网部署，从而带来"全功能"的 5G 网络能力，是 5G 发展的重要里程碑。

5.1.4.4 全球 5G 商用进展加快，技术方案已趋完备

我国工信部早在 2015 年就组织进行 5G 技术研发试验，并在北京怀柔规划全球最大的 5G 试验外场。2017 年 9 月完成前两个阶段的测试工作，对华为、爱立信、诺基亚等系统厂家的 5G 关键技术和集成方案进行验证，测试结果表明，所测技术及方案可以满足 ITU 所规定应用场景的关键指标。华为发布的 3GPP 5G 端到端预商用系统，在小区容量和速率、空口时延以及连接数等方面均突破 ITU 定义的 5G 能力指标，这有效增强了产业界按期商用的信心。

1. 培育新型消费模式

鼓励基础电信企业通过套餐升级优惠、信用购机等举措，促进 5G 终端消费，加快用户向 5G 迁移。推广 5G+VR/AR、赛事直播、游戏娱乐、虚拟购物等应用，促进新型信息消费。鼓励基础电信企业、广电传媒企业和内容提供商等加强协作，丰富教育、传媒、娱乐等领域的 4K/8K、VR/AR 等新型多媒体内容源。

2. 推动"5G+ 医疗健康"创新发展

开展 5G 智慧医疗系统建设，搭建 5G 智慧医疗示范网和医疗平台，加快 5G

在疫情预警、院前急救、远程诊疗、智能影像辅助诊断等方面的应用推广。进一步优化和推广 5G 在抗击新冠肺炎疫情中的应用，推广远程体检、问诊、医疗辅助等服务，促进医疗资源共享。

3. 实施"5G+工业互联网"512 工程

打造 5 个产业公共服务平台，构建创新载体和公共服务能力；加快垂直领域"5G+工业互联网"的先导应用，内网建设改造覆盖 10 个重点行业；打造一批"5G+工业互联网"内网建设改造标杆网络、样板工程，形成至少 20 大典型工业应用场景。突破一批面向工业互联网特定需求的 5G 关键技术，显著提升"5G+工业互联网"产业基础支撑能力，促进"5G+工业互联网"融合创新发展。

4. 促进"5G+车联网"协同发展

推动将车联网纳入国家新型信息基础设施建设工程，促进 LTE-V2X 规模部署。建设国家级车联网先导区，丰富应用场景，探索完善商业模式。结合 5G 商用部署，引导重点地区提前规划，加强跨部门协同，推动 5G、LTE-V2X 纳入智慧城市、智能交通建设的重要通信标准和协议。开展 5G-V2X 标准研制及研发验证。

5. 构建 5G 应用生态系统

通过 5G 应用产业方阵等平台，汇聚应用需求、研发、集成、资本等各方，畅通 5G 应用推广关键环节。组织第三届"绽放杯"5G 应用征集大赛，突出应用落地实施，培育 5G 应用创新企业。推动 5G 物联网发展。以创新中心、联合研发基地、孵化平台、示范园区等为载体，推动 5G 在各行业各领域的融合应用创新。

5.2 5G 网络结构概述

5.2.1 5G 网络的特性和愿景

5G 网络面向办公、购物、医疗、教育、娱乐、交通、社交等多种垂直行业，在人与人高速连接的基础上，大幅增加了"人与物""物与物"之间的高速连接。作为信息化社会的一个综合基础设施，5G 网络将为个人、社会和行业提供高效连接，它不但是海量连接，而且是多种垂直行业的价值环节和生产要素等资源的高度融合。

5G 网络是广带化、泛在化、智能化、融合化、绿色节能的网络。根据《5G 消息白皮书》中的技术愿景，5G 网络将满足人们超高流量密度、超高连接数密度、超高移动性的需求，为用户提供高清视频、虚拟现实、增强现实、云桌面、在线游戏等极致业务体验。5G 将渗透到物联网领域，与工业设施、医疗仪器、交通工具等深度融合，全面实现"万物互联"。

5G 网络是以 SDN/NFV 等为代表的新技术共同驱动的网络架构创新。5G 关键技术包含新型网络架构和以 SDN/NFV 等为代表的新技术。5G 核心网支持多样化的无线接入场景，满足了端到端的业务体验需求，实现了灵活的网络部署和高效的网络运营，最终与无线空口技术共同推进 5G 发展。

5.2.1.2 5G 网络架构的标准化进展

3GPP 业务需求工作组（SA1）最早于 2015 年启动"Smarter"研究课题，该课题于 2016 年一季度前完成标准化，目前已形成 4 个业务场景继续后续工作，具体如表 5-4 所示。

表 5-4　3GPP R14 5G 网络架构关键功能和使能技术

业务场景	网络功能特性	网络架构使能技术
大规模物联网	QoS	最小化接入相关性
关键通信	计费	网络场景共享
增强移动互联网	策略	控制面和用户面分离
网络运营	鉴权 移动性框架 会话连续性 会话管理	接入网与核心网分离 网络切片 迁移、共存和互操作机制 网络功能组件粒度和交互机制

3GPP 系统架构工作组（SA2）于 2015 年底正式启动 5G 网络架构的研究课题"Next-Gen"立项书，明确了 5G 架构的基本功能愿景，包括以下方面：

（1）有能力处理移动流量、设备数快速增长。

（2）允许核心网和接入网各自演进。

（3）支持如 NFV、SDN 等技术，降低网络成本，提高运维效率、能效，灵活支持新业务。

对于国内的 5G 架构相关研究，中国移动通信集团公司提出了 C-RAN 架构，通过 RRU 和 BBU 的分离，设计了虚拟基站集群的架构模式，由集中式的基站资源池统一控制无线资源，实现实时物理资源的全局最优。中国电信集团公司提出了一种基于 SDN 的虚拟化融合移动核心控制网络架构，将网络划分为业务层、控制层、转发层、接入层，能够支持包括 2G 网络、3G 网络、Wi-Fi 网络、LTE 网络等在内的多种接入技术。中兴通讯股份有限公司提出了一种基于云的网络架构，主要包含 3 部分结构：无线云，将无线接入网虚拟化；网络功能云，具备无线控制功能与核心网功能；业务云，提供各种业务服务。清华大学提出了 Open RAN 架构，该架构提出无线接入点以支持多种接入制式，可以根据具体网络需求更改传输协议，在上层利用 SDN 控制器实现网络的集中式控制。

5.2.1.3 5G 蜂窝网络架构技术特征

1. 更高的数据流量和用户体验速率

未来移动网络数据流量将增大 1000 倍以及用户体验速率将提升 10 ～ 100 倍的需求给 5G 网络的无线接入网和核心网带来了极大的挑战。对于无线接入网，5G 网络需要从如何利用先进的无线传输技术、更多的无线频谱以及更密集的小区部署等方面进行设计规划。

首先，5G 网络需要借助一系列先进的无线传输技术进一步提高无线频谱资源的利用率，主要包括大规模天线技术、高阶编码调制技术、新型多载波技术、新型多址接入技术、全双工技术等，从而提升系统容量。其次，5G 网络需要通过高频段，甚至超高频段（如毫米波频段）的深度开发、非授权频段的使用、离散频段的聚合以及低频重耕等方案，满足未来网络对频谱资源的需求。

值得注意的是，除增加频谱带宽和提高频谱利用率外，提升无线系统容量最为有效的办法依然是通过加密小区部署提升空间复用度。传统的无线通信系统通常采用小区分裂的方式减小小区半径，然而随着小区覆盖范围的进一步缩小，小区分裂将很难进行，需要在室内外热点区域密集部署低功率小基站，形成超密集组网（UDN）。在 UDN 的环境下，整个系统容量将随着小区密度的增加近乎线性增长。

可以看出，超密集组网是解决未来 5G 网络数据流量爆炸式增长问题的有效解决方案。据预测，在未来无线网络和宏基站覆盖的区域中，各种无线接入技术（Radio Access Technology，RAT）的小功率基站的部署密度将达到现有站点密度的 10 倍以上，形成超密集的异构网络。

然而，超密集组网通过降低基站与终端用户间的路径损耗提升了网络吞吐量，在增大有效接收信号的同时放大了干扰信号。如何有效进行干扰消除、干扰协调成为超密集组网提升链路容量需要重点考虑的问题。更进一步，小区密度的急剧增加也使干扰变得异常复杂，此时 5G 网络除需要在接收端采用更先进的干扰消除技术外，还需要具备更加有效的小区间干扰协调（Inter-cell Interference Coordination，ICIC）机制。考虑到现有 LTE 网络采用的 ICIC，其小区间交互控制的信令负荷会随着小区密度的增加以二次方趋势增长，这极大地增加了网络控制的信令负荷。因此，在未来 5G 超密集网络的环境下，通过局部区域内的分簇化集中控制，解决小区间干扰协调问题成为未来 5G 蜂窝网络架构的一个重要技术特征。

可以看出，基于分簇化集中控制，不仅能够解决未来 5G 网络超密集部署的干扰问题，还能够更加容易地实现相同 RAT 下不同小区间的资源联合优化配置、负载均衡，以及不同 RAT 系统间的数据分流、负载均衡等，从而提升系统整体容量和资源整体利用率。

低功率基站较小的覆盖范围会导致具有较高移动速度的终端用户频繁切换小区，从而降低用户体验速率。为了能够同时考虑"覆盖"和"容量"这两个无线网络重点关注的问题，未来 5G 接入网络可以通过控制面与数据面的分离，即分别采用不同的小区进行控制面和数据面操作，从而实现未来网络对覆盖和容量的单独优化设计。此时，未来 5G 接入网可以灵活地根据数据流量的需求在热点区域扩容数据面传输资源，如小区加密、频带扩容、增加不同 RAT 系统分流等，并不需要同时进行控制面增强。因此，无线接入网控制面与数据面的分离将是未来 5G 网络的另一个主要技术特征。以超密集异构网络为例，通过控制面与数据面分离，宏基站主要负责提供覆盖（控制面和数据面），小区低功率基站则专门负责提升局部地区系统容量（数据面）。不难想象，通过控制面与数据面分离实现覆盖和容量的单独优化设计，终端用户需要具备双连接甚至多连接的能力。

除此之外，D2D 技术作为除小区密集部署之外另一种缩短发送端和接收端距离的有效方法，既实现了接入网的数据流量分流，又可有效提升用户体验速率和网络整体的频谱利用率。在 D2D 场景下，不同收发终端用户之间以及不同收发用户与小区收发用户之间的干扰，同样需要无线接入网具备局部范围内的分簇化集中控制，实现无线资源的协调管理，从而降低相互间的干扰，提升网络整体性能。

未来 5G 网络数据流量密度和用户体验速率的急剧增长使核心网同样经受着

巨大的数据流量冲击。因此，未来 5G 网络需要在无线接入网增强的基础上，对核心网的架构进行重新思考。

在传统的 LTE 网络架构中，服务网关（SGW）和 PDN 网关（PGW）主要负责处理用户面数据转发。此外，PGW 还负责内容过滤、数据监控与计费、接入控制以及合法监听等网络功能。数据从终端用户到达 PGW 并不是通过直接的三层路由方式，而是通过 GTP（GPRS Tunneling Protocol，GPRS 隧道协议）隧道的方式逐段从基站送到 PGW。LTE 网络移动性管理功能由网元 MME 负责，但是 SGW 和 PGW 依然保留了 GTP 隧道的建立、删除、更新等控制功能。

可以看出，传统 LTE 核心网控制面与数据面的分割不是很彻底，且数据面功能过于集中，存在如下局限性。

（1）数据面功能过度集中在 LTE 网络与互联网边界的 PGW 上，要求所有数据流必须经过 PGW，即使是同一小区用户间的数据流也必须经过 PGW，这不仅给网络内部新应用服务的部署带来困难，还对 PGW 的性能提出了更高的要求，极易导致 PGW 成为网络吞吐量的瓶颈。

（2）网关设备控制面与数据面耦合度高，导致控制面与数据面需要同步扩容。由于数据面的扩容需求频度通常高于控制面，两者同步扩容在一定程度上缩短了设备的更新周期，同时带来了设备总体成本的增加。

（3）用户数据从 PGW 到 eNodeB 的传输仅能根据上层传递的 QoS 参数转发，难以识别用户的业务特征，导致很难对数据流进行更加灵活精细的路由控制。

（4）控制面功能过度集中在 SGW、PGW，尤其是 PGW 上，包括监控、接入控制、QoS 控制等，导致 PGW 设备变得异常复杂，可扩展性差。

（5）网络设备基本是各设备商基于专用设备开发定制而成的，运营商很难将由不同设备商定制的网络设备进行功能合并，从而导致灵活性变差。

为了更好地适应网络数据流量的激增，未来 5G 核心网需要将数据面下沉，通过本地分流的方式有效避免数据传输瓶颈的出现，同时提升数据转发效率。通过核心网网关控制面与数据面的分离，使网络能够根据业务发展需求实现控制面与数据面的单独扩容、升级优化，从而加快网络升级更新和新业务上线速度，有效降低网络升级和新业务部署成本。除此之外，通过控制面集中化使 5G 网络能够根据网络状态和业务特征等信息，实现灵活细致的数据流路由控制。更进一步，基于通用硬件平台实现软件与硬件解耦，可有效提升 5G 核心网的灵活性和可扩展性，从而避免基于专用设备带来的问题，且更易于实现控制面与数据面分离以及控制面集中化。

不同于上述通过提升 5G 核心网数据处理能力应对数据流量激增的问题，缓存技术可以根据用户需求和业务特征等信息，有效降低网络传输所需的数据流量。据统计，缓存技术在 3G 网络和 LTE 网络的应用可以降低 1/3 ～ 2/3 的移动数据量。为了更好地发挥缓存技术可能带来的性能提升，未来 5G 网络需要基于网络大数据实现智能化的分析处理。

2. 更低时延

为了应对未来基于机器到机器（M2M）的物联网新型业务在工业控制、智能交通、环境监测等领域应用带来的毫秒级时延要求，5G 网络需要从空口、硬件、协议栈、骨干传输、回传链路以及网络架构等多个角度综合考虑。据估算，以未来 5G 无线网络满足 1ms 的时延要求为目标，物理层的时间最多只有 $100\,\mu s$，此时 LTE 网络 1ms 的传输时间间隔以及 $67\,\mu s$ 的 OFDM 符号长度已经无法满足要求。广义频分复用（Generalized Frequency Division Multiplexing，GFDM）技术作为一种潜在的物理层技术，成为有效解决 5G 网络毫秒级时延要求的技术。

通过内容缓存以及 D2D 技术，同样可以有效降低数据业务端到端时延。以内容缓存为例，通过将受欢迎的内容（热门视频等）缓存在核心网，可以有效避免重复内容的传输，更重要的是降低了用户访问内容的时延，极大地提升了用户体验。除此之外，通过合理有效的受欢迎内容排序算法和缓存机制，将相关内容缓存在基站或者通过 D2D 方式直接获取所需内容，可以进一步提高缓存命中率，提升缓存性能。

基站的存储空间限制以及在 UDN 场景下每个小区服务用户数目较少，使缓存命中率降低，从而无法降低传输时延。因此，未来 5G 网络除要支持核心网缓存外，还需要支持基站间合作缓存机制，并通过分簇化集中控制的方式判断内容的受欢迎程度以及内容存储策略。类似地，不同 RAT 系统间的内容缓存策略同样需要 5G 网络进行统一的资源协调管理。

另外，更高的网络传输速率、本地分流、路由选择优化以及协议栈优化等都对降低网络端到端时延有一定程度的帮助。

3. 海量终端连接

为了应对终端连接数 10 ～ 100 倍迅猛增长的需求，一方面可以通过无线接入技术、频谱、小区加密等方式提升 5G 网络容量，满足海量终端连接需求，其中超密集组网使每个小区的服务终端数目降低，缓解了基站负荷；另一方面，用户分簇化管理以及中继等技术可以将多个终端设备的控制信令以及数据进行汇聚传输，降低网络的信令和流量负荷。同时，对于具有小数据突发传输的 MTC 终端，可以通过接入层和非接入层协议的优化合并以及基于竞争的非连接接入方式等，降低网络的信令负荷。

值得注意的是，海量终端连接除了带来网络信令和数据量的负荷外，最棘手的是其意味着网络中将同时存在各种各样需求迥异、业务特征差异巨大的业务应用，即未来 5G 网络应能够同时支持各种各样的差异化业务。以满足某类具有低时延、低功耗的 MTC 终端需求为例，协议栈简化处理是一种潜在的技术方案。然而，同一小区内如何同时支持简化版本与非简化版本的协议栈成为 5G 网络面临的棘手问题。因此，未来 5G 网络首先应具备网络能力开放性、可编程性，即可以根据业务、网络等要求实现协议栈的差异化定制；其次，5G 网络应能够支持网络虚拟化，使网络在提供差异化服务的同时保证不同业务相互间的隔离度要求。

4. 更低成本

未来 5G 网络超密集的小区部署以及种类繁多的移动互联网和物联网业务的推广运营将极大地增加运营商建设部署、运营维护成本。根据 Yankee Group 统计，网络成本占据整个运营商成本的 30%。

首先，为了降低超密集组网带来的网络建设、运营和维护复杂度以及成本的增加，一种可能的办法是通过减少基站的功能来降低基站设备的成本。例如，基站可以仅完成层一和层二的处理功能，其余高层功能则利用云计算技术实现多个小区的集中处理。对于这类轻量级基站，除功能减少带来的成本降低外，第三方或个人用户部署的方式也会进一步降低运营商的部署成本。同时，轻量化基站的远程控制、自优化管理等同样可以降低网络的运营维护成本。

其次，传统的网络设备由各设备商基于专用设备开发定制而成，新的网络功能以及业务引入通常意味着新的专用网络设备的研发部署。新的专用网络设备将带来更多的能耗、设备投资以及针对新的设备的技术储备、设备整合、运营管理成本的增加。更进一步，网络技术以及业务的持续创新使基于专用硬件的网络设备生命周期急剧缩短，降低了新业务推广可能带来的利润增长。因此，对于运营商来说，为了降低网络部署和业务推广运营成本，未来 5G 网络有必要基于通用硬件平台实现软件与硬件解耦，从而通过软件更新升级的方式延长设备的生命周期，降低设备总体成本。另外，软、硬件解耦加速了新业务部署，为新业务快速推广赢得市场提供了有力保证，从而带来了运营商利润的增加。

考虑到传统的电信运营商为保持核心的市场竞争力、低成本以及高效率的运营状态，未来可能将重点集中在其最为擅长的核心网络的建设与维护上，大量的增值业务和功能化业务则将转售给更加专业的企业，合作开展业务运营。同时，由于用户对业务的质量和服务的要求也越来越高，促使国家移动通信转售业务运营试点资格（虚拟运营商牌照）的颁发。从商业运作上看，虚拟运营商并不具有网络，而是通过网络的租赁使用为用户提供服务，将更多的精力投入新业务的开发、运营、推广、销售等领域，从而为用户提供更为专业的服务。为了降低虚拟运营商的投资成本，适应虚拟运营商的差异化要求，传统的电信运营商需要在同一个网络基础设施上为多个虚拟运营商提供差异化服务，同时保证各虚拟运营商间相互隔离、互不影响。

因此，未来 5G 网络首先需要具备网络能力开放性、可编程性，即可以根据虚拟运营商业务要求实现网络的差异化定制；其次，5G 网络需要支持网络虚拟化，使网络在提供差异化服务的同时保证不同业务间的隔离度要求。

5. 更高能效

不同于传统的无线网络仅以系统覆盖和容量为主要目标进行设计，未来 5G 网络除需满足覆盖和容量这两个基本需求外，还要进一步提高网络能效。5G 网络能效的提升一方面意味着网络能耗的降低，缩减了运营商的能耗成本，另一方面意味着延长终端的待机时长，尤其是 MTC 类终端的待机时长。

首先，无线链路能效的提升可以有效降低网络和终端的能耗。例如，超密集组网通过缩短基站与终端用户距离，极大地提高了无线链路质量和链路的能效。大规模天线通过无线信号处理的方法可以针对不同用户实现窄波束辐射，在增强无线链路质量的同时减少了能耗以及对应的干扰，从而有效提升了无线链路能效。

其次，在通过控制面与数据面分离实现覆盖与容量分离的场景下，低功率基站较小的覆盖范围以及终端的快速移动，使小区负载以及无线资源使用情况骤变。此时，低功率基站可在统一协调的机制下根据网络负荷情况动态地实现打开或者关闭，在不影响用户体验的情况下降低网络能耗。因此，未来 5G 网络需要通过分簇化集中控制的方式并基于网络大数据的智能化进行分析处理，实现小区动态关闭 / 打开以及终端合理的小区选择，提升网络能效。

对于无线终端，除通过上述办法提升能效、延长电池使用寿命外，采用低功耗高能效配件（如处理器、屏幕、音视频设备等）也可以有效延长终端电池寿命。更进一步，通过将高能耗应用程序或其他处理任务从终端迁移至基站或者数据处理中心等，利用基站或数据处理中心强大的数据处理能力以及高速的无线网络，实现终端应用程序的处理和反馈，缩减终端的处理任务，延长终端电池寿命。

综上所述，为了满足未来 5G 网络的性能要求，即数据流量密度提升 1000 倍、设备连接数提升 10 ～ 100 倍、用户体验速率提升 10 ～ 100 倍、MTC 终端待机时长延长 10 倍、时延降低 5 倍的业务需求，以及未来网络更低成本、更高能效等持续发展的要求，需要从无线频谱、接入技术以及网络架构等多个角度综合考虑。

可以看出，未来 5G 蜂窝网络架构的主要技术特征包括接入网通过控制面与数据面分离实现覆盖与容量的分离或者部分控制功能的抽取，通过分簇化集中控制实现无线资源的集中式协调管理；核心网则主要通过控制面与数据面分离以及控制面集中化的方式实现本地分流、灵活路由等功能。

5.2.2 5G 网络服务——端到端网络切片

网络切片利用虚拟化技术将通用的网络基础设施资源根据场景需求虚拟化为多个专用虚拟网络。每个切片都可独立按照业务场景的需要和话务模型进行网络功能的定制剪裁和相应网络资源的编排管理，这是 5G 网络架构的实例化。

网络切片打通了业务场景、网络功能和基础设施平台间的适配接口。通过网络功能和协议定制，网络切片为不同业务场景提供所匹配的网络功能。例如，热点高容量场景下的 C-RAN 架构、物联网场景下的轻量化移动性管理和非 IP 承载功能等。同时，网络切片使网络资源与部署位置解耦，支持切片资源动态扩容、缩容调整，提高网络服务的灵活性和资源利用率。切片的资源隔离特性增强了整体网络的健壮性和可靠性。

一个切片的生命周期包括创建、管理和撤销 3 个部分。如图 5-1 所示，运营商先根据业务场景需求匹配网络切片模板，切片模板包含对所需的网络功能组件、组件交互接口以及所需网络资源的描述；上线时由服务引擎导入并解析模板，向资源平面申请网络资源，并在申请到的资源上实现虚拟网络功能和接口的实例化与服务编排，将切片迁移到运行态。网络切片可以实现运行态中快速功能升级和资源调整，在业务下线时及时撤销和回收资源。

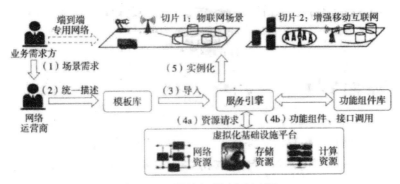

图 5-1　网络切片创建过程

针对网络切片的研究主要在 3GPP（3rd Generation Partnership Project）和 ETSI NFV（European Telecommunications Standards Institute Network Functions Virtualization）产业推进组进行，3GPP 重点研究网络切片对网络功能（如导入选择、移动性、连接和计费等）的影响，ETSI NFV 产业推进组则主要研究虚拟化网络资源的生命周期管理。当前，通用硬件的性能和虚拟化平台的稳定性仍是网络切片技术全面商用的瓶颈，运营商也正通过概念验证和小范围部署的方法稳步推进技术成熟。

5.2.3　5G 网络架构的关键技术

体系结构变革是新一代无线移动通信系统发展的主要方向。扁平化、IP 化体系结构促进了移动通信系统发展与互联网的高度融合，高密度、智能化、可编程则代表了未来移动通信演进的进一步发展趋势。为提升其业务支撑能力，5C 在网络技术方面有了新的突破。其采用更灵活、更智能的网络架构和组网技术；超密集部署、虚拟化；控制与转发分离的 SDN 架构、内容分发网络（Content Distribution Network，CDN），改善移动互联网用户的业务体验；网络架构整体更注重绿色通信，使 5G 成为前瞻性的网络架构。

5.2.3.1 网络虚拟化

网络虚拟化会给运营商带来巨大的好处，能最大限度地提高网络资源配置、开发最优的网络管理系统以及降低运营成本等。虚拟化后统一的硬件平台能够为系统的管理、维护、扩容、升级带来很多便利。这会使运营商更好地支持多种标准，更好地应对网络中不同地区、不同业务的潮汐效应。因此，在 5G 网络中，出现了基于实时任务虚拟化技术的云架构集中式基带池，大大提高了资源利用率。目前主要采取了两种虚拟化技术：网络覆盖虚拟化和数据中心的服务器虚拟化。

网络覆盖虚拟化：此时 RRU 不再固定地属于哪个 BBU，用户也不再关心使用的是哪种接入技术（2G、3G、LTE、Wi-Fi 等），即小区虚拟化。RRU 上传数据分组后，本地云平台基带池立即启用调度算法，分配到合适的 BBU 处理。

服务器虚拟化：后台服务器组成专用虚拟物联网、虚拟 OTT 网、虚拟运营商网等。虚拟专用网的最大优势是根据业务对时延、差错率的敏感度不同充分利用网络资源服务器虚拟化，并在全球已经开展了广泛的研究，如日本 NTT 研发的 Virtual Network Controller Version，主要用于多个数据中心的统一服务和按需配置，已在欧洲、美国和日本的数据中心进行了虚拟数据中心的部署。

目前主要有三种解决方案实现虚拟化功能：SDN（Software Defined Network，软件定义网络）、NFV（Network Function Virtualization，网络功能虚拟化）、云计算。

1.SDN

SDN 的控制层和转发层相分离，并提供了一个可编程的控制层。SDN 主要包括转发层、控制层和应用层。

转发层包含所有的网络设备，与传统网络交换设备不同，SDN 的网络交换设备不具备网络控制功能，控制功能被统一提升至控制层，网络基础设施通过 SDR 控制器的南向接口与控制层连接。控制层由多个 SDN 控制器组成，网络所有的控制功能被集中设置在此层，SDN 控制器同时管理底层的物理网络和设置的虚拟网络，通过北向 API 接口向上层提供服务。控制层向上层服务提供抽象的网络设备，屏蔽了具体物理设备的细节。在应用层，网络管理和应用开发人员通过可编程接口实现业务需求，包括路由管理、接入控制、带宽分配、流量工程、QoS、计算和存储优化等，有效避免了传统网络依靠手工操作造成的配置错误。

Open Flow 是连接 SDN 控制层和转发层的协议，为网络控制层中操作转发层的路由器、交换机等设备提供链路通道。Open Flow 协议支持控制器—交换机消息、异步消息和对称消息，每种消息有多个类型的子消息，通过南向标准化接口实现 SDN 控制器对数据转发设备的装载和拆除。

在现有的无线网络架构中，基站、服务网关、分组网关除完成数据平面的功能外，还要参与一些控制平面的功能，如无线资源管理、移动性管理等，其在各基站的参与下完成，形成分布式的控制功能。网络没有中心式的控制器，致使与无线接入相关的优化难以完成，并且各厂商的网络设备，如基站等往往配备制造商自己定义的配置接口，需要通过复杂的控制协议来完成其配置功能，而且其配置参数往往非常多，配置和优化以及网络管理非常复杂，使运营商对自己部署的网络只能进行间接控制，业务创新方面能力严重受限。

SDN 将传统网络软硬件的一体化逐渐转变为底层高性能存储 / 转发和上层高智能灵活调度的架构，要求传统网络设备具有更简单的功能、更高的性能，上层的智能化策略和功能则以软件方式提供。也就是说，SDN 在承载网上可以增强现有网络能力、加速网络演进、促进云数据中心 / 云应用协同，从而在基础设施演进和客户体验提升两大维度上发挥重要作用，这一点与移动通信系统的整体发展趋势一致。运营商可以利用这一优点实现通信网络虚拟化、软件化。SDN 作为未来网络演进的重要趋势，已经得到了业界的认可和广泛关注。

此外，随着接入网的演进和发展，可以利用 SDN 预留的标准化接口，针对不同网络状况开发对应的应用，提高异构网络间的互操作性，进一步提升系统性能和用户体验。

2015 年，SDN 网络技术得到初步的应用实验，这对我国的互联网技术发展是一次技术层面上质的飞跃。之前标准化的网络协议架构中，虽然 ONF 主导整个标准化进程，但并不完全等于 SDN。在网络核心技术层面，管控分离的核心在于通过编程的可操作性提高信息传输的灵活配置，提高网络架构的资源利用效率。

在当前 SDN 网络架构协议的试运行阶段，虽然网络标准化协议还有待进一步放开，但由几大运营商主导的核心技术试验应用已经到了初步商业化的阶段。这不仅使 SDN 技术的发展更加迅速，还给进一步调整互联网架构、优化资源配置提供了无限的可能。在 SDN 南向接口协议中，由运营商主导的 Open Daylight 可以说是一种互联网技术发展的尝试和探索，这不仅对当前的网络架构协议来说是一种很好的突破，还为进一步提升网络安全能力打下了良好的基础。当前，这一关键技术依然处在商业初步探索阶段，但其发展前景被普遍看好。

2.NFV

（1）NFV 基本概念。网络功能虚拟化（NFV）改变了网元功能形态，将原本封闭设备中的网络功能释放出来，统一承载在虚拟化平台之上，意在打破电信设备"黑盒子"模式。移动网络的任何一个位置都按需部署（卸载）虚拟化的网络资源，即插即用，提高了网络灵活度和可扩展性，符合移动网络不同区域、不同时间、不同场景差异性需求。同时，采用工业标准化的服务器、存储和交换设备替代专用硬件设备，大幅度降低了组网运维成本。因此，低成本和灵活性是 NFV 的两大核心优势。

在 5G 网络架构标准化进程中，要进一步降低硬件的维护成本，提高网络资源的利用效率，这不仅考验着核心技术人员的技术开发能力，也对当前的互联网协议架构提出了更高的要求。NFV 发展模式可以定义为通过优化硬件配置资源，达到进一步提高资源利用效率的目的。在网络架构中，硬件配置维护成本很高，在资源整合过程中往往因受限于硬件资源的配置而延长网络架构的升级跨度。而运用 NFV 发展模式后，会最终降低网络资源对硬件配置的依赖度，从根本上解决网络资源架构迟滞化的现状。软件与硬件之间的解耦在很大程度上能降低两者对彼此的依存程度。NFV 发展模式是依托云计算及虚拟网络配置发展起来的网络架构模式，在互联网标准化进程中，针对这一新兴模式的发展，要不断升级当前的核心技术，以优化配置各发展阶段的网络技术。最终在网络发展模式升级后，可以实现虚拟架构、云计算、硬件资源之间的合理化配置，以提高整个网络的安全性和稳定性。

由 ETSINFV 定义的网络功能虚拟化框架包括以下 3 个功能组件。

虚拟网络功能：VNF 软件实现的网络功能，能够在虚拟化的资源（包括计算、存储和网络资源）上运行。

NFV 基础设施：NFVI 是多种可以被虚拟化的物理资源，可以完成对硬件资源的抽象，支持 VNF 的执行。

NFV 管理和编排：NFVMANO 对物理 / 软件资源以及 VNF 的编排和生命周

期管理。

（2）NFV 与网络虚拟化及 SDN 的关系。网络虚拟化的概念很早就已经出现。目前，通常认为网络虚拟化是对物理网络及其组件（如交换机、端口以及路由器）进行抽象，并从中分离网络业务流量的一种方式。采用网络虚拟化可以将多个物理网络抽象为一个虚拟网络，或者将一个物理网络分割为多个逻辑网络。网络虚拟化打破了网络物理设备层和逻辑业务层之间的绑定关系，每个物理设备被虚拟化的网元所取代，管理员能够对虚拟网元进行配置以满足其独特的需求。

由定义可知，网络虚拟化主要是针对层二和层三的交换机、端口以及路由器等网络组件。网络功能虚拟化则是从电信网业务功能形态的角度，将原本网元设备中的一体化功能分解成多个逻辑功能组件，实现在通用硬件平台上网元功能的重构、部署和迁移。可以认为，网络虚拟化技术的概念更加宏观和基础，网络功能虚拟化则面向电信网网元功能具体的需求。

从广义上讲，软件定义网络（SDN）是一种全新的组网设计思想，通过网络控制与转发分离技术，构建开放可编程的网络体系结构。SDN 与 NFV 共同被认为是未来网络创新的重要推动力量。

根据 NFV 白皮书的解释，NFV 与 SDN 间的关系可以概括为高度互补，彼此独立。NFV 的实现不必依赖 SDN 技术，但是两种技术方案的结合可以获得潜在的更大增益。例如，SDN 所提出的控制与承载分离的理念有助于增强 NFV 系统性能、简化设计方案、提升与现有部署方案的兼容性和提高运维与网管效率等。同时，NFV 与 SDN 技术在充分利用标准化硬件设备方面存在高度的一致性。

3. 云计算

（1）云计算概述。目前，云计算技术在互联网领域中的运用已经较为成熟。以美国为代表的西方国家将云计算的发展模式定义为按需计费。通过虚拟化的资源配置实现远程访问的个性化定制，这样不仅提高了资源传输的效率，还优化了各种资源配置。针对未来的个性化发展诉求，各大运营商之间正在进行新型互联网发展模式的技术研发和使用。在传统的封闭化网络结构中，各大运营平台都是独立的网络平台，这样不仅使用成本高，还造成了硬件资源配置的极大浪费。随着开放性互联网技术的发展，以云计算发展模式为代表的互联网技术发展形式获得了市场的普遍认可。针对当前互联网技术的发展，5G 网络架构将在此基础上提供更为开放、兼容的互联网发展平台，最终实现平台间的资源共享，提升资源传输与整合的效率。

（2）5G 中 SDN、NFV 和云计算的关系。近年来，移动终端设备的不断升级对网络架构及信号传输均提出了更高的要求。如何在提高信号传输质量的同时有效提高信号传输的容量成为当前 5G 网络发展需要解决的关键问题。在虚拟化的网络平台建设中，基于云计算的网络扩容不仅实现了网络资源对客户需求的有效适配，还进一步提高了网络传输的安全级别。随着市场经济的深入发展，对 5G 网络的开发会愈发普遍，将会有更多的网络供应商加入技术开发的浪潮中来。从另一种角度来理解，当前的移动网络发展将更为开放，只有在不断满足安全需求的前提下，有效提高资源多样化形式，才能解决各大供应商更为关注的网络运营问题。

在 5G 网络技术发展过程中，云计算、SDN 及 NFV 将成为未来网络机构发展的核心趋势。如何迎合网络技术的发展成为当前互联网技术发展的关键。NFV 关键技术可以通过硬件配置和资源传输的解耦实现管控分离，这可以比喻为网络架构中的每个单元；SDN 技术通过升级网络架构及优化硬件资源，实现信息的快速整合；云计算利用虚拟化的网络空间，将资源进行优化整合，根据客户的需求分配网络资源。其中，NFV、SDN 和云计算可以比喻成 5G 网络架构中的点、线、面，这三项技术的协调配合最大限度上保障了网络传输的质量，从根本上满足了客户需求多样化对网络架构的要求。

5.2.3.2 内容分发网络

随着网络架构复杂性的不断提升，为了减少内容服务器到客户端的时延，提高用户体验质量，业内提出了致力解决互联网访问质量的内容分发网络（CDN）。CDN 的思想是将内容代理服务器部署于多个 ISP（Internet Service Provider）内，从而降低跨域网络传输的时延。通过在网络中采用缓存服务器，并将这些缓存服务器分布到用户访问相对集中的地区或网络中，根据网络流量和各节点的连接、负载状况以及到用户的距离和响应时间等综合信息，将用户的请求重新导向离用户最近的服务节点上，使用户可就近取得所需内容，解决 Internet 拥挤的状况，提高用户访问网站的响应速度。早在 2006 年，国际电信联盟（ITU）就已经将 CDN 纳入标准化文档体系内。此外，在 5G 时代，拥有庞大数据的物联网的飞速发展以及高清视频的普及使移动数据业务的需求越来越大，内容越来越多，移动通信网络架构面临前所未有的挑战。因此，在无线网络中采用 CDN 技术成为自然的选择，其开始在各类无线网络中得以应用。

然而，由于内容分发网络以及 5G 网络环境的复杂异构性，未来我们仍需要对内容分发网络的安全性等展开研究，进一步提升系统整体的速度、稳健性与安全性。

5.2.3.3 绿色通信

研究绿色通信技术的目的是高效利用频谱资源、减少功率、降低污染物排放量、节省能源。在移动通信系统中，频谱资源作为稀缺资源，一直被人们所关注。此外，由于频段划分造成的零散片段给频谱资源造成很大浪费，使本来就稀缺的频谱资源变得越来越紧张。因此，可以通过认知无线电动态地检测空置频谱资源，实现灵活使用，同时不断研究先进的抗干扰技术，提高频谱资源利用率。

另外，在蜂窝网络设备中，基站的耗电量在运营商耗电总量中所占比例较大，所以如何对基站进行节能将会是未来移动通信网络亟待解决的问题。移动网络的负载随着时间变化，流量呈现出"潮汐效应"，如果通过给 RRU 设置相同的功率来满足最大负荷就会造成资源的严重浪费。这时可以采用能量有效性的资源管理技术，利用感知中心存储的用户终端和网络上报的参数配置，在保证高效的用户 QoS 和网络性能的同时，动态调整发射功率和迁移用户，最大限度地减少能耗。

5.2.4 5G 接入网网络架构

为了应对诸多难题，5G 需要设计全新的无线接入网网络架构，摆脱传统 4G 采取的控制承载合一的架构形式，将 5G 无线网控制与承载功能相分离，实现控制功能与承载功能的独立设计与灵活部署，构建统一的控制面，满足灵活多样的 5G 组网场景需求。

下面介绍几种设计方案。

5.2.4.1 基于控制与承载分离的 5G 无线网架构

1. 设计思路

基于控制与承载分离的 5G 无线网架构设计思路就是将 5G 无线网络的控制面与用户面相分离，分别由不同的网络节点承载，形成独立的两个功能平面。针对控制面与用户面不同的要求与特点，可以分别进行优化设计与独立扩展，满足不同组网场景对 5G 网络性能的需求。例如，分离后的无线网控制面传输将针对控制信令对可靠性与覆盖的需求，采取低频大功率传输以及低阶调制编码等方式，实现控制平面的高可靠和广覆盖。而用户面传输将针对数据承载对不同业务质量与特性的要求，采取相适应的无线传输带宽，并根据无线环境的变化动态调整传输方式以匹配信道质量，满足用户平面传输的差异化需求。

随着无线网控制面与用户面的分离，5G 无线网元功能可以根据业务场景与部署的需要灵活设置。按照提供的网络功能以及承载对象的不同，5G 无线网元可划分为信令基站、数据基站两类网元功能类型。信令基站负责接入网控制平面的功能处理，提供移动性管理、寻呼、系统广播等接入层控制服务。数据基站负责接入网用户平面的功能处理和用户业务数据的承载与传输。信令基站、数据基站均属于功能逻辑概念，在具体实现上，两者可共存于同一物理实体或独立部署。

根据承载的网元功能，5G 无线网架构可以划分为控制网络层与数据网络层。控制网络层由信令基站组成，实现统一的控制面，提供多网元的集中控制。数据网络层由数据基站组成，接受控制网络层的统一管理，由于仅提供用户面功能，可简化网元设计，降低成本，实现即插即用与灵活部署。

控制网络层与数据网络层共同组成 5G 无线接入网，并作为 5G 接入平面与 5G 控制平面、5G 转发平面共同构成 5G 网络总体视图。

2. 功能逻辑架构

通过对无线网功能的分离，无线网架构可划分为两大功能域：高层接入网功能域与低层无线功能域。其中，高层接入网功能域集中了非无线相关以及非实时性的功能，低层无线功能域集中了无线相关以及实时性要求较高的功能。

基于控制与承载分离的设计思路，高层接入网功能域可进一步分为高层接入网控制面功能与高层接入网用户面功能。这些功能既可以是通用的又可以是与特定接入技术相关的。通过将通用功能与特定功能分离，可以支持下一代网络灵活扩展，如扩容或引入新的空口技术或新的 RAT。通用的功能用于组成一个公共的网络汇聚子层，实现多连接、QoS 增强、数据加密、完整性保护等，能够支持不同的层三协议，如 IP 或以太网。通用功能与特定功能配合以支持不同空口之间的协作与控制，实现移动性优化、负载均衡等。

按照模块化设计的要求，各功能由一系列相对独立的功能组件来实现。其中，高层接入网控制面包含了无线资源管理、多 RAT 管理、连接管理等功能组件，特别是针对未来 5G 无线网络切片以及智能感知能力，还需要提供切片控制以及无线 QoS 控制功能组件，实现基于无线网的网络切片选择以及上下文智能感知控制等功能。

高层接入网用户面主要包含了数据分组处理、分配、用户面移动性锚点等用户面功能组件，用于实现用户面分组数据的处理，如信道加密与解密、完整性保护，以及作为数据锚点负责用户数据的缓存、分配与转发等功能。

低层无线功能与无线相关，对实时性要求较高，可以针对具体的接入技术或空口协议进行优化与参数配置。低层无线功能包含的功能组件主要有基带处理功能组件以及射频处理功能组件，负责实现如动态资源调度，与物理过程相关的同步、小区搜索、功率控制功能，以及与物理信道处理相关的复用、信道编码、调制等功能。

3. 灵活的功能部署与组网

基于上述控制与承载分离的无线网架构，可以看到，信令基站逻辑功能主要包含了架构中的高层控制面功能以及相应的低层无线功能，而数据基站逻辑功能主要由高层接入网用户面功能以及相应的低层无线功能构成。针对 5G 不同应用场景，信令基站与数据基站功能将随着无线网控制面与用户面的不同配置而灵活分布于各类网元，构建不同功能特性的无线网元节点，实现多种网络拓扑与功能部署方式。

（1）eMBB 场景。针对 eMBB 中的热点高容量应用场景，5G 无线网可以采用以下部署方式。

部署方式一（CU+DU 分层组网架构）：通过将控制面与用户面分离，高层控制面功能与高层用户面功能集中部署，低层无线功能分布部署，形成 CU（Central Unit，中心单元）与 DU（Distributed Unit，分布单元）两类网元分层组网的网络拓扑架构。

CU+DU 分层组网架构如图 5-2 所示。

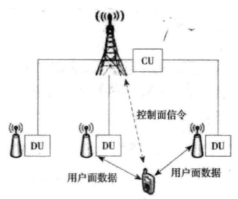

图 5-2　CU+DU 分层组网架构

通过在热点地区超密集部署 DU，可以满足热点高容量场景下单位面积的高吞吐率需求。CU 集中部署形成统一的控制面，负责对区域内同一 CU 下多个 DU 的统一无线资源管理、移动性管理等控制面操作。由于 CU 作为信令基站完成集中控制，DU 可以仅作为数据基站，这样既简化了配置又可以实现即插即用，降低了对部署条件的要求，为大规模超密集部署提供了可能。

部署方式二（基于控制面虚拟化的超密集组网架构）：对于不具备集中部署条件的热点高容量场景，需要采用集成了控制面以及用户面功能的基站分布部署超密集组网。在这种情况下，为了解决缺少统一控制面带来的问题，可以通过控制与承载分离，将各基站的部分资源抽取用于承载统一的虚拟控制面，构建一个虚拟信令基站。在统一虚拟信令基站控制下，由多个基站作为数据基站负责用户面承载，形成控制面虚拟化的超密集小区组网。

通过构建虚拟信令基站，5G 用户可以驻留在虚拟信令基站提供的虚拟小区上，利用虚拟小区 ID 来获取各个数据基站小区发送的参考信号、广播信息、寻呼信息以及公共控制信令。当用户收到系统发送的寻呼消息后，再接入目标数据基站小区进行数据传输。由于用户与虚拟信令基站及各个数据基站的无线资源控制都是通过虚拟小区统一协调调度的，用户在虚拟小区内移动时不会发生小区重选与切换，同时可以避免同一虚拟小区内的无线干扰问题，保证超密集网络的整体性能。

（2）uRLLC 场景。针对低时延、高可靠的应用场景，5G 无线网可以采用部署方式三（本地化网络部署架构）：一方面，将核心网部分控制功能，如会话管理、移动性管理功能，下沉至无线网，与无线网控制面功能集成部署；另一方面，通过将用户面数据网关与内容缓存下沉至接入网侧部署，与无线网用户面功能集成部署，构建以全功能基站为主的本地化的网络拓扑架构，使基站具备智能感知、业务控制、本地路由与内容快速分发能力。

通过将与特定业务相关的控制功能贴近接入网侧部署，可以减少核心网功能部署层级偏高带来的回传时延。同时，根据应用场景的需要，将区域性的移

另外，通过将数据网关与内容缓存功能下沉至全功能基站，可以进一步减少回传时延，同时全功能基站下可采取 CU+DU 的分层部署形式，由全功能基站的中心单元 CU 作为统一的数据锚点，可以实现用户的无缝切换，进一步改善用户体验。

（3）mMTC 场景。针对低功耗大连接的应用场景，基于控制与承载分离的网络架构，5G 无线网可以通过增加控制面无线资源，满足海量连接对控制信令资源的需求。此外，还可以采取部署方式四（分簇分层部署架构）：针对物联网用户多为小数据量、低功率、移动性低且局部集中的业务特点，在无线网部署时，可以根据业务与用户分布，采取分簇设置簇集中控制中心，由簇集中控制中心提供局部用户的接入控制与连接管理，用户数据经簇集中控制中心汇聚后转发至上层数据基站，各个簇集中控制中心同时接受上层信令基站的统一控制，保证簇间无线资源协同与移动性控制。通过分簇分层部署实现网络接入、信令与数据的压缩与汇聚。

如上所述，基于控制与承载分离的新型接入网架构通过对无线网功能的组件化，实现 5G 无线网元功能的灵活组合与部署。特别是 5G 可以基于网络虚拟化 NFV 技术，将底层物理资源映射为虚拟化资源构造 VM（Virtual Machine，虚拟机），并在其上将高层接入网控制面以及用户面功能组件加载，构造 VNF（Virtual Network Function，虚拟网元功能），结合对低层无线功能组件的模块化设计与加速，从而在同一基站平台上同时承载多个不同类型的无线接入方案，并完成 5G 无线网各网元实体的实时动态功能迁移与资源伸缩，为保证 5G 无线网根据不同应用场景需求进行灵活的功能部署与组网奠定了基础。

5.2.4.2　基于 NFV 的 5G 无线网络架构

1. 基于 NFV 的新型移动网络架构设想

NFV 的核心思想是网元功能的软件化，理论上任何一种网络架构都可以引入 NFV 技术实现网元功能的软、硬件分离。具体到移动网络网元功能的虚拟化，

除了NFV本身所具备的优良特性，网元功能软件化和重构还给移动网络架构演进提供了广阔的创新空间。

（1）形成基于虚拟化平台的通用转发面。EPC架构中的P-GW网元除了具有业务数据流转发功能，还具有IP会话和承载控制功能。网络功能虚拟化实现后，P-GW形成独立的转发功能组件以及IP会话和承载控制功能组件。IP会话和承载控制功能可抽取出来，与其他控制功能组件交互实现对用户会话和承载的统一控制。仅保留转发功能的P-GW不再是流量的汇聚点，而是普通转发节点，实现接入、汇聚和核心域全局扁平化网络。

（2）屏蔽底层协议栈差异的统一控制面。不同接入系统的业务流程（鉴权／授权、业务接入请求、切换等）和信元类型（用户标识、位置信息、无线和连接信息、QoS等）大体相近，下层协议栈的协议（GTP、PMIP等）各自不同。硬件网元功能与协议栈的绑定造成异构系统间信息交互复杂，协同工作困难。网络功能虚拟化实现后，底层协议栈的差别可由虚拟化平台统一处理，网元功能组件之间采用统一的消息格式和数据结构传递信息，完成业务流程。这样既可以消除控制节点间协议适配造成的额外开销，又可以实现异构接入系统间全局资源共享和协同控制功能，全面提升控制面处理能力。

基于上述设计思路，图5-3描述的基于NFV的新型网络架构层面更加清晰，转发面更加扁平，可更好地适应未来移动网络业务需求。

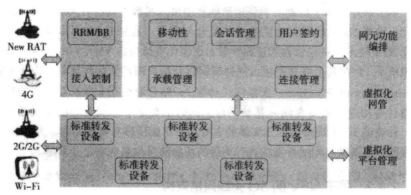

图5-3　基于NFV的新型网络架构设计方案

在新型架构中，需要注意以下几点内容：

转发面基于虚拟化网络基础设施平台，部署标准的交换机及高性能转发设备形成全网扁平化传输网络，可根据用户业务需求、网络上下文和内容分布情况灵活规划高性能的数据转发路径。

网络功能组件融合从网关设备抽象出的会话和承载控制功能，形成全网集中的控制平面；基于虚拟化平台，软件形态的功能组件可以部署到网络的任意位置，通过标准化的消息接口和数据格式交换信息，完成业务流程。实现全网信息同步、接入协同和资源调度。

全网架构采用云平台实现。可快速实现网络控制功能重构、转发面行为定义，未来运营商也可以按需组合、灵活编排，有利于新业务的快速开发和部署。云管理平台用于分配存储、计算及网络等资源，全局监控资源利用情况，根据所需动态地分配网络资源，提升网络建设和运营效率。

2. 基于 NFV 新型架构的关键技术

基于上述的新型网络架构，可以引入多样化的网络关键技术。

（1）网元功能重构。核心网网关功能可以分解为会话管理、地址分配、资源管理等控制面功能，这部分网络功能从网关设备中抽取出来，与移动性管理、PCC 等构成全局控制面。整个系统都可以部署在数据中心服务器，不必依赖庞杂的专用硬件和物理连接。

（2）异构接入系统协同。依托虚拟化架构的全局控制功能，可以实现多种接入技术的协同控制，涉及的关键技术问题主要包括以下方面：①聚合多种无线接入方式。②最优无线接入方式选择。③无线接入方式间无缝切换。④多种无线接入方式的资源管理。

（3）智能移动 CDN 业务。智能移动 CDN 业务对优化全网流量负载、优化业务时延有极高的价值，但如何实现内容的高效分发、用户移动性以及与不同终端能力适配是需要解决的关键问题。①内容源可以租用网络中虚拟化的存储设备，实现高层内容与底层路由的紧耦合。②控制平面实现 CDN 业务控制功能，完成终端能力信息提供、传输码率协商、内容搜索和数据流重定向等服务。③部署在网络边缘的存储设备在中央控制器的调度下，完成编码转换、内容分发和数据传输等转发平面任务。

5.2.4.3 基于 SDN 的 5G 无线网络架构

1. 基本架构

基于 SDN 的 5G 无线异构网络架构以 Open Flow 协议为基础，主要由核心网、无线接入网、移动终端 3 个部分组成，各部分的网元设备均支持 Open Flow

协议，从而利用 SDN 技术实现各类异构网络的融合。

（1）核心网。核心网主要由 NOFC（core Network Open Flow Controller，核心网 Open Flow 控制器）和 NOFG（core Network Open Flow Gateway，核心网 Open Flow 协议网关）组成。核心网内可以存在多个 NOFG，每个 NOFG 与 NOFC 直连，在其之间通过 Open Flow 协议进行通信，NOFG 与各类应用服务器相连为网络提供应用服务。

（2）无线接入网。本书仅提到了 LTE、3G 和 Wi-Fi 三种无线接入网，其他更多的无线接入网，如 2G 网、卫星通信网等，均可以增加到这个体系之中，基于 SDN 的 5G 无线异构网络的核心思想就是增加网络的弹性，促进各类无线网络的融合。每种无线接入网在各自的系统内管理所属的无线资源，由 NOFC 完成传统核心网的功能，NOFC 通过软件的方式可以快速、低成本地融合新的网络和业务。每个无线接入网包含一个 ROFC（Radio network Open Flow Controller，无线网 Open Flow 协议控制器）和各类 NRAI（Network Radio Access Interface，网络无线接入接口）。NRAI 主要是 LTE 网的 eNodeB、3G 网的 NodeB（也可写为 NB）、Wi-Fi 的 AP 等，NRAI 内的网元设备需要通过 Open Flow 协议与 ROFC 进行通信。无线终端设备通过 NRAI 接入网络内，NRAI 通过与 NOFG 建立 IP 隧道，为终端用户提供上、下行数据业务，NOFG 的分配由 NOFC 控制和调度。ROFC 实现对无线接入网络的管理控制，并通过 Open Flow 协议与 NOFC 之间建立控制链路。

（3）移动终端。移动终端具备多种无线网络接入接口，可以同时连接 LTE、3G、Wi-Fi 等网络，每个无线接入网为终端分别分配了独立的 IP 地址进行通信。移动终端在 Android 或 iOS 平台上建立 MVG（Mobile Virtualization Gateway，移动虚拟网关）和 MOFC（Mobile Terminal Open Flow Controller，移动终端 Open Flow 控制器）两个功能模块，从而在 SDN 网络的控制下获取服务。

2. 主要模块功能

（1）MVG。MVG 的功能模块作为一个子层嵌入移动终端设备 IP 协议栈网络层，其主要功能如下：① MVG 为应用层提供一个虚拟 IP 地址，应用层将这个虚拟 IP 地址作为上行链路 IP 包的源地址进行通信，虚拟 IP 地址的生成和分配由 MOFC 负责；②在上行链路方向上，当某个特殊应用的第一个数据包到达 MVG 时，MOFC 将数据转发的表项安装到 MVG 的流表之中，同一终端不同无线接口同时连接的同一业务可以按照 MVG 中的流表进行统一转发；③ MVG 记录各个无线接口接入的真实 IP 地址与虚拟 IP 地址的映射，当下行业务进入 MVG 时，按照映射表将 IP 包的目的地址替换为虚拟 IP 地址并提供给应用层。

（2）MOFC。MOFC 与移动终端设备 IP 协议栈的各层进行通信，以实现相应的功能。MOFC 记录各种应用的带宽需求信息，在一个应用初始化时，它通知 MOFC 应用的带宽需求，此时 MOFC 将为应用建立一个数据库，这个应用的带宽需求变化将实时地在数据库中更新。在 IP 链接在无线接入网建链的过程中，用户数据由 NOFC 经 ROFC 通知给 MOFC，从而实现对用户的鉴权计费等功能。NOFC 根据无线接入网的负载和带宽能力定期更新 MOFC 的资源配置。MOFC 通过异构网络选择算法，根据应用层业务的特征和 MOFC 中储存的 QoS 模型，选择合适的无线网络接口，控制 MVG 定期更新流表配置。

（3）ROFC。ROFC 主要有以下功能：① ROFC 维护与其相连接的 NRAI 的状态信息，包括无线接入网的负载、可用有效带宽等，并将这些信息定期通知给 NOFC；② ROFC 根据 NRAI 的状态信息控制移动终端设备完成切换；③在移动设备完成鉴权和 IP 地址分配等初始化工作后，NOFC 将 NOFG 信息提供给 ROFC，并在 ROFC 和 NOFG 之间建立 IP 隧道，从而建立起 NRAI 至 NOFG 的链路，ROFC 则负责维护这些链路，并根据终端的需要进行链路分配；④ ROFC 从 NOFC 获取用户服务等级信息，并将这些信息下发到 NRAI，NRAI 则根据用户服务等级为终端用户分配带宽等。

（4）NOFC。NOFC 是异构网络架构的核心，负责全网状态的管理，其主要有以下功能：① NOFC 维护用户定制的服务等级信息，在用户初始化的过程中，提供给 MOFC 中的 QoS 模块进行适配；② NOFC 收集各个无线接入网的有效资源、可用带宽等状态信息，根据 ROFC 的报告更新数据信息，同时定期将信息下发给 MOFC；③ NOFC 实时跟踪移动终端的状态，包括连接无线接入网的数量、用户服务等级、当前服务的 NOFG 等；④ NOFC 监控 NOFG 的负载状态信息，以此为移动终端分配 NOFG，并为用户建立 NOFG 至 ROFC 及 NRAI 的 IP 隧道。

（5）NOFG。NOFG 的作用与 MVG 的功能相似。在上行链路方向上，源自同一终端不同无线接入接口的数据包通过 IP 隧道到达 NOFG 后，NOFG 去掉 IP 隧道的目的地址，更换为应用服务器的真实 IP 地址，然后从相应的端口进行转发。在下行链路方向上，数据包到达 NOFG 后，NOFG 将目的地址更换为 IP 隧道的目的地址, 然后向 NRAI 进行转发。

5.2.4.4 基于 SDN、NFV 和云计算的 5G 无线网络架构

以控制面与数据面分离和控制面集中化为主要特征的 SDN 技术以及以软件与硬件解耦为特点的 NFV 技术的结合可有效地满足未来 5G 网络架构的主要技术特征, 使 5G 网络具备网络能力开放性、可编程性、灵活性和可扩展性的特点。更进一步, 基于云计算技术以及网络与用户感知体验的大数据分析实现了业务和网络的深度融合, 使 5G 网络具备用户行为和业务感知能力, 更加智能化。

接入方面借鉴控制面与数据面分离的思想, 一方面通过覆盖与容量的分离, 实现未来网络对覆盖和容量的单独优化设计, 实现根据业务需求灵活扩展控制面和数据面资源; 另一方面, 通过将基站部分无线控制功能进行抽离和分簇化集中式控制, 实现簇内小区间干扰协调、无线资源协同、跨制式网络协同等智能化管理, 构建以用户为中心的虚拟小区。在此基础上, 通过簇内集中控制、簇间分布式协同等机制, 实现终端用户灵活接入, 提供极致的用户体验。

核心网控制面与数据面的进一步分离和独立部署使网络能够根据业务发展需求实现控制面与数据面的单独扩容、升级优化以及按需部署, 从而加快网络升级更新速度、新业务上线速度以及数据面下沉本地分流, 保证了网络的灵活性和可扩展性。控制面集中化使网络能够根据网络状态和业务特征等信息, 实现灵活细致的数据流路由控制。同时, 基于以实现软件与硬件解耦为特征的网络功能虚拟化技术, 实现了通用网络物理资源的充分共享和按需编排资源, 可进一步提升网络的可编程性、灵活性和可扩展性, 提高网络资源利用率。

除此之外, 5G 网络架构支持通过网络虚拟化和能力开放, 实现网络对虚拟运营商 / 用户 / 业务等第三方的开放和共享, 并根据业务要求实现网络的差异化定制和不同业务相互间的隔离, 提升整体运营服务水平。

更进一步, 基于云计算的 5G 网络架构可大幅度提升网络数据处理能力、转发能力以及整个网络系统容量。同时, 基于云计算的大数据处理, 通过用户行为和业务特性的感知, 实现业务和网络的深度融合, 使 5G 网络更加智能化。

1. 控制云

控制云作为 5G 蜂窝网络的控制核心, 由多个运行在云计算数据中心的网络控制功能模块组成, 主要包括无线资源管理模块、移动性管理模块、策略控制模块、信息中心模块、路径管理模块、网络资源编排模块、传统网元适配模块、能

力开放模块等。

（1）无线资源管理模块：系统内无线资源集中管理、跨系统无线资源集中管理、虚拟化无线资源配置。

（2）移动性管理模块：跟踪用户位置、切换、寻呼等移动相关功能。

（3）接入网发现与选择策略、QoS 策略、计费策略等。

（4）用户签约信息、会话信息、大数据分析信息等。

（5）根据用户信息、网络信息、业务信息等制定业务流路径选择与定义。按需编排配置各种网络资源。

（6）传统网元适配：模拟传统网元，支持对现网 3G/4G 网元的适配。

（7）能力开放模块：提供 API 对外开放基础资源、增值业务、数据信息、运营支撑四大类网络能力。

可以看出，相比于传统 LTE 网络，5G 网络控制云将分散的网络控制功能进一步集中和重构、功能模块软件化、网元虚拟化，并对外提供统一的网络能力开放接口。同时，控制云通过 API 接收来自接入云和转发云上报的网络状态信息，完成接入云和转发云的集中优化控制。

2. 接入云

5G 网络接入云包含多种部署场景，主要包括宏基站覆盖、微基站超密集覆盖、宏微联合覆盖等。

可以看出，在宏微覆盖场景下，通过覆盖与容量的分离（微基站负责容量，宏基站负责覆盖及微基站间资源协同管理），实现接入网根据业务发展需求以及分布特性灵活部署微基站。同时，由宏基站充当微基站间的接入集中控制模块，对微基站间干扰协调、资源协同管理起到一定的帮助作用。然而，对于微基站超密集覆盖的场景，微基站间的干扰协调、资源协同、缓存等需要进行分簇化集中控制。此时，接入集中控制模块可以由所分簇中某一微基站负责或者单独部署在数据处理中心。类似地，对于传统的宏覆盖场景，宏基站间的集中控制模块可以采用与微基站超密集覆盖相同的方式进行部署。

未来 5G 接入网基于分簇化集中控制的功能主要体现在集中式的资源协同管理、无线网络虚拟化以及以用户为中心的虚拟小区 3 个方面。

（1）资源协同管理。基于接入集中控制模块，5G 网络可以构建一种快速、灵活、高效的基站间协同机制，实现小区间资源调度与协同管理，提升移动网络资源利用率，进而大大提升用户的业务体验。总体来讲，接入集中控制可以从以下几个方面提升接入网性能。

干扰管理：通过多个小区间的集中协调处理，可以实现小区间干扰的避免、消除甚至利用。例如，通过多点协同（Coordinated Multi point，CoMP）技术可以使超密集组网下的干扰受限系统转化为近似无干扰系统。

网络能效：通过分簇化集中控制的方式，并基于网络大数据的智能化分析处理，实现小区动态关闭 / 打开以及终端合理的小区选择，在不影响用户体验的前提下，最大限度地提升网络能效。

多网协同：通过接入集中控制模块易于实现对不同 RAT 系统的控制，提升用户在跨系统切换时的体验。除此之外，基于网络负载以及用户业务信息，接入集中控制模块可以实现同系统间以及不同系统间的负载均衡，提升网络资源利用率。

基站缓存：接入集中控制模块可基于网络信息以及用户访问行为等信息，实现同一系统下基站间以及不同系统下基站间的合作缓存机制的判定，提升缓存命中率，降低用户内容访问时延和网络数据流量。

（2）无线网络虚拟化。为了满足不同虚拟运营商 / 业务 / 用户的差异化需求，5G 网络需要采用网络虚拟化满足不同虚拟运营商 / 业务 / 用户的差异化定制。通过将网络底层时、频、码、空、功率等资源抽象成虚拟无线网络资源，进行虚拟无线网络资源切片管理，依据虚拟运营 / 业务 / 用户定制化需求，实现虚拟无线资源的灵活分配与控制（隔离与共享），充分适应和满足未来移动通信对移动通信网络提出的网络能力开放性、可编程性需求。

5.3 5G 三大应用场景与典型用例

从 2G 到 4G，移动通信主要是解决人与人之间的通信。到 4G 时代，可以打电话、看视频、玩游戏、微信聊天、传图片。从这个角度讲，4G 已经能很好地满足人们的移动互联网需求。许多消费者都会有疑问，4G 还未完全体验，5G 又将到来，移动通信更新换代的步伐是否太快？而且现在许多厂商将 5G 与万物互联联系起来，5G 将是物联网关键核心技术。但一些运营商认为，5G 的作用被夸大其词。为什么要建 5G 网络，5G 的杀手级应用是什么？

　　杀手级应用是每一代移动网络升级都存在的问题，除 2G 时代，语音业务是刚需之外，3G/4G 都没有找到一个杀手级业务。什么会是 5G 的杀手级应用，如 VR、车联网等。

　　5G 相对于前几代通信技术是一个重要转折点。5G 离不开网络架构的变革、终端形态的多样化以及智能互联的万物。5G 也是 ICT 产业发展的一个重要转折点，纵观过去 30 年 ICT 行业的发展，IT 和 CT 其实一直是两条平行线式的发展，IT 沿着计算的道路飞速发展，追求的是运算能力的提升，反映到产品上是不断提高计算机的 CPU 处理能力。而 CT 追求的是通信的带宽、频率的利用率。

　　1G 到 4G 的时代，通信和计算是分开的。而 5G 时代，计算和通信能力是可以相互通用的。5G 作为关键的技术点，需要找到通信和计算的最佳平衡点。

　　5G 网络增加许多新功能，诸如内容分发网 CDN 等，通过计算解决通信问题。5G 网络除了具有通信功能，更重要的是具备计算和存储功能，因此已经不再是完全的通信网，有人称之为信息网。今后的信息网是集通信、计算和存储"三位一体"的网络。所以说，5G 拥有一个比通信行业广泛得多的生态系统，将促进形成一个全球化的横向产业链。

　　5G 是一个起点，它是通信和计算的融合。只是一个开始。以终端为例，现在之所以称终端为"终"端，是因为通信到此为止。而今后，终端将不是"终"端，而是新一代通信的起点，是新一代移动通信的一个节点。对此，有专家认为依托越来越强大的云计算技术和日渐成熟的物联网环境，未来终端将通过"腾云驾物"实现更多功能。借助云计算，终端智能化得到更好的发挥。移动终端嵌入传感器，通过与物联网的结合，赋予终端更多的智能。

　　所以说，5G 将开启一个全新的时代，这个时代，不是只是通信的时代，也不是只是计算的时代，而是通信与计算融合的时代，两条曾经的平行线合二为一。对于任何一个 ICT 产业链上的企业，5G 时代都将是一个转折点，关键在于如何把握通信能力与计算能力的融合。

　　5G 标准已经定义三大场景，eMBB、mMTC 和 URRLLC。eMBB 对应的是 3D/超高清视频等大量流移动业务宽带；mMTC 对应的是大规模物联网业务；URLLC 对应的是如无人驾驶、工业自动化等需要低延时高可靠连接的业务。

　　未来 5G 业务应用也将与上述三大场景相关，又可细分为大视频、智慧城市、工业 4.0、自动驾驶、远程医疗等。全面应用 5G 业务，可以极大满足人们的休闲娱乐需求；打造智慧城市，为人们的衣食住行等多方面提供多方位的实时监控；推动工业4.0进程，大连接、多业务，实现百亿级终端连接；打造自动驾驶的道路新生态系统，减少驾驶中的人力介入和事故发生，提高出行效率；远程医疗技术，改善公共健康及卫生医疗条件，提供远程诊断、远程手术等。

5.3.1 移动宽带

5.3.1.1 高清视频

随着移动互联网的快速发展、智能终端的普及和现代产业链的驱动，视频业务呈现快速增长趋势，移动视频业务在运营商的业务比重中已经趋近50%并仍将快速增长，与此同时，基于虚拟现实VR、增强现实AR终端的移动漫游沉浸式的业务正逐渐向增强型移动宽带业务的方向发展。可以预见，从4K/8K超高清视频到随时随地的移动漫游沉浸式体验类业务，对通信管道的连接需求强劲，将成为5G的早期杀手应用，并驱动5G的快速发展。

5G技术的应用带来移动视频点播/直播、移动高清手机游戏、移动高清视频通话、移动高清视频监控、移动高清会议电话的快速普及。

移动视频业务流量快速增长，视频将成为运营商的基础业务，截至2016年，移动视频业务在运营商的业务统计中占比已经超过48%。随时随地的移动高清视频体验，对于网络的吞吐率和容量都提出更高的要求。

随时随地漫游沉浸式体验逐渐普及，信息应用进入以视觉输入为主导的年代，业务类型从满足办公需求向着满足人们的生活品质的方向发展。全景视频随时随地的拍摄与分享，以及移动漫游沉浸式体验，对网络的吞吐率、端到端时延、容量都提出严格要求。

应用向云端迁移，移动办公、互动娱乐以及游戏类大量应用将部署在云端的服务器，需要网络空口性能提升的同时，也需要网络架构的云化演进，从架构形态上保障数据传输和通信的高速可靠性。

移动视频大流量的需求都需要大宽带、低时延的5G网络来支撑。

5.3.1.2 VR/AR

VR（Virtual Reality）即虚拟现实。VR是利用电脑模拟产生一个三维空间的虚拟世界，提供使用者关于视觉、听觉、触觉等感官的模拟，让使用者如同身历其境一般，可以及时、没有限制地观察三度空间内的事物。

简而言之，VR 设备是放置于你脸上的一个屏幕。开启设备后，通过欺骗你的大脑，让用户感觉自己正身处一个完全不同的世界，例如太空中的飞船上，或者摩天大楼的边缘。该设备可以让你置身于实况篮球比赛的现场或者躺在沙滩上享受日光浴。

AR（Augmented Reality）即增强现实 AR 通过电脑技术，将虚拟的信息应用到真实世界，真实的环境和虚拟的物体实时地叠加到同一个画面或空间同时存在。

典型 AR 应用如 Microsoft Holo Lens 全息眼镜，可以投射新闻信息流、收看视频、查看天气、辅助 3D 建模、协助模拟登录火星场景、模拟游戏。AR 设备将虚拟和现实结合起来，并实现更佳的互动性。使用者可以很轻松地在现实场景中辨别出虚拟图像，并对其发号施令。

虚拟现实（VR）与增强现实（AR）是能够彻底颠覆传统人机交互内容的变革性技术。变革不仅体现在消费领域，更体现在许多商业和企业市场中。VR/AR 需要大量的数据传输、存储和计算功能，这些数据和计算密集型任务如果转移到云端，就能利用云端服务器的数据存储和高速计算能力。同时云 VR/AR 将大大降低设备成本，提供人人都能负担得起的价格。

VR/AR 未来演进的 5 个阶段，阶段 0/1 主要提供操作模拟及指导、游戏、远程办公、零售和营销可视化服务；阶段 2 主要提供空间不断扩大的全息可视化，高度联网化的公共安全 AR 应用；阶段 3/4 主要提供基于云的混合现实应用。

AR/VR 需要更高的速率和容量，，普通体验速率需求为 48.94 Mbit/s，极致体验速率需求为 1.29 Gbit/s。

提到 VR/AR 应用，最常见的是娱乐与游戏，如风靡一时的 Pokemon Go 手游，该产品由 Nintendo（任天堂）、The Pokemon Company（口袋妖怪公司）和谷歌 Niantic Labs 公司联合制作开发，其中口袋妖怪公司负责内容支持，设计游戏故事内容；Niantic 负责技术支持，为游戏提供 AR 技术；任天堂负责游戏开发和全球发行。玩家可以通过智能手机在现实世界里发现精灵，对其进行抓捕或与其战斗。玩家作为精灵训练师抓到的精灵越多会变得越强大，从而有机会抓到更强大更稀有的精灵。

该产品于 2016 年 7 月 7 日在澳大利亚、新西兰区域首发。自发布以来，迅速风靡全球。全球范围内，Pokemon Go 形成多次大规模的游戏集会。

2016 年巴西奥运会闭幕式上，东京作为下一届的举办城市，利用 AR 技术展示了奥运会的竞赛项目，给全球观众带来了一场视觉盛宴。

在企业产品营销方面，AR 技术也逐步成为促进企业产品销售的一种利器，能够使消费者获得更直观的体验。在 AR 的世界里，曾经的品牌和产品宣传将慢慢减少，互动和服务将逐渐增多。例如产品的试用，Topshop、De Beers 和 Converse 等品牌都在使用 AR 让消费者试穿和试用衣服、珠宝或者鞋子。Shiseido 和 Burberry 进一步把增强现实应用到化妆品试用上。

VR/AR 不仅仅是娱乐与游戏，同时还在改变传统商业和教育模式。预计到 2025 年，VRAR 的市场规模超 1800 亿美元，B2C 视频及游戏类占比 54%。借助 5G 网络，可以满足无线 VR 所需的大流量和小时延要求。

医疗保健和教育应用领域的业务占比达 17%，其社会价值已经凸显出来。医疗保健上，可以实现恐惧症治疗、虚拟拜访医生、医生助手、提升患者护理等功能；教育上，可以实现加强师生互动、激发学习兴趣、提升学习效率等效果。

运营商发力，全力拓展在 VR/AR 领域的商业机会，连接、平台、内容和社交。KT 推出全球首个 IPTV VR 业务，并在 2018 冬奥会推出 5G VR Live 业务。法电 &EON 在毛里求斯推出 VR 教育 APP，在欧洲市场推出自有品牌头盔和 APP。还有 BT Sport 英超赛事 VR 直播、德电 360 演唱会直播、AT&T Direct TV BKB 重量级拳击 VR 直播。Verizon "VR 融合通信"，VR 与语音通信融合、VR 空间接听电话，并最大力度推广，赠送 20 万部 VR 眼镜。

5.3.2 超可靠机器类通信

5.3.2.1 移动医疗

移动医疗指借助移动网络技术的使用，实现预防、咨询、诊疗、康复、保健等全流程的医疗健康服务体系。随着人们的生活质量与健康意识的不断增强，及时、准确、便利的移动医疗健康服务日益受到人们的关注。据美国市场研究公司 Grand View Research 的研究报告显示，预计到 2020 年，全球移动医疗健康市场的规模将达到 491 亿美元。

1. 移动医疗的驱动力

全球医疗资源短缺情况，不容乐观，世界范围内共缺少 430 万名医生和 2730 万名护士。移动医疗应对全球医护短缺，建立医患无线连接、打破空间限制、平衡社会医疗资源，每天可节省医生 20% 的查房时间。目前移动医疗主要的应用以健康监控为主，国内远程医疗市场将呈快速增长。

移动医疗将通过 5G 网络提供以病患为中心的移动医疗健康服务。

效率与共享。移动医疗利用先进的无线通信技术和信息处理实现高效便捷的医疗诊断，并有效优化医疗资源配置，连接医院信息孤岛，现有分散的医务资源、医疗终端、医疗数据将获得资源共享，极大提高医疗系统效率、简化就医流程并提升医疗体验。

医疗服务无处不在。随着通信技术的不断创新，未来将受益于 5G 网络技术先进的连接能力、整合移动性与大数据分析的平台能力，医生将使用更多的技术手段实现对病人的实时监测和远程诊治。病人也将通过 5G 网络实现随时随地的可穿戴医疗、远程监控和诊断，方便快捷的传输个体健康体征数据、辅助各项医疗诊治项目的开展。健康监测与诊断无处不在，提高医疗效率的同时，也降低了医疗服务的成本。全球移动通信协会和麦肯锡的联合研究发现，在世界经济合作与发展组织和金砖四国中，通过远程医疗每年可节约 210 亿美金，如糖尿病的远程监控可以为病人节约至少 15% 的治疗成本。

2. 移动医疗的技术需求

100% 无处不在的覆盖、Gbit/s 级别的速率、5 ~ 30ms 级别的时延和易用性是移动医疗的四大技术需求。

（1）100% 无处不在的覆盖。医疗监测诊疗和护理关乎生命健康，要求无处不在、体验一致的网络覆盖，尤其室外在途环境的紧急诊疗场景。

（2）Gbit/s 级别的速率。远程视频医疗、基于虚拟现实的机器人手术对 5G 的带宽提出了高达 Gbit/s 的要求。

（3）5 ~ 30ms 级别的时延。据研究报道，人体在接受机器人手术过程中，超过 200ms 将影响手术性能，超过 250ms 手术将很难进行。除去机器设备引入的 180ms 的固有时延外，通信连接的时延范围需要控制在 0 ~ 20ms 以内。

（4）易用性。医疗系统通过租赁运营商网络的方式，降低医疗系统网络自建的投资和运维成本。并通过运营商的公共网络达到随时随地、室内室外的医护体验一致性。

3. 移动医疗的应用场景

5G 网络的短时延特性可满足实时医疗操作类应用。未来，无线网络使能多种医疗应用，如远程医疗、远程手术、可穿戴医疗、预防与监控、临床医疗监护与医院资产管理等。医疗云为医疗应用提供存储和计算资源。4.5G/5G 提供医疗设备与云端 AI、医疗设备与远程控制中心的连接。

（1）远程医疗。基于在线视频、虚拟现实技术手段实现远程诊断、远程影像会诊、远程监护等。在应急、抗震救灾等紧急场景中，通过现场安装的无线远程影像工作站与后方医院无缝连接，借助现场医学影像数据信息设计抢救方案并指导现场医疗救助。

（2）远程手术。在病人行动受限的紧急室外场景或急救途中，借助虚拟现实、增强现实等技术手段实现远程机器人手术。

（3）可穿戴医疗、预防与监控。医疗可穿戴设备随时随地测量收集与上报血压、血糖、心电等健康体征数据，实现对身体隐患的早期发现和治疗以及慢性病进行早期监控。

（4）临床医疗监护与医院资产管理。利用移动终端设备实现移动查房、病人跟踪监护、医疗设备与资产的跟踪定位管理。

5G 使能要求最为苛刻的实时操作应用，如远程内窥镜和远程超声。

医疗实时操作应用，要求带宽和时延同时达到要求，实时操作过程中的高清视频和医疗图像需要高达 100Mbit/s 的带宽，触觉反馈需要和图像达到高度的同步，时延要低于 10ms。如慕尼黑工业大学无线远程内窥镜系统，医生使用控制台设备远程内窥镜将病人体内的图像通过网络传输给远端医生，是远程手术的基础。5G 网络能够为远程医疗应用提供所需的高带宽、低时延，高可靠网络服务。

移动医疗的普及制约于政府监管、医疗专业技术门槛和现有无线通信连接能力。移动医疗器械的引入需要临床测试和国家认证，医疗硬件产品如可穿戴设备的推广在早期存在公众接受度的问题。同时，涉及生物化学专业医护的技术和操作也给移动医疗的普及设置了技术门槛。因此 5G 在移动医疗场景中的应用将从小规模应用开始推广，如以远程视频问诊、数字化医疗影像、可穿戴医疗设备等易被接受的场景化应用为早期的切入点。

医疗系统的信息化变革在提高服务效率、提升服务体验方面体现出重要作用。未来的医疗市场也将变得更加开放，随着 5G 技术的日益成熟，数据处理能力不再是制约移动医疗普及的主要因素。基于 5G 网络的移动医疗系统的场景化应用将快速推广，包括预测诊断、医护康复等医疗场景都将呈现规模化增长。

基于 5G 技术的移动医疗不仅带来一场由技术引发的医疗革命，同时也将改变人们传统就医方式和对待健康的思维习惯，从排队挂号到足不出户，从患病治疗走向病前预防。通信技术手段升级的医疗服务让这一切得以实现。5G 技术将实现人人享有及时便捷的医疗服务愿景，并显著提升医疗服务系统的整体效率。

5.3.2.2 服务机器人

服务机器人是一种半自主或全自主工作的机器人，它能完成有益于人类健康的服务工作，但不包括从事生产的设备。服务机器人的应用范围很广，主要从事维护保养、修理、运输、清洗、保安、救援、监护等工作。

1. 服务机器人的驱动力

从刀耕火种到现代社会，人类文明的迭代进步无不浸润着对智慧的追求。作为智能技术的一个分支，机器人科技是自动化技术的更高级阶段。其产业化将改变人类生产与生活方式，并重塑生产与服务的关系。到 2050 年，全球老龄人口将达到 2 亿，需照顾的人口不断增加，而护理人力不断下降，缺口越来越大，智能服务机器人成为解决未来劳动力问题的重要途径。

2. 服务机器人的技术需求

云化智能机器人在时延上，需要达到人类神经网络时延水平。因此对 5G 网络时延提出很高要求。时延方面，视觉识别的处理时延在未来有望减低到 80ms 左右，要达到人类神经的水平约 100ms，留给网络的时延小于 20ms。带宽方面，每路摄像头至少 1.2Mbit/s。上行带宽方面，自动驾驶类需要 9.6Mbit/s，AR 辅助手术 / 诊断需要 39Mbit/s。

3. 服务机器人的应用前景

服务机器人提供种种便捷的服务包括送货、看护、AR 辅助医疗、管家服务、导盲、远程医疗等。

随着关键技术的突破与应用场景的逐渐成熟，智能服务机器人领域存在巨大的发展机遇和市场空间，未来 5 年将会有 1 亿机器人的连接。预计到 2020 年，服务机器人年出货量将超过 3100 万。

预计到 2025 年，智能家庭机器人的渗透率将到达 12%，这将形成数千亿美元的市场，逐渐改变老龄社会的服务模式。某些智能家庭机器人成为智能家庭服务的核心，它们将大幅提升人们的生活质量，并逐渐颠覆人类的生活方式。智能家庭机器人产业将像 20 世纪的汽车工业一样逐渐改变各行各业，并逐渐影响经济和社会的根本形态。意大利电信 2013 年成立机器人联合实验室（CARB），研究各种机器人应用，NTT 在 2015 年向客户提供智能服务机器人租借业务。

5G 时延 <1ms 的能力为智能机器提供保障连接。智能服务机器人需要网络连接到云化智能，机器人 AI 智能部署在云端，控制本地的机器人硬件资源。

云化后的机器人具有本地机器人无法比拟的 4 点优势。海量数据的存储能力，教会汽车转弯至少需要 223GB 数据，全球 2017 年的云存储容量达到 615EB；大规模并行计算能力，识别一张 200×200 像素的照片，iPhone6 需要 600ms，大型服务器 GPU 仅仅需要 2ms；降低机器人的功耗，本地硬件在 720p 的图片上识别行人，功耗就要达到 10watt；协作能力，机器人通过云共享信息，任务协商化运作。

5.3.2.3 V2X 智能车联网

1.V2X 的概念

V2X（Vehicle to Everything）即车对外界的信息交换也就是车与互联网的连接。车联网通过整合全球定位系统（GPS）导航技术、车对车交流技术、无线通信及远程感应技术奠定了新的汽车技术发展方向，实现了手动驾驶和自动驾驶的兼容。在 4G 时代，由中国主导的基于 LTE 蜂窝网络的 LTE-V2X 技术，其核心按照全球统一规定的体系架构及其通信协议和数据交互标准，在车与车（V2V）、车与路（V2I）、车与人（V2P）之间组网，构建数据共享交互桥梁，助力实现智能化的动态信息服务、车辆安全驾驶、交通管控等。

LTE-V2X 由中国通信企业在 2013 年底提出，3GPP 的标准化工作启动于 2015 年 2 月，2017 年 3 月核心协议正式冻结。其中，华为、大唐是 LTE-V2X 主要的标准化主导者，也是 3GPP LTE-V2X 研究组（SI）和工作组（WI）的主要报告起草者。

"中国制造 2025"智能汽车联网规划将驱动 5G 部署。在 LTE-V2X 出现之前，市场上主要的车联网技术为美国主导的基于 IEEE 802.11p 的 DSRC，类似于 Wi-Fi，而 LTE-V2X 则是现有蜂窝网络技术的延伸，既能够依托于庞大的 4G 现网资源，并在覆盖、可靠性、时延等各方面大幅领先 DSRC。比如其系统容量更高，可以支持更密集车辆场景；覆盖距离比 802.11p 大约远一倍，可以更早将事故预警通知给相关车辆；传输可靠性亦较 802.11p 高出。

此外，面向未来，技术的演进性无疑也是车联网价值链所考虑的重点，DSRC 已经停止演进，LTE-V2X 支持平滑演进到 5GV2X。政府支持层面，在技术中立的前提下，中国政府已经批准 5.9G 频谱作为 5G-V2X 测试频谱，欧洲的德、英、法三国亦立法规定 5.9G 频谱可用于 5G-V2X。

时延、速率、可靠性以及通信距离是 5G-V2X 智能车联网中需要考虑的重要指标。5G-V2X 业务场景对通信的要求，如表 5-5 所示。

表 5-5　5G-V2X 业务场景对通信的要求

业务场景	通信时延（ms）	数据速率（Mbit/s）	通信距离（m）	通信可靠性
车辆编队	10 ~ 25	0.012 ~ 65	80 ~ 350	90% ~ 99.99%
扩展传感器	3 ~ 100	10 ~ 53	360 ~ 700	90% ~ 99.999%
先进驾驶	3 ~ 100	10 ~ 1000	50 ~ 1000	90% ~ 99.999%
远程驾驶	5	上行 25，下行 1	无限制	99.999%

5G-V2X 技术是 5G 与 V2X 的融合技术，一方面支持 5GeMBB 业务，另一方面支持 V2X，预计到 2022 年，车联网市场规模达 1450 亿美元，运营商价值从连接向 5G-V2X 业务拓展。

全球运营商参与车联网市场，探索平台和业务运营模式。中国联通与前装市场车厂战略合作，后装易尚 3G、Car-VP；VF 前装市场为 BMW 车内业务提供 SIM 卡，成立车联网论坛 Connected Car Forum；Verizon 收购 Hughes Telematics，发布后装车联网方案，Onstar500 万用户；SK 收购伊爱高新，运营工程机械车联网，与起亚、现代建立 Telematics 运营服务；Sprint 独立提供端到端的保险车联网 UBI 服务，与 Chrysler 联合重新设计 2013 Ram 1500；AT&TUBI 业务运营。

2.V2X 的价值

利用 5G 技术解决车联网垂直领域用户 V2X 场景的低时延、高可靠、大带宽通信诉求，比如雨雪雾天气减少人与车碰撞、车与车碰撞；红绿灯识别引导红绿灯信息、路况提醒；高速路事故信息快速推送，提醒给车、人、服务平台等，最大程度以辅助提醒的方式减少事故或二次事故，提升出行效率、降低油耗。

基于庞大的产业规模和对新技术的接纳性，汽车行业已然成为物联网走向规模应用的主要切入点和突破口。而 V2X 技术的出现，将真正令车联网从概念照进现实，并极大地推进运营商与车企之间的合作深度与广度。如自动驾驶将降低全球每年 14% 的汽车排放量、拯救全球每年 1.2M 人次、创造全球每年 10000 亿元的经济收入和节省全球 31 亿加仑的汽油使用量。

此外，自动驾驶的共享将使个人交通成本大幅下降，从每千米 41 美分降至微不足道的每千米 7.46 美分。

各国均对自动驾驶有迫切期望并纳入国家发展计划。美国在 2020 年立法强制新车安装 V2V 设备；欧盟在 2025 年自动驾驶大规模应用；中国在 2025 完成自动驾驶生态系统建设；韩国在 2021 ~ 2025，V2X 渗透率目标 50%；日本在 2020 年实现全自动驾驶。

3.V2X 应用场景

V2X 应用分为 V2V、V2I、V2N 和 V2P。V2V 和 V2P 基于广播功能实现车与车、车与人之间的信息交互，例如提供位置、速度和方向信息用以避免车祸的发生。V2I 是车与智能交通设施之间的信息交互。V2N 是车与 V2X 服务器、交警指挥中心之间的信息交互，V2I/V2V/V2N/V2P 之间的交互是一个闭环的生态系统。其中 V2V、V2I 和 V2P 为主要应用场景。

V2V 安全应用场景。V2V 实现车与车之间的信息交互，给车辆装上第三只眼睛。其场景可以分为四类：直行、转向、交叉路口、变道，如表 5-6 所示。

表 5-6　V2V 安全应用场景

场景	应用
直行	前碰撞预警（Forward Collision Warning，FCW）
	失控预警（Lontrol Lostny Warming，CLW）
	紧急制动灯（Electronic Emergency Brake Light，EEBL）
转向	禁止穿越提醒（Do Not Pass Warning，DNPW）
	左转辅助（Left Turn Assist，LTA）
交叉路口	交叉路口辅助（Intersection Movement Assist，IMA）
变道	盲区提醒 / 变道预警（BSW+LCW，Blind Spot Warning/Lane Change Warning）

（1）前碰撞预警。提示驾驶员前方有碰撞风险，提前减速避让。根据统计的事故数据，将追尾事故分为三种场景：前车停车、前车减速、前车正常行驶。前车停车和前车减速这两种场景发生事故的原因有两个，一为紧挨着本车正前方的车辆停车或减速；二为驾驶员视野范围以外的前方车辆停车或减速。

在原因一的情况下，如果车辆保持足够车距，驾驶员有足够注意前方，这种事故完全可以避免。但是对于原因二的事故，驾驶员不知远处交通状况很难避免此交通事故，这就是为何高速公路上经常会出现连环交通事故。如果 V2V 技术普及，那么驾驶员可以提前制动或变道，减少原因二造成的事故。目前市场上大部分量产车型做的前碰撞预警功能都是借助雷达和摄像头传感器实现。

（2）失控预警。当车辆失控时，将车辆失控信息至少提供给周边左右1.5m，前后 150m 的车辆，周边车辆收到信息后提示驾驶员进行紧急避让，减少事故发生。

紧急电子刹车灯（Electronic Emergency Brake Light）。当周边车辆（不一定在同一车道上）进行紧急制动时，向周边车辆发送急刹预警信号，驾驶员接收到预警信号后提前做好减速、避让准备。这与目前很多市面车型类似，在车速超过一定值，驾驶员紧急制动时，汽车双闪灯会自动点亮。

（3）禁止通过预警。在双向两车道的道路上行驶时，后方车辆想要超过前方车辆，必须要临时占用对向车道，当本车与对向车辆有超车碰撞隐患时，此时及时提醒驾驶员谨慎通过。

（4）左转辅助。在驾驶员想要进行左转向时，此时对向如果有车辆正在靠近，系统及时提醒驾驶员注意前方车辆。目前仅有当驾驶员打开转向灯时才可触发此功能，未来系统可以不通过转向灯识别驾驶员左转意图，但是也有一定误报风险，毕竟让系统识别驾驶员模棱两可的意图目前还是有一定难度的。

（5）交叉路口辅助。交叉路口是交通事故高发区，车辆通过复杂路口时通过 V2V 技术相关通信，理解对方行驶意图，减少事故发生的概率，在无信号灯的路口直行、左转，在有信号灯的路口右转，闯红灯和闯禁行区都有较好的应用，及时提示驾驶员注意路口周边车辆。

（6）盲区/变道预警。由于车体和内外后视镜在设计上与生俱来的角度问题，导致驾驶者在驾驶车辆的时候，在车身的左右后侧方都存在一个无法根除的视觉盲区，驾驶员很难察觉到视角盲区的车辆，借助于 V2V 技术，驾驶员变道前能够及时察觉到盲区车辆，减少事故的发生。这项功能与通过雷达、红外、摄像头实现变道辅助系统功能类似。

V2I 安全应用场景。V2V 是两个"动态"物体间交互，而 V2I 是"一动一静"物体间的连接，主要有红灯预警、弯道限速预警、限速施工区域预警、天气预警、人行横道行人预警等应用场景。

（1）红灯预警（Red Light Violation Warning）。当车辆接近有交通信号灯的路口，即将亮起红灯，V2I 设备判断车辆无法及时通过此路口时，及时提醒驾驶员减速停车，这与基于摄像头采集到红灯提醒功能类似，但是它的优点是能与交通设施进行通信，尤其是在无红绿灯倒计时显示屏的路口具有"预知"红绿灯时间的作用，减少驾驶员不必要的加速和急刹。

（2）弯道限速预警（Curve Speed Warning）。车辆从平直路面进入转弯工况时，V2I 设备接收到相关弯道限速信号后及时提醒驾驶员减速慢行，这与基于 GPS 地理信息导航提醒或摄像头采集到限速标志提示驾驶员慢行的功能类似。

（3）限速施工区域预警（Reduced Speed/Work Zone Warning）。当车辆行驶至限速区域（如学校）附近时，通过路边 V2I 设备向驾驶员传递显示提示或者仅当车辆超过限定车速时才提示驾驶注意车速。当车辆行驶至限行区域（如燃油车限行、单双号限行、货车限行）、施工区域附近时，通过车载 V2I 设备向驾驶员提示前方即将进入限行区域。

（4）天气预警（Spot Weather Impact Warning）。当车辆行驶至恶劣天气的地带时，如多雾、雨雪天气时，及时提醒驾驶员控制车速、车距以及谨慎使用驾驶员辅助系统，这与目前高速公路边的提示雨雪天气减速慢行的功能类似。

（5）人行横道行人预警（Pedestrian in Signalized Crosswalk Warning）。人行横道线上安装有行人探测传感器，当车辆靠近人行横道时，交通信号设施向周边车辆发送行人信息，提示车辆减速及停车，这与通过雷达或摄像头实现的自动紧急制动（AEB）功能类似。

（6）V2N 安全应用场景。V2N 主要是实现车辆与云端信息共享，车辆既可以将车辆、交通信息发送到云端交警指挥中心，云端也可以将广播信息如交通拥堵、事故情况发送给某一地区相关车辆。V2V 和 V2I 都是代表的近距离通信，而通过 V2N 技术实现远程数据传输。

（7）V2P 安全应用场景。V2P 通过手机、智能穿戴设备（智能手表等）等实现车与行人信号交互，在根据车与人之间速度、位置等信号判断有一定的碰撞隐患时，车辆通过仪表及蜂鸣器，手机通过图像及声音提示注意前方车辆或行人。

（8）道路行人预警。行人穿越道路时，道路行驶车辆与人进行信号交互，当检测到具有碰撞隐患时，车辆会收到图片和声音提示驾驶员，同样行人收到手机屏幕图像或声音提示，这项技术非常实用，因为目前手机"低头党"非常多，过马路时经常有人只顾盯着手机屏幕，无暇顾及周边环境。

（9）倒车预警。行人经过正在经过倒车出库的汽车时，由于驾驶员视觉盲区未能及时发现周边的人群（尤其是玩耍的儿童），很容易发生交通事故，这与借助全景影像进行泊车功能类似。

4. 国内外 V2X 研发进展

目前大部分 V2X 技术还处于测试阶段，尤其是 V2I、V2P、V2M 未能大规模量产。相关通信技术有待于进一步完善，尤其 V2X 技术还处于标准制定阶段，尚未大规模测试，技术成熟度达到量产条件尚未有时间表；V2I、V2N 技术需要相关交通技术设施的配套升级，目前各大汽车市场仅进行智能交通示范测试，未大规模在某一地区部署。

（1）丰田。2016 年在日本销售的最新版本的 Prius、Lexus RX 和 Toyota Crown，都有 ITS Connect 系统可供选择。车辆之间通过两个小天线直接相互通信。发送和接收的消息非常小且频繁，并且不需要太多的处理能力。这三种型号都可以处理 V2I 或车队基础设施的通信。通过记录并发送交通信号灯的当前颜色以及颜色变化间隔秒数等信息，设定不同的信息反馈机制。如果信号灯要换成绿色时，汽车会提示司机。如果即将变成红色，普锐斯将进入积极的再生制动模式，以恢复更多的能量。

除了管理交通信号灯之外，ITS Connect 还会在驾驶时与前方的汽车通信，以改善自适应巡航控制，并让驾驶员知道紧急车辆是否正在朝驾驶员的方向前进。通过 V2V 通信，驾驶员现在有更多的时间来判断刹车或逃避，而不是等待即将发生的碰撞，并且安全系统在最后一秒时才介入。

为了进一步研究联网汽车中 V2V 与 V2I 装置的有效性，丰田将与密歇根交通大学研究所（UMTRI）展开密切合作，投放 5000 辆联网汽车在密歇根州无人驾驶示范区进行测试。丰田美国研发中心位于全世界最大的专用短途通信（DSRC）技术测试地的密歇根州安阿伯市。

（2）通用。凯迪拉克的 V2V 技术是基于 DSRC 和 GPS 信号完成的，它每秒钟可以接收到距离最远 300m 之外的上千个信号。例如，当车辆靠近城市交叉路口时，它可以接收周边车辆的位置、方向和速度信息，提示驾驶员潜在的风险，这样就能给驾驶员足够的反应时间。常见的危险场景如紧急刹车、湿滑路面和故障车辆。在下一代凯迪拉克娱乐系统，驾驶员可以自定义仪表和抬头显示中的预警设置。

通用汽车是最早开始进行 V2X 研究的汽车厂商之一，2017 年在加拿大和美国市场生产的凯迪拉克 CTS 将标配 V2V 通信，使用联邦通信委员会分配的 5.9GHz 的频谱，可以提供全速范围内的自适应巡航、前碰撞预警、车道保持等功能。早在 2016 年时凯迪拉克首先将后摄像头影像集成在车内后视镜中，将驾驶员后部视野增加将近 3 倍。2016 年通用在中国对外演示 V2X 通信技术，相信不久的将来在中国地区也会有支持 V2V 技术的车型量产。

（3）奔驰。奔驰一直在追求的是通过革命性技术实现在未来智能出行时能够更加安全、舒适和高效，2018 年奔驰 E-class 车型将具备 "Car-to-X Communication"，Car-to-X 技术负责人表示，Car-to-X Communication 是基于广播实现车辆与车辆、车辆与交通设施之间的信息交互，工作时可以让车辆提前看到将要遭遇的工况，提前警示驾驶员和其他车辆。

当车辆接收到风险预警时，Car-to-X 将车辆位置和风险位置做对比，当车辆靠近危险地点时，驾驶员会接收到语音和可视预警，这样可以让驾驶员提前准备，提前调整驾驶行为避免事故发生。V2X 不仅可以减少交通事故，让交通更高效，车流更顺畅。目前奔驰开始启动 "Drive Kit Plus" 计划，将客户的苹果手机加入到整车网络中，通过 Drive Kit Plus 可以实现所有品牌车辆实现车与车之间通信，同时几乎所有现有车辆都可以通过 iPhone 实现 Car-to-X Communication。

（4）奥迪。奥迪将要成为首家进入基于蜂窝通信的 V2X 技术的汽车厂商，目前已经开始 V2X 的相关测试，奥迪一些车型已经可以和智能交通设施互联，借助于车载 LTE/UMTS 模块，车与车之间能够实现匿名的信息交互用于警示道路上的危险路况。2016 年底，奥迪成为首个将汽车与城市联网、与交通信号灯系统互联的汽车厂商，这套系统称为 "Time-to-Green"，车辆可以通过移动通信网络实现与城市交通管理中心连通，这就意味着驾驶员可以知道并根据交通信号灯变化，从而相应地调节自己的车速。作为 V2I 项目的一部分，奥迪最近进行 A9 高速公路的测试，以此来评估联网车辆与交通指示牌之间的交互，这些实时的交通数据将会提示驾驶员限速、超车和封闭的车道。

（5）宝马。2015 年 7 月，宝马宣布成为首家支持 V2I 通信的汽车厂商，用户可以用手机下载 Enlighten App，通过 USB 线将手机与汽车相连，驾驶员可以实时用中控显示屏查看交通信号数据，Enlighten App 帮助驾驶员预测交通信号变化从而提高整车安全，减少不必要的加速从而节约燃料。

Enlighten App 的工作需要这个城市具备一套完整的智能交通网络，目前支持的城市有美国波特兰、尤金、盐湖城，Enlighten App 除了能显示前方交通信号灯状态以外还可以显示倒计时信息。根据当前车辆位置、车速等信号，推荐驾驶员是通过还是等待下一个绿灯。

（6）上汽荣威。上汽是首家公开演示 V2X 技术的中国品牌厂商，计划到 2019 年具备量产条件，上汽的 V2X 技术由上汽集团、中国移动和华为联合开发，在 2017 年上海世界移动大会上签署三方合作框架协议，共同推进 V2X 产业的发展。上汽集团和同济主要负责在嘉定校区内建设智能网联汽车测评基地，用于 V2X 各种功能的测试和验证；华为主要负责提供所需的车载设备和网络接入设备等；移动则负责 V2X 测评基地的网络建设。此外，由上汽和阿里共同打造的"斑马"还负责将 V2X 提醒功能嵌入到车载多媒体系统中。

（7）奇瑞。奇瑞汽车建成安徽首条 V2X 测试道路，全长 4.4km，涉及 8 个红绿灯路口，1 条隧道。改装开放道路下，行驶车辆 10 辆，安装路侧设备 12 套。一期示范道路实现的 V2X 应用场景包括 V2V 场景，无红绿灯交叉口碰撞预警、换道辅助 / 盲区监测、前向碰撞预警、车队间视频传输、前方事故车辆提醒；V2I 场景，红绿灯信号提醒 + 车速引导、隧道提醒、施工路段提醒；V2P 场景，路口行人提醒。二期项目主要场景应用包括区域（RSU）交通管理，路侧及车载信息采集传输，云平台搭建实现区域显示及策略控制等，同时二期还将把 V2X 技术与无人驾驶车辆全面融合，实现智能召唤、自动泊车、动态路径规划等一系列典型应用场景。

自动驾驶领域既需要 V2X、也需要摄像头雷达传感器。通过 V2X 技术接收到的信息可以不受天气、障碍物阻挡的限制，可"看见"摄像头或人眼视野范围以外的物体，在未来无人驾驶中发挥不可替代的作用。

目前 V2X 技术主要是预警提示驾驶员，人是驾驶行为的主角，在整车控制中起到辅助作用，这与汽车自动化的发展水平有很大的关系。在未来无人驾驶阶段，整车的运动依靠中央驾驶控制单元控制，人从驾驶行为中解放出来，实现从驾驶员到乘员的转变，V2X 技术的作用从预警到影响控制整车的制动、转向等。

中国既是世界上最大的乘用车销售市场，也有覆盖全部行政村、城乡道路的庞大 5G 网络，两相结合预示着极佳的 V2X 市场前景。V2X 终端应用层的配套、后装终端的出现，使得产业进程向前迈进了一大步，在价值链各方推动下，V2X 的规模商业应用将不再遥远。

5.3.2.4 智能制造

1. 传统制造业面临转型

随着移动互联网向智能制造产业的高速渗透和融合，传统制造业正在面临变革和转型。

制造业正逐渐走向服务化。工业和服务业之间的界限将变得模糊。企业正在从基于销售"盒子"的有形产品转向销售产品附加的增值服务。被连接的产品收集和上报用户消费行为数据，企业基于此大数据分析获取消费者使用习惯、消费节奏和新需求，实现大数据精准营销和再次销售，基于连接产生了增值服务。

（1）生产定制方式的转变。大规模的批量生产，将转向以消费者需求为主导的个性化定制生产，从粗放化经营转向小型化、定制化生产。企业随时随地通过网络数据，获取用户的最新喜好和需求进行定制化生产。用户也通过联网，通过可视化的生产过程实现随时随地的进度和质量监控。

（2）销售渠道和环节的转变。基于中间渠道商的营销转向由企业直接面向消费者用户的大数据营销，节约了中间分销渠道环节的成本。既延伸了产品"盒子"本身的价值边界，又打破了企业对中间渠道商的依附，因为"产品本身即是渠道"。

（3）企业网络从自建到租赁模式的转变。企业通过"按需租赁"向运营商租用公用网络降低自建专网的投资和运维成本。借助于定制灵活可扩展的运营商网络资源，企业在降低成本的同时可以聚焦主营业务，大大加快主营业务的创新和上线速度。

2. 智能制造的驱动力

现有制造业机制的产能过剩、供需不平衡的矛盾日益突出。工业互联网及工业大数据的传输和共享将有效调整供需结构、提高生产效率。根据美国通用电气公司的观点，工业互联网在贡献 1% 的效率提升的同时，将会为各行各业节省上百亿级美元的资本开支。

未来的制造业中，以容量、带宽、存储与数据处理能力更强大的通信基础设施作为保障，越来越多的设备将逐渐取代人工干预，实现灵活的人机交互和智能控制。此外，制造业服务化的变革趋势，将产品边界延伸到产品附加的增值服务，需要建立起产品全生命周期的可连接、可控制的数据信息采集与传输，对随时随地的通信连接能力也产生了刚性需求。

第四次工业革命，各国政府纷纷发布计划，扶持智能制造发展，美国于2011 年发布美国先进制造及工业互联网计划、2013 年德国发布德国工业 4.0 计划、日本于 2015 年发布机器人新战略计划、中国于 2015 年发布中国制造 2025计划等。

在智能制造领域，预计到 2025 年，全球制造领域将实现 100 亿连接数；到2030 年，全球所有工业机器互联网 300 亿连接；到 2035 年，实现信息物理完全融合。

3. 智能制造的技术需求

制造业对于将来 5G 网络的能力需求非常严格，5G 弹性网络满足无线连接；永久在线、广覆盖、大连接；1 ~ 100ms 级别的时延；Gbit/s 级别的速率；自集成、自配置、自规划能力；易用、安全和可靠性六大需求。

（1）无线连接。通过无线通信实现免布线的空中连接，灵活适配厂房车间室内室外的复杂物理环境中人和产品、货柜、机器人生产设备的位置移动，并通过服务质量保证室内户外体验一致。

（2）永久在线、广覆盖、大连接。为连续运转的机器、规模数量庞大的产品和工人提供随时随地、无处不在的无线连接，保证生产链各个环节任何位置间物的连接和人的连接。

（3）1 ~ 100ms 级别的时延。智能制造行业种类多，对网络时延的要求也不尽相同，从精细实时控制类的 3D 印刷、纺织业的 1ms 需求，到汽车生产、工业机器设备加工制造的 10ms 需求，到大型石油化工食品加工业的 100ms 的需求，都对无线网络提出了极高的时延需求。

（4）Gbit/s 级别的速率。远程视频控制、基于 VR/AR 的操作和人工智能应用对 5G 的带宽提出了 Gbit/s 的速率要求。

（5）自集成、自配置、自规划能力。全联接化的流水线和生产链的扩容、物联网各通信节点宕机复位、故障链路备份等场景，对网络的自组织（SON）能力和即插即用（Plug and Play）协同能力提出了较高要求。

（6）易用、安全和可靠性。企业通过租赁运营商网络，实现从采购源头到最终消费者的端到端闭环管理，降低网络自建的投资和运维成本。

智能制造业利用 5G 移动网络的连接能力，可以更合理地调配和利用供应链资源，大幅提升生产效率。但这还只是制造业信息化转型的起始发展阶段。5G

在提升企业生产效率的同时将引发生产、销售和商业模式的变革，并最终给制造业和消费者用户带来更多的收益。

4.智能制造的应用场景

智能制造典型应用场景包括实时的端到端生产流程控制、远程控制、企业内外通信、产品货物联网等。

（1）智能生产。工业机器人、智能物流等装备在采购、设计、生产、物流等供应链环节中实现互联互通。各类物理设备连接到互联网上，并拥有计算能力、通信能力，可以被精确地识别、协调和管理，实现可视化生产。

（2）远程控制。基于移动虚拟现实、增强现实应用实现人机智能远程交互和智能控制，用工业机器人代替恶劣环境中人的直接参与，保证安全生产、减少人工误差，同时保证整个制造过程的可控制和可视性。

（3）培训与产品推广。通过移动 3D VR 和 AR 增强现实进行远程教学、客户和员工培训和产品营销推广。

产品生命周期覆盖了原材料采购、设计、生产、仓储物流、交付、售后、增值服务各个环节。因为 5G 网络的无线连接、高速、低时延的能力，早期将被企业用户引入到智能工厂实现人机交互和协同控制的小范围应用场景。随着生产设备和产品联网需求逐渐增多，为简化网络管理和保证业务体验的一致性，企业用户将直接向运营商租赁 5G 网络以支持整个供应链环节的信息化管理，实现一张网络统一管理产品生命周期的高效与低成本管理。

5.3.2.5 智能电网

智能电网利用信息、通信、控制等技术与传统电力系统相融合，提高电力网安全、稳定、高效的运行能力，在中国、美国、欧盟等多个国家及地区已经上升为基础设施高度的国家战略。智能电网的通信系统覆盖了电力系统发电、变电、输电、配电、用电的全部环节，其中具有通信需求的节点包含各种发电设施、输电配电线路、变电站、电厂、用户电表、调度中心等。

1.智能电网的驱动力

电力系统的发电设施形态、规模以及能源管理与控制正在经历数字化变革的挑战。同时，过去的计划经济模式由发电侧到用电侧末端节点是单向的传送方式，随着共享经济模式的兴起，用电侧用户也可以成为供电者，共享闲时能源形成双向利用模式。这些变革对构建大容量、高速、实时、安全稳定的智能电网提出了需求。

（1）技术需求多样化。智能电网五大环节对通信网络的安全可靠性、带宽、时延、覆盖的要求各不相同，现有的任何一种通信系统的技术能力很难同时满足所有需求。

（2）跨区域联合控制。各个区域能源分布和用电分布的情况极不均衡，需要诸如"南电北送"的跨网段调配和协同管理。以智能电网中的变电站自动控制为例，数据信息从之前的单站级到网络级的传输，对长距离、高效、安全的骨干输电网的传输和保障产生了极高要求。

（3）可持续发展、效率及共享经济。基于标准化定义的网络是智能电网应对长达 20 年生命周期可持续发展的有效平台。此外，远程智能抄表和调度不仅能提高人力效率，而且能够全面反映电量使用和运行数据。终端用户通过共享经济模式出售闲时能源，节约用电的同时并有效补偿局域供电紧张的问题。美国政府对 38 家电力公司做过的调查显示，通过智能电表的普及以及支持双向传输方式的能力，将提供全局用电信息，用户在高峰期可通过自行限制、避开高峰等措施减少 11% 的用电量。

因为 5G 通信网络的无线空中连接能力，基础设施建设不需要依赖于电网电力线设施的建设，且抗灾能力较强，尤其在山地、水域等复杂地貌特征中相比于光纤、短距离组网通信的施工及网络恢复更加高效快捷。同时，5G 网络技术具有超大带宽、非视距传输、广域无缝覆盖和漫游等优点，优秀的整体组合性能可以满足未来智能电网的多样化需求。

2. 智能电网的技术需求

智能电网要求广覆盖、大带宽和大连接。通信网络跨越整个国家的长距离连续通信，数据中心对实时数据集中处理，要求高带宽、大数据量的支持。

此外，智能电表、关口表等数量庞大的客户计量数据的接入和通信也对覆盖、带宽和连接数及覆盖提出了较高要求。例如大型城市的智能电表装机量过千万，每天从每块电表向集中器及数据中心上传大量的计量数据。

毫秒级—秒级的时延。智能电网对电力流传输和调度以及电力设备的安全及时监测的实时性要求很高，现有 4G 网络技术在连接并发数高负荷运行的同时很难同时保证 20ms 的通信时延，需要通过更高连接能力的 5G 网络技术实时掌控电网运行状态，隔离故障自我恢复，避免大面积电力事故的发生。

Gbit/s 级别的速率。远程高清视频控制、虚拟现实、增强现实的操作提供可视化通信功能，识别并及时预警电力环节中的故障和指导快速恢复。主干输电网的传输带宽达到 Gbit/s 或更高，满足接入传输网数量庞大的变电站和控制中心的带宽要求。通常，每个智能变电站的带宽需求为 0.2 ~ 1.0 Mbit/s，每百万数字电表的带宽需求为 1.85 ~ 2.0 Mbit/s，每万个智能传感器的带宽需求为 0.5 ~ 4.75 Gbit/s。

灵活、兼容、可扩展性。智能电网因规模扩大以及分布式能源接入等因素，在保证传统集中式大电源正常接入的同时能兼容太阳能、风能等分布式新型能源的接入。

电信级安全。电力系统的窃听、攻击涉及大规模社会生产和人们的生命财产安全，为确保对电力系统控制能够做出及时且准确的响应，需要比以往任何时候更加强调电信级的数据保密性和安全性。

3. 智能电网的应用场景

从智能电网覆盖的 5 大环节来看，无线通信技术主要包含 4 大应用场景，即分布式新型能源的并网管理、输变电网络的智能管理、配电网的智能管理和远程智能抄表。

（1）分布式新型能源的并网管理。5G 网络覆盖广、容量大、实时性、可靠性、可扩展性的优势有效实现水力、风力、太阳能等新型能源设施的并网管理，应对新型能源的随机性、间歇性和调峰能力的不均衡性以及双向流动模式所带来的并网管理挑战。

（2）输变电网络的智能管理。输电网、变电设备及其他电力设备的在线实时监测、调度、视频监控现场作业、户外设施状态等全自动化控制和管理，及时响应可能发生的非正常扰动并快速处理。

（3）配电网的智能管理。配电网设施的在线实时监测和自动化管理可以提高各个设备的传输和利用效率，并且能够在不同的用电区域之间进行电力能源的及时配置和调度。

（4）远程智能抄表。对用电信息、电能质量等数据采集和分析，以及在此基础上实现的增值服务，如远程家电控制、家庭安防、闲时共享用电等。英国政府预计，若全国 2600 万家庭安装智能电表，可以为用电客户和能源公司在随后的 20 多年中节省支出 25 亿 ~ 36 亿英镑，减少 3% ~ 15% 的能源消耗，社会效益和环境效益明显。

5.3.3 大规模机器通信

5.3.3.1 智慧城市

智慧城市就是运用信息和通信技术手段感测、分析、整合城市运行核心系统的各项关键信息，从而对包括民生、环保、公共安全、城市服务、工商业活动在内的各种需求做出智能响应。其实质是利用先进的信息技术，实现城市智慧式管理和运行，进而为城市中的人创造更美好的生活，促进城市的和谐、可持续成长。随着人类社会的不断发展，未来城市将承载越来越多的人口。5G 时代的到来，响应智慧城市的建设号召，以万物互联为目标，构建大规模物联网领域，同时大幅度提高网络容量、连接密度。实现每平方公里内百万终端连接构想，提高人与机器、机器与机器等之间的连接能力。

5G 网络以高优先级接入为标准，提供安全可靠的弹性的大带宽的网络服务。可实现多渠道大连接保证实时信息来源如监控摄像头、无人机、传感器等，实时计算分析缩短侦查时间并提高辨识准确度，保证公共安全网络之间的连接以及其与其他商业网络的连接。

智慧城市是 5G 典型的应用场景。5G 将是像水、空气一样的新型智慧城市生存和运转必备要素。5G 作为建设新型智慧城市的技术利器，以技术进步创新城市应用，丰富智慧城市内涵。5G 将是支撑社会态势感知能力的基础设施，是实现畅通化沟通渠道的技术途径。在 5G 时代，互联网更多以物联网的形式存在，将城市融为一体。

建设智慧城市是转变城市发展方式、提升城市发展质量的客观要求。通过建设智慧城市，及时传递、整合、交流、使用城市经济、文化、公共资源、管理服务、市民生活、生态环境等各类信息，提高物与物、物与人、人与人的互联互通、全面感知和信息利用能力，从而能够极大提高公共管理和服务的能力，极大提升人民群众的物质和文化生活水平。建设智慧城市，会让城市发展更全面、更协调、更可持续，会让城市生活变得更健康、更和谐、更美好。

近年来，智慧城市理念在世界上悄然兴起，许多发达国家积极开展智慧城市建设，将城市中的水、电、油、气、交通等公共服务资源信息通过互联网有机连接起来，智能化做出响应，更好地服务于市民学习、生活、工作、医疗等方面的需求，以及改善政府对交通的管理、环境的控制等。建设智慧城市已经成为历史的必然趋势，成为信息领域的战略制高点。

1. 智慧城市的典型应用

智慧城市是一个包含的智慧公共服务、智慧城市综合体、智慧政务城市综合管理运营平台、智慧安居服务、智慧教育文化服务、智慧服务应用、智慧健康保障体系建设和智慧交通等多维度的服务与应用体系。

（1）智慧公共服务。建设智慧公共服务和城市管理系统。通过加强就业、医疗、文化、安居等专业性应用系统建设，通过提升城市建设和管理的规范化、精准化和智能化水平，有效促进城市公共资源在全市范围共享，积极推动城市人流、物流、信息流、资金流的协调高效运行，在提升城市运行效率和公共服务水平的同时，推动城市发展转型升级。

（2）智慧城市综合体。采用视觉采集和识别、各类传感器、无线定位系统、RFID、条码识别、视觉标签等顶尖技术，构建智能视觉物联网，对城市综合体的要素进行智能感知、自动数据采集，涵盖城市综合体当中的商业、办公、居住、旅店、展览、餐饮、会议、文娱和交通、灯光照明、信息通信和显示等方方面面，将采集的数据可视化和规范化，让管理者能进行可视化城市综合体管理。

（3）智慧政务城市综合管理运营平台。智慧和平城市综合管理运营平台包括指挥中心、计算机网络机房、智能监控系统、和平区街道图书馆和数字化公共服务网络系统4个部分内容，其中指挥中心系统囊括政府智慧大脑6大中枢系统，分别为公安应急系统、公共服务系统、社会管理系统、城市管理系统、经济分析系统、舆情分析系统，可满足政府应急指挥和决策办公的需要，对区内现有监控系统进行升级换代，增加智能视觉分析设备，提升快速反应速度，做到事前预警、事中处理及时迅速，并统一数据、统一网络，建设数据中心、共享平台，从根本上有效将政府各个部门的数据信息互联互通，并对整个和平区的车流、人流、物流实现全面的感知，该平台在和平区经济建设中将为领导的科学指挥决策提供技术支撑作用。

（4）智慧安居服务。智慧安居服务充分考虑公共区、商务区、居住区的不同需求，融合应用物联网、互联网、移动通信等各种信息技术，发展社区政务、智慧家居系统、智慧楼宇管理、智慧社区服务、社区远程监控、安全管理、智慧商务办公等智慧应用系统，实现居民生活"智能化发展"和社区智能化管理。

（5）智慧教育文化服务。建设智慧教育文化体系。建设完善教育城域网和校园网工程，推动智慧教育事业发展，重点建设教育综合信息网、网络学校、数字化课件、教学资源库、虚拟图书馆、教学综合管理系统、远程教育系统等资源共享数据库及共享应用平台系统。提供多渠道的教育培训就业服务，建设学习型社会。继续深化"文化共享"工程建设，积极推进先进网络文化的发展，加快新闻出版、广播影视、电子娱乐等行业信息化步伐，加强信息资源整合，完善公共文化信息服务体系。构建旅游公共信息服务平台，提供更加便捷的旅游服务，提升旅游文化品牌。

（6）智慧服务应用。推进传统服务企业经营、管理和服务模式创新，实施现代智慧服务产业转型。智慧服务主要包括智慧物流、智慧贸易等典型应用。

（7）智慧物流。配合综合物流园区信息化建设，推广射频识别（RFID）、多维条码、卫星定位、货物跟踪、电子商务等信息技术在物流行业中的应用，建设基于物联网的物流信息平台及第四方物流信息平台，整合物流资源，实现物流政务服务和物流商务服务的一体化，推动信息化、标准化、智能化的物流企业和物流产业发展。

（8）智慧贸易。支持企业通过自建网站或第三方电子商务平台，开展网上询价、网上采购、网上营销、网上支付等电子商务活动。积极推动商贸服务业、旅游会展业、中介服务业等现代服务业领域运用电子商务手段，创新服务方式，提高服务层次。结合实体市场的建立，积极推进网上电子商务平台建设，鼓励发展以电子商务平台为聚合点的行业性公共信息服务平台，培育发展电子商务企业，重点发展集产品展示、信息发布、交易、支付于一体的综合电子商务企业或行业电子商务网站。

（9）智慧健康保障体系建设。重点建设"数字卫生"系统。建立卫生服务网络和城市社区卫生服务体系，构建全市区域化卫生信息管理为核心的信息平台，促进各医疗卫生单位信息系统之间的沟通和交互。以医院管理和电子病历为重点，建立全市居民电子健康档案；以实现医院服务网络化为重点，推进远程挂号、电子收费、数字远程医疗服务、图文体检诊断系统等智慧医疗系统建设，提升医疗和健康服务水平。

（10）智慧交通。建设"数字交通"工程，通过监控、监测、交通流量分布优化等技术，完善公安、城管、公路等监控体系和信息网络系统，建立以交通诱导、应急指挥、智能出行、出租车和公交车管理等系统为重点的、统一的智能化城市交通综合管理和服务系统建设，实现交通信息的充分共享、公路交通状况的实时监控及动态管理，全面提升监控力度和智能化管理水平，确保交通运输安全、畅通。

2. 智慧城市对社会生活的影响

智慧城市以智慧的理念规划城市，以智慧的方式建设城市，以智慧的手段管理城市，用智慧的方式发展城市，从而提高城市空间的可达性，使城市更加具有活力和发展潜力。

（1）智慧城市能够改善城市和居民之间的关系。借助智慧城市的发展，来提升政府电子政务和基础设施的等级。智慧城市通过优化整合各种资源，城市规划、建筑让人赏心悦目，让生活在其中的市民可以陶冶性情、降低压力感，从而适合居住、工作的全面性城市。

（2）智慧城市让人们的生活更加智能，信息技术无处不在。智慧城市是发展数字经济的重要平台和载体，伴随着 4G、5G 网络智能终端的普及，移动互联网加速发展，移动互联网应用已经深入大众生活的方方面面。在流量和网速的同时提升下，现代人的生活已经离不开移动互联网。

（3）智慧城市平衡公共服务资源。由于公共资源在地域、时间利用及类型利用上存在严重失衡，智慧城市的发展需因地制宜。不能否认的是互联网让我们的生活更加"公平"，智慧城市的发展则会帮助这些资源做到更加平等。比如共享单车的出现不仅节能，而且减排。

5.3.3.2 无人机

无人机被称为"空中机器人"，从 1917 年第一架无人机诞生到现在近 100 年时间，无人机技术持续进步，尤其是微电子、导航、控制、通信等技术，极大地推动无人机系统的发展，促进无人机系统在军用和民用领域的应用。民用无人机拥有规模不亚于军用无人机的巨大市场。未来的无人机将集成更多的机器人技术和更先进的算法，装备更多的传感器，加载更多的任务载荷设备，接入外部网络，智能化地完成各种复杂的任务。

1. 无人机工作原理

无人机上安装由飞行控制系统，视频采集设备、无线图像发射机、电池等组成。将无线图像发射机与电池固定在无人机底部，运用馈线将发射天线垂直安装在机尾（也可根据用户需求进行安装）。将无人机视频源与发射机连接，使其形成完整的无人机无线视频发射系统。无人机无线视频发射机发射的信号通过地面无线图像接收平台接收，接收平台可以清晰地将无人机采集到的图像显示在显示屏幕上，也可通过平台外接口将视频信号传至其他显示 / 存储设备上。同时地面接收平台可内嵌网络传输模块，将视频信号运用网络传输方式，传至后端中心站。

根据视频信号网络传输方式的不同，需要额外加装的模块也不同，如果采用蜂窝网加云服务器的方式，那么在飞机上加装一个 5G 的通信模块，将云台采集编码完的数据实时推送至云服务器。而遥控器端可以通过 5G，甚至于有线网从云服务器上实时的拉流进行播放，用 RTMP 或者 HLS 格式都可以。优点是不局限于飞机和遥控器的相对距离，但是技术成本和传输成本相对较高。

民用无人机用途极为广泛，未来市场主要集中于农林植保、影视航拍、电力巡检等领域。借鉴美国对民用无人机监管逐步放松的历程，以及国内民用无人机政策的规范和低空空域改革的深化，我国民用无人机行业将呈现爆发式增长。

2. 无人机的技术需求

随着无人机的发展，从地面向天空发展的新时代正在到来，联网无人机将成为新的主流移动终端之一。5G 无线网络低时延的应用以及低空覆盖技术的成熟，无人机和无线网络的结合将会越来越紧密。3GPP 中规定低空覆盖网络指标，无线网络需满足空口时延 <50ms、上行速率 > 50 Mbit/s、可靠性 > 99.999% 的要求。

3GPP 定义的 5G 网络的低时延、高可靠、高密度等性能完全可以满足无人机业务的网络需求。无人机低空飞行的特性对网络的低空覆盖能力提出需求，面向 4G/4.5G 可采用传统的功率控制等来满足覆盖的要求，但宽波束在垂直方向覆盖的弊端无法克服。而 5G 的 massive MIMO（多天线阵列）技术相比传统波束天然有垂直覆盖的优势，通过 5G massive MIMO 天线技术可以在不新增硬件的前提下完成低空覆盖。

3. 无人机的典型应用场景

无人机在各行业应用领域有着出色功能和无限潜力，无人机联网未来应用场景丰富，无人机 6 大典型应用场景分别为风机巡检、精准农业、基础设施测绘及地理信息获取、电力巡检、公共安全和物流无人机。

（1）风机巡检。安全和效率是现代化的能源设施巡检与维修系统的首要要求。传统手段在大型设施巡检中很难达到两者的统一。使用无人机可从空中对大型的设施进行巡检。相对而言，风力发电机的巡检更为复杂，也更具挑战。目前，巡检风力发电机需要将工作人员运送到高空中进行作业。不仅有很大的安全隐患，而且需要在巡检前停工，影响发电效率。与传统手段相比，使用无人机让风力发电机巡检变得安全、便捷。如无人机定位精准，可从空中接近风力发电机，巡检人员的安全风险大幅降低。而且先进的环境感知避障功能与精确到厘米级的稳定飞行定位技术，可有效避免撞击事故，确保飞行安全。随着风力发电机组越来越多地布局海上，无人机智能巡检方式的优势将愈发明显。

（2）精准农业。在农作物监测方面，通过农业从业者在田地中巡查农作物长势并判断虫害状况，这种传统监测方式不仅耗时费力，而且在植被密集区域会受到很大的局限。通过无人机，农业从业者可在快速巡查作物的同时对农田进行绘图和建模，大幅提升工作效率。在灌溉管理方面，现代大型农场通常面积广阔，田地的灌溉依赖于多个灌溉枢轴。玉米等作物生长到一定高度时，检测喷灌设备是否送水过量就变得很困难。通过无人机为管理者精准呈现水量信息，进一步优化灌溉策略和积水区域的管理效率。在喷洒方面，植保和施肥对保障农作物健康生长至关重要。一直以来，喷洒作业依赖人工或大型喷洒机。但人力喷洒过于低效，而大型喷洒机的使用费用高昂。人机载重高达 10kg，单次飞行可以喷洒 40000 平方米农田，比人力作业的效率提升了 60 倍。

（3）基础设施测绘及地理信息获取；①房地产和建筑检测，无人机在房地产行业也有着诸多应用，无人机带给客户和房产经纪独特的视角，航拍影像以全新的方式展示建筑，一方面无人机的广阔视野能充分展示楼盘和周边环境，让客户感受建筑的魅力；另一方面，通过无人机与室内摄影结合，为地产商提供低成本、高效的创意演示工具。此外，如图 5-48 所示，在传统的建筑检测中，检测人员如需要近距离观察墙壁和屋顶时，通常要搭建脚手架，不仅费时、耗资较大，而且危险性高。而无人机在飞行中即可拍摄数百张 1600 万像素图片或清晰的 4k 视频。通过高清图传，工作人员在地面即可对建筑进行实时检测，提前发现建筑问题隐患，使维修工作更加快速、高效；②交通基础设施维护，当今城市经济的发展很大程度依赖于交通基础设施。定时检修对于维持城市运营效益及公共安全至关重要。无人机通过航拍摄影测量软件，空中拍摄的影像，可精准还原成地面坐标。无人机还能用于交通监控，以前用直升机才能获得的俯瞰监控效果，现在用无人机就能实现。高效的全局监控能力，可减少交通意外与堵塞，针对占用应急车道、车辆加塞等情况进行查处。

（4）电力巡检。输电线和铁塔构成了现代电网，输电线路跨越数千公里，交错纵横，电塔分布广泛、架设高度高，使得电网系统的维护困难重重。以往电力巡线工作通常是通过直升机来完成，现在，先进的无人机技术让电力巡线工作变得更简单、高效。无人机在线路架设牵引及线路巡检上方式灵活、成本低，不仅能够发现杆塔异物、绝缘子破损、防震锤滑移、线夹偏移等缺陷，还能够发现金具锈蚀、开口销与螺栓螺帽缺失、查找网络故障点等人工巡检难以发现的缺陷。

（5）公共安全。无人机在搜救、消防、救灾和执法上发挥着不可替代的作用。①搜救，搜救工作分秒必争，提升响应速度就能拯救更多生命。无人机采用先进的 FLIR 热成像技术，让搜救人员能迅速将相机与无人机结合，部署热成像航拍系统，并突破光线和环境的限制，即使在黑夜、浓烟或树林中也可轻松辨识搜索目标，显著提升搜救效率。②消防，借助无人机消防员快速探查火源，在安全区域对火灾现场进行实时监控。无人机相机让消防队更清晰地观测火势蔓延路径，并评估可能出现危险的建筑或区域，为指挥人员及时提供信息，做出最有效的现场决策。③救灾，在灾害发生后的短时间内，可以使用无人机确定需要紧急救援的区域，将信息准确反馈给政府与救援机构，协助政府与救援机构高效地调配救援人员和物资，拯救更多的生命。④执法，公共安全部门正面临着经费限制和执法环境复杂的挑战。公众对治安稳定的期望和执法难度在不断提升。因此，公共安全部门在多变的环境下保持敏捷响应显得尤为重要。通过车载无人机，每个执法人员都可以拥有广阔的空中视角，及时发现和排除安全隐患，保护公众的生命和财产。

（6）物流无人机。物流也是设想中无人机的一大应用场景，各大物流和电商公司（如亚马逊、DHL、京东、顺丰等）均提出和实施了各自的物流无人机研究计划，虽然多数项目还远未进入实用阶段，甚至有些还停留在初期设计，但是在可预见的将来，物流无人机的应用势必会越来越广泛。首先，相对于地面运输，无人机物流具有方便快速的优点，特别是在拥堵的城市和偏远的山区运送急需物品，则可能比陆运节省 80% 的时间，而且按照发达国家经验，高层建筑势必会越来越多地配备直升机停机坪，也能够方便无人机起降。其次，无人机物流可以有效节省人力资源的消耗，将复杂环境下和大批量的投递任务交给人和地面车辆，而将简单场景下的小批量的投递任务交给无人机，从而可以更充分地发挥人力的高效率，减少体力消耗。此外，在极端条件下，无人机可以轻松抵达地面车辆无法到达的区域，例如在应急救援物资的投送任务中，无人机配合直升机可以大大提高投送效率。

无人机在行业中创造巨大价值。预计到 2020 年，仅国内市场航拍无人机出货量将超过 576 万台，整个无人机行业产值将达 1273 亿美元。无人机联网后，市场空间将扩大一倍，行业利润及涉足厂家都将成倍增长。

第6章 卫星通信技术

卫星通信在国防现代化建设、社会经济发展以及全球经济一体化等方面都占有重要地位。在 Internet、卫星宽带多媒体业务、卫星 IP 传输业务、卫星 ATM 和地面蜂窝业务发展的推动下，卫星通信将获得更大发展。尤其是光开关、光交换、光信息处理、智能化星上网控、超导、新的发射运载工具和新的轨道技术等各种新技术、新工艺的实现，将使卫星通信产生革命性的变化。卫星通信技术（Satellite communication technology）是一种利用人造地球卫星作为中继站来转发无线电波而进行的两个或多个地球站之间的通信。

与其他通信手段相比，卫星通信技术具有许多优点：

（1）电波覆盖面积大，通信距离远，可实现多址通信。在卫星波束覆盖区内一跳的通信距离最远为 18000km。覆盖区内的用户都可通过通信卫星实现多址连接，进行即时通信。

（2）传输频带宽，通信容量大。卫星通信一般使用 1 ~ 10 千兆赫的微波波段，有很宽的频率范围，可在两点间提供几百、几千甚至上万条话路，提供每秒几十兆比特甚至每秒一百多兆比特的中高速数据通道，还可传输好几路电视信号。

（3）通信稳定性好、质量高。卫星链路大部分是在大气层以上的宇宙空间，属恒参信道，传输损耗小，电波传播稳定，不受通信两点间的各种自然环境和人为因素的影响，即便是在发生磁爆或核爆的情况下，也能维持正常通信。

卫星通信技术的主要缺点是：

（1）传输时延大。在打卫星电话时不能立刻听到对方回话，需要间隔一段时间才能听到。其主要原因是无线电波虽在自由空间的传播速度等于光速，但当它从地球站发往同步卫星，又从同步卫星发回接收地球站，这"一上一下"就需要走 8 万多千米。打电话时，一问一答无线电波就要往返近 16 万千米，需传输约 0.6 秒钟的时间。

（2）回声效应。在卫星通信中，由于电波来回转播需约 0.6 秒，因此产生了讲话之后的同声效应。为了消除这一干扰，卫星电话通信系统中增加了一些设备，专门用于消除或抑制回声干扰。

（3）存在通信盲区。把地球同步卫星作为通信卫星时，由于地球两极附近区域"看不见"卫星，因此不能利用地球同步卫星实现对地球两极的通信。

（4）存在日凌中断、星蚀和雨衰现象。

6.1 卫星通信系统

卫星通信系统实际上也是一种微波通信，它以卫星作为中继站（中转站）转发微波信号，在多个地面站之间通信。卫星通信的主要目的是实现对地面的"无缝隙"覆盖，由于卫星工作于几百、几千、甚至上万千米的轨道上，因此覆盖范围远大于一般的移动通信系统。卫星通信系统由卫星、地面站、用户设备三部分组成。卫星在空中起中转信号的作用，即把地面站发上来的电磁波放大后再返送回另一地面站。地球站指在地球表面的无线电通信站，包括地面站、机载站和船（舰）载站，是卫星系统与地面公众网的接口。用户设备即是各种用户终端，包括收发器、显示器、电子地图等。

6.1.1 卫星通信系统的组成

卫星通信系统包括通信和保障通信的全部设备。一般由空间分系统（通信卫星）、通信地球站分系统、跟踪遥测及指令分系统和监控管理分系统四部分组成。

跟踪遥测及指令分系统：主要负责对卫星进行跟踪测量，控制其准确进入静止轨道上的指定位置。待卫星正常运行后，要定期对卫星进行轨道位置修正和姿态保持。

监控管理分系统：主要负责对定点的卫星在业务开通前后进行通信性能的检测和控制，以保证正常通信。

通信卫星：主要包括通信装置、遥测指令装置、控制装置和电源装置等几个部分。通信卫星的主要作用就是中继站。

通信地球站：通信地球站是微波无线电收发信站，用户通过它接入卫星线路，进行通信。

在微波频带，整个通信卫星的工作频带约有 500MHz 宽度，为了便于放大和发射以及减少变调干扰，一般在卫星上设置若干个转发器。每个转发器被分配一定的工作频带。目前的卫星通信多采用频分多址技术，不同的地球站使用不同的频率，即采用不同的载波，这比较适用于点对点大容量的通信。近年来，时分多址技术也在卫星通信中得到了较多的应用，即多个地球站占用同一频带，但占用不同的时间间隙。与频分多址方式相比，时分多址技术不会产生互调干扰、不需用上下变频把各地球站信号分开、适合数字通信、可根据业务量的变化按需分配传输带宽，使实际容量大幅度增加。另一种多址技术是码分多址（CDMA），即不同的地球站占用同一频率和同一时间，但利用不同的随机码对信息进行编码来区分不同的地址。CDMA 采用了扩展频谱通信技术，具有抗干扰能力强、有较好的保密通信能力、可灵活调度传输资源等优点。它比较适合于容量小、分布广、有一定保密要求的系统使用。

6.1.1.1 卫星通信系统的特点

1. 下行广播，覆盖范围广

对地面的情况如高山、海洋等不敏感，适用于在业务量比较稀少的地区提供大范围的覆盖，在覆盖区内的任意点均可以进行通信，而且成本与距离无关。

2. 工作频带宽

可用频段从 150MHz ～ 30GHz。目前已经开始开发 0、v 波段（40 ～ 50GHz）。

3. 通信质量好

卫星通信中电磁波主要在大气层以外传播，电波传播非常稳定。虽然在大气层内的传播会受天气的影响，但仍然是一种可靠性很高的通信系统。

4. 网络建设速度快、成本低

除建地面站外，无需地面施工，运行维护费用低。

5. 信号传输时延大

高轨道卫星的双向传输时延达到秒级，用于话音业务时会有非常明显的中断。

6. 控制复杂

由于卫星通信系统中所有链路均是无线链路，而且卫星的位置还可能处于不断变化中，因此控制系统也较为复杂。控制方式有星间协商和地面集中控制两种。

6.1.1.2 卫星通信系统的发展趋势

未来卫星通信系统主要有以下几个发展趋势：

（1）地球同步轨道通信卫星向多波束、大容量、智能化发展。

（2）低轨卫星群与蜂窝通信技术相结合，实现全球个人通信。

（3）地面站和用户设备小型化，微型化，便携化，智能化，多功能化（同时兼有通信、定位、导航等功能）。

（4）通过卫星通信系统承载数字视频直播和数字音频广播。

（5）卫星通信系统将与多种网络结合，用于提供多媒体通信和互联网接入，即包括用于国际、国内的骨干网络，也包括用于提供用户直接接入。

（6）微小卫星和纳卫星将广泛应用于数据存储转发通信以及星间组网通信。

6.1.2 卫星通信系统的分类

6.1.2.1 按照工作轨道区分

按照系统采用的卫星轨道可分为低轨道（LEO）卫星通信系统、中轨道（MEO）卫星通信系统、高轨道（GEO）卫星通信系统。GEO 系统技术成熟，成本相对较低。但是 GEO 无法实现个人手机的移动通信，解决这个问题可以利用 MEO 和 LEO 的通信卫星。LEO 系统具有传输时延短，路径损耗小，易实现全球覆盖及避开了同步轨道的拥挤等优点。MEO 则兼有 GEO、LEO 两种系统的优缺点。

6.1.2.2 按照通信范围区分

按照通信范围区分，卫星通信系统可以分为国际通信卫星、区域性通信卫星、国内通信卫星，如图 6-1 所示。

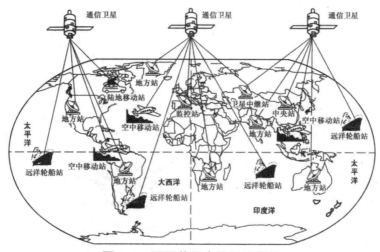

图 6-1　不同范围内的卫星通信

6.1.2.3 按照用途区分

按照用途区分，卫星通信系统可以分为综合业务通信卫星、军事通信卫星、海事通信卫星、电视直播卫星等。

6.1.2.4 按照转发能力区分

按照转发能力区分，卫星通信系统可以分为无星上处理能力卫星和有星上处理能力卫星。

6.2　卫星移动通信技术

卫星移动通信是利用地球同步轨道卫星或中低轨道卫星作为中继站，利用卫星通信的多址传输方式为全球用户提供大范围、机动灵活的移动通信服务，实现区域或全球范围的移动通信，是陆地蜂窝移动通信系统的扩张和延伸。卫星移动通信系统与地面移动通信系统的对比如表 6-1 所示。

表 6-1　卫星移动通信系统与地面移动通信系统的对比

卫星移动通信系统	地面移动通信系统
易于快速实现大范围的完全覆盖	覆盖范围随地面基础设施的建设而持续增长
全球通用	多标准，难以全球通用
频率利用率低	频率利用率高（蜂窝小区小）
遮蔽效应使得通信链路恶化	提供足够的链路余量以补偿信号衰落
适合于低人口密度、有限业务量的农村环境	适合于高人口密度、大业务量的城市环境

卫星移动通信系统一般包括三部分：通信卫星，由一颗或多颗卫星组成；地面站，包括系统控制中心和若干个把公共电话交换网和移动用户连接起来的信关站；移动用户通信终端，包括车载、舰载、机载终端和手持机。

卫星移动通信系统是为船舰、车辆、飞机或个人提供通信手段的一种卫星通信系统，它包括移动台之间、移动台与固定台之间、固定台与公众通信网用户之间的通信。用户可以在卫星波束的覆盖范围内自由移动，通过卫星传递的信号，保持与地面通信系统用户、专用系统用户或其他移动用户的通信。

与其他通信方式相比，卫星移动通信具有覆盖区域大、通信距离远、机动灵活、线路稳定可靠等优点。卫星移动通信可实现移动平台的"动中通"，提供话音、数据、图像、定位和寻呼等多种业务，而且通信传输时延短，无需回音抵消器；可与地面蜂窝状移动通信系统及其他通信系统相结合，组成全球覆盖无缝通信网；对用户的要求反应速度快，既适用于民用通信，也适用于军事通信；既适用于国内通信，也可用于国际通信。卫星移动通信系统的发展史如表 6-2 所示。

表 6-2　卫星移动通信系统的发展史

第一代卫星移动通信系统：模拟信号技术
1976 年，由 3 颗静止卫星构成的 MARISAT 系统成为第 1 个提供海事移动通信服务的卫星系统（舰载地球站 40W 发射功率，天线直径 1.2m） 1982 年，Inmarsat-A 成为第 1 个海事卫星移动电话系统
第二代卫星移动通信系统：数字传输技术
1988 年，Inmarsat-C 成为第 1 个陆地卫星移动数据通信系统 1993 年，Inmarsat-M 和澳大利亚的 Mobilesat 成为第 1 个数字陆地卫星移动电话系统，支持公文包大小的终端 1996 年，Inmarsat-3 可支持便携式的膝上型电话终端
第三代卫星移动通信系统：手持终端
1998 年，铱系统成为首个支持手持终端的全球地轨卫星移动通信系统 2003 年以后，集成了卫星通信子系统的全球移动通信系统

6.2.1　卫星移动通信系统的相关技术

6.2.1.1 宽带卫星通信技术

宽带卫星通信系统，简单地说就是卫星通信与互联网相结合的产物，俗称卫星宽带或卫星上网。ATM 是有线网络宽带通信的主要技术，新一代卫星移动通信系统把 ATM 结构作为传输模型，而所用的卫星通常具有多点波束和星上处理能力，透明转发的卫星网络和有星上处理能力的卫星系统都可以与 ATM 网络结合使用。

宽带卫星 ATM 网络具有以下特点：覆盖面广；可适应灵活的路由和业务需求；利用卫星的点对多点和多点对多点连接能力，快速建立 ATM 网多点到多点的应用，为大量用户提供有效的连接；卫星网络可以作为地面光纤 ATM 网络的备份，在地面网出现故障或拥塞时，确保路由畅通，提高了系统的传输可靠性；结合各类接入手段，卫星 ATM 网络可以适应不同比特率用户的系统接入。

TCP/IP 是为地面网络设计的，用于卫星信道时会出现长时延、较高的差错率、前 / 反向信道非对称等问题。因此，必须对 TCP/IP 协议进行一系列的扩展改进，如帧结构改进、选择性 ARQ、选择性 ACK、前向 ACK、ACK 拥塞控制、TCP 报头压缩、ACK 压缩与紧凑化、窗口尺寸设计等；RFC 扩展建议可克服长时延、大窗口、效率下降、信道容量的非对称性及性能起伏。在卫星链路起始端设置网关，将 TCP/IP 协议转换成适合卫星信道的算法，可在卫星段采用与卫星链路特性匹配的传输协议，并通过 TCP/IP 协议网关与 Internet 和用户终端连接。

6.2.1.2 星上处理技术

通过星上处理技术可以满足卫星平台的调制解调、星上交换、星载校准等，此技术的建立成功解决了卫星移动通信系统的传输时延长的问题。星上处理技术包括三种模式：全透明转发、部分处理交换和星上处理交换。其中，全透明转发的优点是技术体制适应性强、风险小，缺点是双跳通信延时长、实时性差。星上处理交换的优点是服务实时性好、资源利用率高，缺点是技术成熟性不高、适应性差、可靠性差。而部分处理交换的优缺点介于两者之间。对于低轨卫星星座系统来说，星上处理技术是其实现全球移动通信所必需的关键技术；而对于地球同步系统而言，由于星上处理技术难度较大，暂且不适用于该系统。

6.2.1.3 MDPC 多址方式

在卫星通信系统中，通常采用的多址方式有 FDMA、TDMA、MF-TDMA、SDMA、CDMA

以及这几种多址方式的组合。在卫星移动 ATM 网络中，要根据网络结构及所要传输的业务性质来选择多址方式，以获得更高的效率。为提高宽带卫星移动通信系统的容量和服务质量，必须开发新的传输和调制技术。目前，宽带 CDMA（W-CDMA）和 OFDM/TDMA 技术已成功应用于地面多媒体系统，这两种技术在移动多媒体通信与非 GEO 卫星通信中也被看好。

6.2.1.4 天线波束成形与智能天线技术

现代天线波束成形、多点波束蜂窝结构及智能天线技术，是实现高密度、多重频率再利用并大幅度提高频谱利用效率的最有效途径，与多址连接技术一起使用，可有效提高上下行通信能力，特别是下行通信能力。这也是第三代移动通信改进系统性能及 4G/5G 发展的重要手段，是 3GTD-SCDMA 方案的核心技术，目前正扩展成 TDD、FDD 全面开发应用。研制开发出稳定性、快速收敛性等性能优良的控制算法是其关键，应特别注意探讨 TDD 及 FDD 模式下双向智能天线的系统结构与优良算法。对 L/S 和 Ka 等高频段蜂窝结构覆盖的星上天线的智能控制、空中结构展开以及自适应大范围调整覆盖能力等，是实现系统有效频率多重再利用与适应性的重要途径。

通信卫星天线的发展，经历了从简单天线（标准圆或椭圆波束）、赋形天线（多馈源波束赋形到反射器赋形）和为支持个人移动通信而研制的多波束成型大天线。目前，全球波束仍采用圆波束，区域通信大多采用双栅、正交、单馈源、反射器赋形的天线设计，这种天线技术已应用于大多数通星和 ASES 卫星。

6.2.1.5 用户终端的小型化

用户终端的发展方向是小型化。个人卫星通信的一个主要要求就是达到用户终端手持化，而手持终端的价格和重量是涉及个人卫星通信能否普遍使用的两个重要因素。Ka/V 频段的新卫星将采用甚小微型终端式超小孔径终端，与目前的 VAST 不同，这些终端将为固定和移动的用户提供动中通信，用户终端的价格很低，便于普及使用。传输技术将以 IP 为主，不断降低用户的使用费用。只有卫星移动通信使用费用低到可与地面通信使用费用相竞争，才能被广大普通用户所接受。

6.2.1.6 抗雨衰和 QoS 保障技术

目前，宽带卫星移动通信系统主要采用 Ka 频段，而 Ka 与 Ku 频段的卫星系统相比，系统容量高、终端尺寸小、性能价格比具有明显优势，可方便个人用户的使用。同时，降雨对信号的衰减对波长 1 ~ 1.5 米的 Ka 频段更为严重，由于波长和雨滴的大小相仿，雨滴将使信号发生畸变。为解决这一问题，可采用自适应功率控制、自适应数字编码和信号畸变的校正技术。

宽带卫星移动通信系统为了获得并保持期望的 QoS，应进行控制和监督，将QoS 管理技术应用于交互式通信的开始（静态功能）和交互通信的过程（动态功能）。静态功能包括对 QoS 要求的定义、协商、接入控制及资源预留，动态功能则包括对 QoS 的测量、整理、保持、重新协商、匹配和同步。

6.2.2 低轨道（LEO）卫星移动通信系统

低轨道卫星移动通信系统由卫星星座、关口地球站、系统控制中心、网络控制中心和用户单元等组成。在若干个轨道平面上布置多颗卫星，由通信链路将多个轨道平面上的卫星联结起来。整个星座如同结构上连成一体的大型平台，在地球表面形成蜂窝状服务小区，服务区内用户至少被一颗卫星覆盖，用户可以随时接入系统。

低轨道卫星距地面 500 ~ 2000km，传输时延和功耗都比较小，但每颗星的覆盖范围也比较小。低轨道卫星通信系统由于卫星轨道低，信号传播时延短，所以可支持多跳通信；其链路损耗小，可以降低对卫星和用户终端的要求，可以采用微型 / 小型卫星和手持用户终端。但是，低轨道卫星移动通信系统也为这些优势付出了较大的代价。由于轨道低，每颗卫星所能覆盖的范围比较小，要构成全球系统需要数十颗卫星，如铱星系统有 66 颗卫星、全球星（Globalstar）有 48 颗卫星、Teledisc 有 288 颗卫星。同时，由于低轨道卫星的运动速度快，对于单一用户来说，卫星从地平线升起到再次落到地平线以下的时间较短，所以卫星间或载波间切换频繁。因此，低轨道卫星移动通信系统的系统构成和控制复杂、技术风险大、建设成本也相对较高。

6.2.2.1 常见的低轨道卫星移动通信系统

1. 铱星系统

铱星系统属于低轨道卫星移动通信系统，由 Motorola 提出并主导建设，由分布在 6 个轨道平面上的 66 颗卫星组成，这些卫星均匀地分布在 6 个轨道面上，轨道高度为 780km。主要为个人用户提供全球范围内的移动通信，采用地面集中控制方式，具有星际链路、星上处理和星上交换功能。铱星系统除了提供电话业务外，还提供传真、全球定位（GPS）、无线电定位以及全球寻呼业务。从技术上来说，这一系统是极为先进的，但从商业上来说，它是极为失败的，存在着目标用户不明确、成本高昂等缺点。目前该系统基本上已复活，由新的铱星公司代替旧的铱星公司，重新定位，再次引领卫星通信的新时代。

2.Globalstar 系统

Globalstar 系统设计简单，既没有星际电路，也没有星上处理和星上交换功能，仅仅定位为地面蜂窝系统的延伸，从而扩大了地面移动通信系统的覆盖，因此降低了系统投资，也减少了技术风险。Globalstar 系统由 48 颗卫星组成，均匀分布在 8 个轨道面上，轨道高度为 1389km。Globalstar 系统结构包括空间段、地面段、用户段。该系统包括 4 个主要特点：系统设计简单，可降低卫星成本和通信费用；移动用户可利用多径和多颗卫星的双重分集接收，提高接收质量；频谱利用率高；地面关口站数量较多。

3.ICO 全球通信系统

ICO 系统采用大卫星，运行于 10390km 的中轨道，共有 10 颗卫星和 2 颗备份星，布置于 2 个轨道面，每个轨道面有 5 颗工作星和 1 颗备份星。提供的数据传输速率为 140kb/s，但有上升到 384kb/s 的能力。主要针对为非城市地区提供高速数据传输，如互联网接入服务和移动电话服务。

4.Ellips0 系统

Ellips0 系统是一种混合轨道星座系统。它使用 17 颗卫星便可实现全球覆盖，比铱星系统和 Globalstar 系统的卫星数量要少得多。在该系统中，有 10 颗卫星部署在两条椭圆轨道上，其轨道近地点为 632km，远地点为 7604km，另有 7 颗卫星部署在一条 8050km 高的赤道轨道上。该系统初步开始为赤道地区提供移动电话业务，2002 年开始提供全球移动电话业务。

5.Orbcomm 系统

轨道通信系统 Orbcomm 是只能实现数据业务全球通信的小卫星移动通信系统，该系统具有投资小、周期短、兼备通信和定位能力、卫星质量轻、用户终端为手机、系统运行自动化水平高和自主功能强等优点。Orbcomm 系统由 36 颗小卫星及地面部分（含地面信关站、网络控制中心和地面终端设施）组成，其中 28 颗卫星在补轨道平面上：第 1 轨道平面为 2 颗卫星，轨道高度为 736/749km；第 2 轨道至第 4 轨道的每个轨道平面布置 8 颗卫星，轨道高度为 775km；第 5 轨道平面有 2 颗卫星，轨道高度为 700km，主要为增强高纬度地区的通信覆盖。另外 8 颗卫星为备用卫星。

6.Teledesic 系统

Teledesic 系统是一个着眼于宽带业务发展的低轨道卫星移动通信系统。由

840 颗卫星组成，均匀分布在 21 个轨道平面上。由于每个轨道平面上另有备用卫星，备用卫星总数为 84 颗，所以整个系统的卫星数量达到 924 颗。经优化后，投入实际使用的 Teledesic 系统已将卫星数量降至 288 颗。Teledesic 系统的每颗卫星可提供 10 万个 16kb/s 的话音信道，整个系统峰值负荷时，可提供超出 100 万个同步全双工 El 速率的连接。因此，该系统不仅可提供高质量的话音通信，同时还能支持电视会议、交互式多媒体通信、实时双向高速数据通信等宽带通信业务。

利用低轨道（LEO）卫星实现手持终端个人通信的优点在于：一方面，卫星的轨道高度低使得传输时延短，路径损耗小，多个卫星组成的星座可以实现真正的全球覆盖，频率复用更有效；另一方面，蜂窝通信、多址、点波束、频率复用等技术也为低轨道卫星移动通信提供了技术保障。因此，LEO 系统被认为是最新最有前途的卫星移动通信系统。

6.2.2.2 基于 5G 标准的毫米波低轨星座

5G，即第五代移动通信技术。3GPP 定义了 5G 的三大场景，分别是：增强型移动宽带，能够在人口密集区为用户提供 1Gb/s 的用户体验速率和 10Gb/s 的峰值速率，在流量热点区域，可实现每平方千米数十 Tb/s 的流量密度；海量物联网通信，不仅能将医疗仪器、家用电器和手持通信终端等全部连接起来，还能面向智慧城市、环境监测、智能农业、森林防火等以传感和数据采集为目标的应用场景，并提供具备超千亿网络连接的支持能力；低时延、高可靠通信，主要面向智能无人驾驶、工业自动化等需要低时延、高可靠性连接的业务，能够为用户提供毫秒级的端到端时延和接近 100% 的业务可靠性保证。

如果我们换个角度从通信技术发展史方向去思考，1G 时代我们解决的是信息传递的有无；2G 时代我们解决了模拟转数字，信息传递终于有了标准的语言；3G 时代我们解决的是信息传递的种类，从此语音、文字、视频等多媒体信息的传输都成为可能；4G 时代我们解决了信息传递的速率问题，高清语音、视频直播都成为现实。那么下一个 5G 时代，通信史当中哪几个环节还没有被克服呢？那就是信息传递的广度和丰度，在继承和发扬 4G 时代高速率的同时，也只有在这两个点上取得突破的通信标准，才能称得上是新一代通信技术。

那么我们如何让自动驾驶的汽车在世界任意一个地点行驶？我们如何让无数的物联网终端随时随地接入？我们如何让世界各地的人们能够随时随地沟通？为

了实现信息传递的广度和丰度，我们巧妙地利用相控阵、多天线技术，找到了毫米波新的频谱，推出来高效的 3D-MIMO 多址接入的办法。那么，思考一下我们除了在地面设置更多的微基站之外，是否可以将其搬到太空当中，如此覆盖下来，对其影响的范围、可连接的丰富度而言是不可估量的。

基于 5G 标准的毫米波低地球轨道互联网星座与 NB-IoT（窄带蜂窝物联网）的结合，堪称对 5G 的低时延、高可靠和低功耗大连接的完美诠释。NB-IoT 可以解决 5G 通信中的丰度需求，让无数的智能终端连接起来；如果有了卫星星座在广度上的支持，那么很多应用场景都可以实现。低轨星座位于近地轨道，距离地面仅几百千米，延迟完全满足设备需求。基于 5G 标准的毫米波低轨星座与 NB-IoT，一个用于广域间的网络连接，一个实现用户本地间的低功耗的设备连接，可谓优势互补。

地面网络将始终是 5G 通信的主体，没有它的 5G 时代是不完整的，而卫星通信只是对地面网络的有效补充。基于硅基半导体的电子相控阵天线的技术可使几厘米大小的晶圆当中拥有大量的发射接收阵列，而晶圆阵列通过大批量生产到足以安装智能设备当中，使其可以直接与太空中的卫星进行信号传输。这样，天地之间不再有频率之争，共享并利用相同的频率，在不同的环境下实现终端信号的无缝切换。城市里信号好，就用地面基站信号，飞机上、海船上、偏远地区则可直接接入低轨卫星网络。

6.2.2.3 低轨道卫星的组网方式

近年来互联网得到了飞速的发展。与此同时，随着终端用户数量的不断扩大，以及新业务的不断涌现，对 Internet 提出了新的挑战。因此需要一种新的 Internet 基础结构来提供高速率、高质量的服务，以满足各种各样 QoS 业务的需要。卫星通信系统具有全球覆盖性、固定的广播能力、按需灵活分配带宽以及支持移动性等优点，是一种向分布在全球的用户提供 Internet 服务的最好的候选方案。另外，如果一个卫星通信系统经过良好的设计，可以覆盖整个地球表面，这对航空用户、航海用户以及处于边远地区缺少地面通信基础设施的用户是极为合适的，甚至是唯一的选择。

LEO 卫星网提供的宽带业务要和地面 Internet 实现互联。为更好地与地面 Internet 实现互联，作为宽带业务核心的数据业务选择使用 IP 协议。IP 能够连接各种异种网络，实现网络层的寻址、路由和转接功能。IP 协议是联系各个网络的接口协议。

在卫星通信中，有三种类型的通信链路，分别是：卫星与地面移动用户的通信链路（星地链路 users-satellite-links，USLs），卫星与基站的通信链路（星基链路，gateway-satellite-links，GSLs）和卫星之间的通信链路（星间链路，inter-satellite-links，ISLs）。

LEO 卫星网的"拓扑"指各卫星之间、卫星与地面用户之间、卫星与基站之间是否有通信链路，以及各通信链路的时延和数据带宽。链路是由链路预算决定是否可能建立，影响链路预算的主要因素包括载波频率，收发天线增益、传播衰减、发射功率和信噪比。要实现手持设备用户通信，星地链路是否可能建立是最关键的，因为其最受用户天线功率和增益的限制。

低轨卫星星座组网有两种方式。一种是基于弯管（Bent Pipe）技术的卫星网络，靠地面基站互联成网，无星间链路，可以无星上处理。如果没有星间链路，星上负载只需有转发功能就可以了，负责频带转换和信号放大。这种方式的好处是系统简单，成本低。但只有当卫星能看见基站时，才能发挥作用。而在没有建立基站的地方则无法运行。能够在某一区域建立基站，则能在这个区域内独立成网。如果基站能够互联，则能实现更大范围的组网。但由于基站的建立取决于地理、政治、经济等因素，这样的方式往往不能实现全球覆盖，从而浪费卫星资源。

另一种方式是用基于星上处理（On-board Processing，OBP）技术的卫星网络，通过星间链路组网，这样卫星可以独立成网。而基站负责卫星的管理和地面网接入，基站的位置可有自主选择的余地。采用这种方式组网，星间链路是其关键技术，指向、识别、跟踪都很有挑战性。由于信息可以绕过地面网，用星间链路组网对政府和军队有特殊的吸引力，具有重大的经济、政治、军事意义。并且，为了能实现网络路由，星间链路的使用要求卫星要具有星上处理和交换能力。如果要有基带信号处理能力，则要包含调制 / 解调、信道编 / 解码和链路层协议。

星间链路可分为轨内星间链路和轨间星间链路。轨内相邻卫星的相对运动很小，轨内星间链路相对容易建立和保持。轨间相邻卫星的相对运动形态，极地星座和倾斜星座的差别比较大。但是在未来的宽带卫星网中，基站还将作为移动用户接入各地面网的接口，星基链路将在传输数据上发挥关键作用。

6.2.3 中轨道（MEO）卫星通信系统

距地面 2000km ~ 20000km，传输时延要大于低轨道卫星，但覆盖范围也更大。由于轨道高度的降低，可减弱高轨道卫星通信的缺点，并能够为用户提供体积、重量、功率较小的移动终端设备。用较少数目的中轨道卫星即可构成全球覆盖的移动通信系统。中轨道卫星系统为非同步卫星系统，由于卫星相对地面用户的运动，用户与一颗卫星能够保持通信的时间约为 100 分钟。卫星与用户之间的链路多采用 L 波段或 S 波段，卫星与关口站之间的链路可采用 C 波段或 Ka 波段。

中轨道卫星通信系统可以说是同步卫星系统和低轨道卫星系统的折中，中轨道卫星系统兼有这两种方案的优点，同时又在一定程度上克服了这两种方案的不足之处。中轨道卫星的链路损耗和传播时延都比较小，仍然可采用简单的小型卫星。如果中轨道和低轨道卫星系统均采用星际链路，当用户进行远距离通信时，中轨道系统信息通过卫星星际链路子网的时延将比低轨道系统低。而且由于其轨道比低轨道卫星系统高许多，每颗卫星所能覆盖的范围比低轨道系统大得多，当轨道高度为 10000km 时，每颗卫星可以覆盖地球表面的 23.5%，因而只要几颗卫星就可以覆盖全球。

有代表性的中轨道（MEO）卫星移动通信系统主要有国际海事卫星组织的 ICO（INMARSAT-P）、TRW 空间技术集团公司的 Odyssey（奥德赛）和欧洲宇航局开发的 MAGSS-14 等。

6.2.3.1 ICO

ICO 系统主要由 3 部分组成：空间段、地面段、用户终端。空间段由 12 颗中轨道卫星（包括 2 颗备用卫星）、6 个跟踪和测控站（TT&C）、1 个卫星操作控制中心（SCC）、1 个卫星网络控制站（NCS）等组成。这些卫星均匀分布在离地球表面 10355km 高度的两个正交中圆轨道平面上，每个轨道平面上有 5 颗卫星和 1 颗备用卫星，轨道面倾角为 45°。每颗卫星有 163 个点波束，分布在大约 750 个载波上，采用 TDMA 多址技术。每颗卫星应能保证整个系统每年支持 24 亿分钟的通话量。地面段包括关口站和卫星联系地面网 ICONET。ICONET 具有 12 个卫星接入节点（Satellite Access Node，SAN），有规则地分布在世界各大洲，通过专用地面链路连接，具有相互备份及覆盖全球的能力。ICO 用户终端包括手机、车载、航空、船舶等终端以及半固定和固定终端。手机为双模手机，可自动选择卫星或地面操作模式，也可由用户根据现有的卫星和地面系统可利用的程度及用户的意愿进行选择。ICO 双模手机可提供 GSM/ICO、CDMA/ICO、DAMPS/ICO、PDC/ICO 业务，除语音外，还提供数据通道、电文、寻呼、传真、定位等。

6.2.3.2 Odyssey

Odyssey（奥德赛）系统由 TRW 空间技术集团公司推出，其网络结构主要包括空间段、地面段和用户单元三个部分。Odyssey 系统的星座系统采用 12 颗卫星，分布在倾斜角为 55° 的 3 个轨道平面上，轨道高度为 10354km。卫星与地面站之间采用 Ka 频段，下行为 19.70 ～ 20.0GHz，上行为 29.5 ～ 29.84GHz，可用带宽 340MHz，采用线性极化。卫星与用户单元之间，下行采用 L 频段 1610 ～ 1626.5MHz，上行采用 S 频段 2483.5 ～ 2500MHz，可用带宽 7.5MHz，采用左旋圆极化。系统的基本设计将基于 CDMA 方式，系统将可用的 7.5MHz 带宽分为 3 段，扩频带宽为 2.5MHz。该系统极化采用多波束天线方向图指向地面，姿态控制系统决定卫星的指向，以确保对陆地和海区的连续覆盖。地面控制也可以对指向进行程控，以保证对需求业务区的最佳覆盖。每颗卫星可以提供 19 个（或扩展到 37 个）波束，总容量为 2800 条电路。全系统共需要设定 16 个地面站，每个地面站有多个关口站与公众电话网相连，无星间链路以及星上处理，卫星只作为一个弯管简单的转发器和矩阵放大器，以保证动态地将功率发送到高需求区。Odyssey 系统可以作为现存陆地蜂窝移动通信系统的补充和扩展，支持动态、可靠、自动、用户透明的服务。系统地面段包括卫星管理中心、服务运作中心、地球站、关口站、地面网络等。

系统最主要的用户终端是手持机。手持机的设计在许多方面决定整个系统的特性，其最大等效全向辐射功率（EIRP）决定了卫星的 G/T 值，进而决定了卫星的点波束数量和卫星每条信道的功率，也就间接地决定了卫星的大小和成本。Odyssey 系统的手持机采用双模式工作。可以同时在 Odyssey 系统和蜂窝系统中使用，调制方式为 CDMA/OQPSK，接收机灵敏度为 –133 ～ –100dBm。系统可以提供各种业务，包括语音、传真、数据、寻呼、报文、定位等。手持机的数据速率可以达到 2.4kb/s，还可以提供 4.8 ～ 19.2kb/s 的数据速率。

6.2.3.3 MAGSS–14

MAGSS–14 系统是欧洲宇航局开发的中轨道全球卫星移动通信系统。它由

14 颗卫星组成，卫星高度为 10354km，分布在 7 个轨道平面上，轨道倾角为 28.5°。在这个高度上，卫星沿轨道旋转一周的时间为四分之一个恒星日（23 小时 56 分）。这个斜率使得卫星的地面轨道每天重复，为动态星座（DSC）提供了一些有用的网络覆盖特性。当用户仰角为 28.5° 的时候，最大倾斜路径为 12500km，由此可以推算出来的卫星覆盖区半径为 4650km。卫星运动使得一个地球站与一颗星的平均可见时间长达 100 分钟。每颗星有 37 个波束，可以覆盖全球。

6.2.4 高轨道（GEO）卫星通信系统

高轨道（GEO），即同步静止轨道，距地面 35800km。理论上，用三颗高轨道卫星即可实现全球覆盖。传统的同步轨道卫星通信系统的技术最为成熟，自从同步卫星被用于通信业务以来，用同步卫星来建立全球卫星通信系统已经成为了建立卫星通信系统的传统模式。但是，同步卫星有一个不可克服的障碍，就是较长的传播时延和较大的链路损耗，严重影响到它在某些通信领域的应用，特别是在卫星移动通信方面的应用。首先，同步卫星轨道高，链路损耗大，对用户终端接收机性能要求较高。该系统难于支持手持机直接通过卫星进行通信，或者需要采用 12m 以上的星载天线（L 波段），这就对卫星星载通信有效载荷提出了较高的要求，不利于小卫星技术在移动通信中的使用。其次，由于链路距离长，传播延时大，单跳的传播时延就会达到数百毫秒，加上语音编码器等的处理时间则单跳时延将进一步增加，当移动用户通过卫星进行双跳通信时，时延甚至将达到秒级，这是用户（特别是话音通信用户）所难以忍受的。为了避免这种双跳通信就必须采用星上处理使得卫星具有交换功能，但这必将增加卫星的复杂度，不但增加系统成本，也有一定的技术风险。

6.2.4.1 北美卫星移动通信系统（MSAT）

北美卫星移动通信系统（MSAT）是世界上第一个区域性卫星移动通信系统。MSAT 系统由卫星、中心测控站、关口站、基站和移动终端组成。

1. 空间段

空间段包括 2 颗卫星，分别是 TMI 公司的 MSAT-1 和 AMSC 公司的 MSAT-2，分别定点于西经 101° 和 106.5° 的静止轨道，两星互为备份。卫星使用两种波段，与卫星移动终端相通使用 L 波段，与网络控制中心、关口站或基站相通使用 Ku 波段。由于没有星上交换功能，两个移动终端之间不能直接互连，需要通过两跳卫星链路，时延较大。

2. 中心测控站

中心测控站由两部分组成，即卫星控制部分和网络控制部分。卫星控制部分负责卫星的测控，网络控制部分完成整个网络的运行和管理，包括信道分配、呼叫记录、计费等。

3. 关口站和基站

关口站提供与公共电话网的接口，使卫星移动用户可以与固定用户之间相互通信。基站是卫星系统与专用调度网的接口，使各调度中心通过基站进入卫星系统对用户进行调度管理。

4. 移动终端

移动终端包括固定位置可搬移、车载、机载和船载移动终端。

MSAT 卫星移动通信系统是世界上第一个利用静止轨道通信卫星支持地面移动业务的通信系统。MSAT 系统的新一代 MSV（Mobile Satellite Ventures）卫星上采用直径 22.8m 的 L 频段天线，可形成 500 个点波束，MSV 系统是一个天地一体的卫星蜂窝式移动通信网络，卫星上采用信道化技术为整个美洲地区（包括小型手持终端）提供先进而可靠的语音、数据业务；特别是 MSV 系统拥有 ATC（Ancillary Terrestrial Component 辅助地面组件）技术。

MSAT 系统主要提供两大类业务：一类是公众通信的无线业务，另一类是面向专用通信的专用通信业务。具体可以分为以下 6 种。

●移动电话业务。把移动的车辆、船舶或飞机同公众电话交换网互联起来的语音通信。

●移动无线电业务。用户移动终端与基站之间双向话音调度业务。

●移动数据业务。可与移动电话业务或移动无线电业务结合起来的双向数据通信。

●航空业务。为了安全或其他目的的话音和数据通信。

●终端可搬移的业务。在人口稀少地区固定的位置上使用可搬移的终端为用户提供电话和双向数据业务。

●寻呼业务。

6.2.4.2 国际海事卫星通信系统（INMARSAT）

国际海事卫星通信系统（INMARSAT）是移动业务卫星通信系统（MSS）的一种。INMARSAT系统是世界上第一个全球性的移动业务卫星通信系统。

INMARSAT系统基本是由四部分组成，即空间段、网络协调站（NCS）、卫星地面站（LES）和卫星船站（SES）。

1. 空间段

分布在大西洋、印度洋和太平洋上空的3颗卫星覆盖了几乎整个地球，并使三大洋的任何点都能接入卫星。

2. 卫星地面站（岸站）

卫星地面站（LES）是指设在海岸附近的地球站，归各国主管部门所有，并归其经营。它既是卫星系统与地面系统的接口，又是一个控制和接入中心。

3. 网路协调站

网路协调站（NCS）是整个系统的一个组成部分。每一个海域设一个网路协调站，它也是双频段工作。

4. 卫星船站

卫星船站（SES）是设在船上的地球站。在INMARSAT系统中它必须满足：船站天线满足稳定度的要求，它必须排除船身移位以及船身的侧滚、纵滚和偏航的影响而跟踪卫星；船站必须设计的小而轻，使其不至于影响船的稳定性，同时又要设计的有足够带宽，能提供各种通信业务。

6.2.5 卫星移动通信的应用

卫星移动通信凭借其覆盖范围广、不受地理条件影响等优势，与地面通信系统形成互补，广泛应用于地面通信系统不易覆盖或建设成本过高的领域。

6.2.5.1 渔政

目前我国海洋渔业大马力渔船超过30万艘，中小马力渔船超过100万艘，现有各种通信手段（手机、超短波、短波、北斗短信）都存在各种弊端，无法满足渔船和渔政指挥的需要，尤其是对通话需求极高。卫星移动通信系统可以弥补这个业务空缺。

6.2.5.2 水利防汛

据统计，我国拥有40000个没有通信手段的水库。按2300个县计算，县一级防汛指挥部门配备 1 ~ 2 部卫星移动通信系统手持终端，七大流域管理系统每流域配备 20 部手持终端，共需要约 7 万部卫星移动通信话音终端以及几十万水文自动监测数据终端。

6.2.5.3 村村通

在我国西部的很多地区，地理条件和自然环境很恶劣，地面通信已经无能为力。通过卫星方式解决特别偏远地区村村通工作具有投资较少、安装简单灵活的特点。适合固定通信、移动通信难以覆盖的偏远区域，具有较好的社会效益。

6.2.5.4 救灾

在玉树抗震救灾中，由中国电信运营的卫星通信发挥了重要作用，形成了卫星网络与移动通信网、固网、互联网相互补充和支撑的立体保障格局。国内部分专家呼吁，我国幅员辽阔，地质复杂，各种灾害及突发事件频发，建设卫星应急通信系统显得尤其重要和迫切。

6.2.5.5 勘探科考

以石油勘探为例，石油队伍所在的探区多为沙漠和戈壁滩，地理位置偏僻，公共电信网络无法顾及。卫星通信具有不受地理环境条件的影响、覆盖面广的特点，能够满足石油勘探的通信需求。

6.2.5.6 光缆备份

2006 年台湾地震破坏海底通信电缆，造成了大规模的通信故障，影响重大。这一事件反映了"卫星通信作为备份手段"的重要性与迫切性。

6.3　全球定位系统

全球定位系统（Global Positioning System，GPS）是利用 GPS 定位卫星，在全球范围内实时进行定位、导航的系统。GPS 是由美国国防部研制建立的一种具有全方位、全天候、全时段、高精度的卫星导航系统，能为全球用户提供低成本、高精度的三维位置、速度和精确定时等导航信息，是卫星通信技术在导航领域的应用典范。

6.3.1 GPS 的组成

GPS 主要由空间部分、地面控制系统和用户设备部分组成。

6.3.1.1 空间部分

GPS 的空间部分是由 24 颗卫星（21 颗工作卫星、3 颗备用卫星）组成，位于距地表 20200km 的上空，运行周期为 12h。卫星均匀分布在 6 个轨道面上（每个轨道面 4 颗卫星），轨道倾角为 55°。卫星的分布使得在全球任何地方、任何时间都可观测到 4 颗以上的卫星。

6.3.1.2 地面控制系统

地面控制系统由监测站、主控制站、地面天线组成，主控制站位于美国科罗拉多州春田市。地面控制站负责收集由卫星传回的信息，并计算卫星星历、相对距离、大气校正等数据。

6.3.1.3 用户设备部分

用户设备部分即 GPS 信号接收机，其主要功能是能够捕获到按一定卫星截止角所选择的待测卫星，并跟踪这些卫星的运行。当接收机捕获到跟踪的卫星信号后，就可测量出接收天线至卫星的伪距离和距离的变化率，解调出卫星轨道参数等数据。根据这些数据，接收机中的微处理计算机就可按定位解算方法进行定位计算，计算出用户所在地理位置的经纬度、高度、速度、时间等信息。

6.3.2 GPS 的应用

GPS 的应用比较广泛，例如在军事上的应用、GPS 导航仪、GPS 在个人定位中的应用、GPS 在汽车导航和交通管理中的应用等。随着 Web2.0 和无线通信技术的发展，移动用户可以随时随地获取信息。在移动互联时代，定位无处不在，任何一个应用只要想了解用户的位置，不管是为用户提供服务还是用于用户分析，就一定会用到定位。现有的智能手机大部分集成了 GPS，用户可以非常轻松地实现定位，因此与北斗导航系统相比，GPS 在手机用户中的使用更普遍。常见的手机应用有高德/百度地图、打车软件、共享单车、共享汽车等。

6.3.2.1 高德/百度地图

手机用户使用高德/百度地图可以实现动态导航、兴趣点、叫车服务、位置搜索、查询公交路线等功能。高德地图还可以直接使用离线地图，而且可以根据用户的线路及时调整，适合开车一族。与高德地图相比，百度地图比较精准，可以选择开车，或者是走路的模式。

6.3.2.2 打车软件

打车软件的出现方便了我们的生活，常用的打车软件有滴滴打车、神州专车、优步（Uber）、一嗨租车、易到用车、一号专车、至尊用车等。

6.3.2.3 共享单车

共享单车（摩拜、优拜、ofo、小鸣、小蓝、骑呗等）的出现，一方面实现了覆盖到交通死角，方便了车站、地铁站等交通点到目的地的距离，让城市交通圈和交通规划更完善。另一方面提高了使用效率，适应不同群体的不同需求，灵活多变。但是如果缺乏监督，共享单车的折损率和丢失率恐怕不低。而 GPS/ 卫星定位系统就是一个成熟高效、覆盖面更广的监督措施。

6.3.2.4 共享汽车

近年来，共享单车备受大家的欢迎，之后便相继出现了共享电动车、共享汽车。目前，共享汽车已先后亮相北京、上海、广州、重庆、成都、武汉、杭州等十余个大中城市，受到越来越多消费者的青睐。常见的共享汽车 APP 有 TOGO 共享汽车、GOFUN 出行、福州共享汽车、天津共享汽车、北京共享汽车、上海共享汽车、宝驾出行、凹凸租车、一度用车等。用户通过 APP 可以完成线上预约、设置路线导航、停车站位提示等操作。

6.4　中国北斗卫星导航系统

北斗卫星导航系统（Bei Dou Navigation Satellite System，BDS）是中国着眼于国家安全和经济社会发展需要，自主建设、独立运行的卫星导航系统，是为全球用户提供全天候、全天时、高精度的定位、导航和授时服务的国家重要空间基础设施。中国北斗卫星导航系统是中国自行研制的全球卫星导航系统，是继美国全球定位系统（GPS）、俄罗斯格洛纳斯卫星导航系统（GLONASS）之后第三个成熟的卫星导航系统。

6.4.1　"北斗"的简介

20 世纪后期，中国开始探索适合国情的卫星导航系统发展道路，逐步形成了三步走发展战略：2000 年底，建成北斗一号系统，向中国提供服务；2012 年底，建成北斗二号系统，向亚太地区提供服务；计划在 2020 年前后，建成北斗全球系统，向全球提供服务。

随着北斗卫星导航系统建设和服务能力的发展，相关产品已广泛应用于交通运输、海洋渔业、水文监测、气象预报、测绘地理信息、森林防火、通信时统、电力调度、救灾减灾、应急搜救等领域，逐步渗透到人们生产和生活的方方面面，为全球经济和社会发展注入新的活力。

卫星导航系统是全球性公共资源，多系统兼容与互操作已成为发展趋势。中国始终秉持和践行"中国的北斗，世界的北斗"的发展理念，服务"一带一路"建设发展，积极推进北斗卫星导航系统国际合作。与其他卫星导航系统携手，与各个国家、地区及国际组织一起，共同推动全球卫星导航事业发展，让北斗卫星导航系统更好地服务全球、造福人类。

图 6-32 "北斗"导航卫星星座示意图

北斗卫星导航系统由空间段、地面段和用户段三部分组成，如图 6-33 所示。空间段包括 5 颗静止轨道卫星和 30 颗非静止轨道卫星。地球静止轨道卫星分别位于东经 58.75°、80°、110.5°、140° 和 160°。非静止轨道卫星由 27 颗中圆轨道卫星和 3 颗倾斜同步轨道卫星组成。地面段包括主控站、时间同步 / 注入站和监测站等若干地面站。用户段包括"北斗"兼容其他卫星导航系统的芯片、模块、天线等基础产品，以及终端产品、应用系统与应用服务等。

北斗卫星导航系统采用卫星无线电测定（RDSS）与卫星无线电导航（RNSS）集成体制，既能像 GPS、GLONASS、GALILEO 等系统一样，为用户提供卫星无线电导航服务，又具有位置报告、精密授时及短报文通信功能。目前，正在运行的北斗二号系统发播 BII 和 B2I 公开服务信号，免费向亚太地区提供公开服务。服务区为南北纬 55°、东经 55° 到 180° 区域，定位精度优于 10m，测速精度优于 0.2m/s，授时精度优于 50ns。

6.4.2 "北斗"的应用

中国积极培育北斗卫星导航系统的应用开发，打造由基础产品、应用终端、应用系统和运营服务构成的北斗产业链，持续加强北斗产业保障、推进和创新体系，不断改善产业环境，扩大应用规模，实现融合发展，提升卫星导航产业的经济和社会效益。

6.4.2.1 智能交通

北斗卫星导航系统可以通过遥感技术获取地面物体的形状、大小、位置及其相互空间关系，用于获得交通量、路面参数、车辆参数、停车场等有关信息。

6.4.2.2 监测道路安全

由于不受通视条件的限制，北斗卫星导航系统在监测公路边坡（滑坡、崩塌）和桥梁变形上具有选点灵活的特点，可根据监测需要将监测点布设在对变形体的形变比较敏感的特征点上。此外，北斗卫星导航系统静态相对定位具有很高的定位精度和较强的作业自动化程度。上述特点和优点使"北斗"在公路边坡等地质灾害及桥梁变形监测上有着广阔的应用前景。

6.4.2.3 保障电力畅通

电网是一个巨大的系统工程，要确保电厂、变电站的设备运转同步进行，必须首先确保设备内部时钟的一致性。基于中国"北斗"的"北斗电力全网时间同步管理系统"，解决了电力系统时间同步应用中的三大难题——可靠的时钟源、全网时间同步管理和远程集中实时监测维护，有效保障了中国电力安全和国家安全。

6.4.2.4 灾害救援显身手

北斗卫星导航试验系统在近年来多次成功运用于灾害监测与救援行动，尤其在 2008 年的汶川地震救灾中发挥了突出作用。汶川地震发生后，国家有关部门迅速将"北斗一号"终端机配备给一线救援部队。该终端机不仅可以接收"北斗"卫星的导航信号，还可以用短报文的形式与指挥中心取得联系。救援队伍在赶往灾区的过程中，通过卫星定位可得知自己所处的位置，并判断到救援目的地的距离，从而选择最佳路线，保证以最快的速度到达灾区开展救援工作。通过对大量相关地物的定位普查并进行统计分析，也可为开展救灾与灾后重建的指挥、调度、管理、统筹及决策提供依据，以利于对灾情信息快速上报和共享。

6.4.2.5 监测农田保墒情

新疆生产建设兵团综合利用远程数据采集技术、"北斗"定位通信技术、地理信息系统技术和卫星遥感技术，实现了土壤含水量、温湿度和地理位置的实时监测、旱情综合分析、土地面积和距离测量，为土壤墒情及地理位置等多维动态信息的实时采集及综合应用提供了全面且先进的解决方案。

6.4.2.6 海洋渔业保平安

以北斗卫星导航系统为基础构建的"北斗"卫星海洋渔业综合信息服务网，实现了多网合一的渔船船位集中监控。该信息服务网能向渔业管理部门提供船位监控、紧急救援、政策发布、渔船出入港管理等服务；向海上渔船提供导航定位、遇险求救、航海通告、增值信息（如天气、海浪、渔市行情）等服务；提供船与船、船与岸间的短消息互通服务等。北斗卫星导航系统极大地提高了渔业管理部门的渔船安全生产保障水平，提高了渔民收入，减少了外事争端，维护了中国海洋权益。

BDG-MF-07 型北斗船载终端是北斗星通信息服务有限公司针对海洋渔业应用需求和海洋环境特点设计的船载终端产品。该款产品由大屏幕彩色显控单元、北斗定位通信单元、配件（手写板）等部分组成。该产品可为船舶上的生产作业者提供导航定位、船舶自动防碰撞报警、紧急遇险一键式报警等功能，并提供船舶之间、船岸之间的北斗短信互通服务。

6.4.2.7 自动测报气象

为解决高寒地区和无人区的气象数据观测和传输问题，有关部门经过多年气象数字报文传输的应用试验，研制了一系列气象测报型"北斗"终端设备，并设计出实用可行的系统应用解决方案，实现了国家气象局和各地市气象中心的气象站数字报文自动传输汇集、气象站地图分布可视化显示功能。同时，"北斗"设备也被逐步用于中国人工影响天气飞机作业领域，取得了明显的效果。目前，应用于气象领域的"北斗"设备已达几百台，如图 6-40 所示。

6.4.2.8 监测煤矿安全生产

将"北斗"卫星定位通信技术与井下监测技术相结合，实现对矿井瓦斯、风压和设备工作状态等数据的远程监测，为中国煤矿安全生产提供了一种有效的监测手段。

6.4.2.9 服务上海世博会

上海世博会期间，装有"北斗"卫星接收模块的远程监控车载系统，安装在300 多辆新能源汽车上，在世博园运行。上海世博会游客达 7000 万人次，在约 6个月的时间里开展如此大规模的示范运营，是"北斗"导航卫星在国家重大项目中的又一次突出表现，也将推动中国"北斗"卫星导航定位技术及汽车信息技术的发展。

6.5　天地一体化

　　天地一体化信息网络是由多颗不同轨道、不同种类、不同性能的卫星形成星座覆盖全球，通过星间、星地链路将地面、海上、空中和深空中的用户、飞行器以及各种通信平台密集联合，以 IP 为信息承载方式，采用智能高速星上处理、交换和路由技术，面向光学、红外多谱段的信息，按照信息资源的最大有效综合利用原则，进行信息准确获取、快速处理和高效传输的一体化高速宽带大容量信息网络，即天基、空基和陆基一体化综合网络。

　　天地一体化网络的目标是对事件进行全面高效协同的处理。利用多维信息，协同各个工作模块，增强事件的处理能力；结合空、天、地各类网络和系统各自的优势，实现功能互补，扩大可处理事件的范围；利用空、天、地一体化网络综合信息系统强大的机动性能、广泛的覆盖范围、全局的协作能力和对信息的智能处理能力，实现对事件和任务的高效处理。

　　天地一体化网络由通信、侦察、导航、气象等多种功能的异构卫星 / 卫星网络、深空网络、空间飞行器以及地面有线和无线网络设施组成的，通过星间及星地链路将地面、海上、空中和深空中的用户、飞行器以及各种通信平台密集联合。地面和卫星之间可以根据应用需求建立星间链路，进行数据交换。它既可以是现有卫星系统的按需集成，也可以是根据需求进行"一体化"设计的结果，具有多功能融合、组成结构动态可变、运行状态复杂、信息交换处理一体化等功能。天地一体化网络以卫星网络为骨干，由深空网络、邻近空间网络、地面网络共同构成。其中，卫星骨干网一般称为天基网，包括各个轨道层面执行不同任务的卫星，深空网包括航天飞机、火星探测器等其他节点；邻近空间网络称为空基网，包括飞机、热气球、飞艇、直升机、无人机等低空飞行器；地面网络则包括轮船、潜艇、火车、汽车、坦克、手机等地面节点。这种高度综合性的异构网络系统打破了各自独立的网络系统间数据共享的壁垒，能够有效地综合利用各种资源（包括轨道资源、载荷资源、通信资源等），不仅可以为作战提供一体化的侦察、导航、作战指挥等服务，也可以为海陆空间通信、海洋气象预报、导航、应急救援等提供全方位的支持。

6.5.1 天地一体化网络的特征

从组网、传输和路由等方面看，天地一体化网络具有典型的大时空尺度属性，是一个大

时空尺度网络，具有鲜明特征。

天地一体化使得网络具有鲜明的特征。建设天地一体化网络，将对我国的国民经济、国防安全和科学研究产生深远的影响，主要包括以下三个方面。

6.5.1.1 天地一体化网络是未来国家电子信息系统的重要基础设施

天地一体化网络系统建设关系到国家经济和国家安全发展战略，是国家竞争实力和生存能力的重要组成部分，也是突破西方发达国家高技术封锁、对抗霸权主义、捍卫国家主权与领土完整的有力保障，将成为国家电子信息系统的重要基础。

6.5.1.2 天地一体化网络是实现多系统、多信息融合与协同的重要平台

天地一体化网络是大容量、多层次异构网络，承载海量、多维、协同信息，适应实时、高动态通信环境，它是构建空间信息从获取、处理到应用的快速高效的信息走廊。在天地一体化网络条件下，空间信息的获取涉及卫星、邻近空间飞行器、航空器等多种平台，有光学、红外、雷达、高光谱等多种手段，空间信息多源、多维、异质，其时间、空间和谱段分辨率不同，信息数据量庞大，存储模式、处理模式、信息服务时效性要求各异。天地一体化网络已经成为具有超前性和创新性的交叉研究前沿领域，科学意义和战略意义重大。

6.5.1.3 天地一体化网络可以带动信息电子、航空宇航、空间科学、光学、材料、仪器等相关学科的发展

天地一体化网络是人类利用空间的基础，利用天地一体化网络可以实现多维、多源、精细空间信息的一体化获取、传输、处理、网络化共享与应用服务等应用需求，涉及信息电子、航空宇航、空间科学、光学、材料、仪器等多个学科。大量的研究表明：空间宽带网络将形成巨大的空间产业；航天信息直接支持作战有赖于网络化支持；天地一体化网络所具有的独特位置与地域优势可形成特有的信息服务能力，带动新兴产业的发展，具有形成核心竞争力的巨大潜力。其研究成果将为未来天地一体化网络的建设提供理论支撑，对推动相关学科的发展

具有重要的科学意义。

6.5.2 天地一体化网络主要问题分析

天地一体化网络是一个由深空通信网络、同步卫星中继网络、中低轨卫星网络、平流层网络、航空自组网络、地面有线 / 无线以及移动网络、航天器、海上舰艇等组成的复杂巨系统。天地一体化网络整体呈现高动态、多层次、大时空跨度、高延迟等特点。纵观现有天地一体化网络关键技术的研究，主要存在以下问题。

6.5.2.1 国内外对天地一体化组网的研究

国内外对天地一体化组网的研究主要集中在规则的单层和多层卫星网络，其特点就是每层都是由轨道高度相同的卫星按照一定的规律构成的星座，同层网络内不考虑有其他类型卫星存在。但是，天地一体化网络是非同种异构系统，是一个集侦察、导航、通信等卫星以及其他航天器和地面网络的综合一体化信息网络。由于混合组网的规律更加复杂，所以需要从顶层上对组网结构和协议体系进行研究来保证一体化网络的应用。

6.5.2.2 现有天地一体化信息网络架构与组网研究

现有天地一体化信息网络架构与组网研究大多片面地集中于深空段行星骨干网、空间段卫星骨干网和陆地无线传感网，且仅满足单一服务需求。其着眼点主要在地球同步空间，未涉及各网段之间的立体化通信。更重要的是，大多数空间信息网络架构设计与组网技术在自重构和自优化等自组织特性方面考虑不够充分。

6.5.2.3 现有针对天地一体化网络的动态时变图模型研究

现有针对天地一体化网络的动态时变图模型研究大多考虑节点移动的规律性，且节点总数趋于稳定，并未涉及应急通信等场景下的"节点爆炸和拓扑膨胀"问题。此外，国内链路参数简单，节点能力表征不够完善，无法直接应用到天地一体化的大时空尺度空间信息网络中。

6.5.2.4 现有天地一体化网络

现有天地一体化网络路由算法设计正处于百家争鸣阶段，普适性较差；现有传输协议主要面向深空段、空间段或邻近空间段的星际间或星地间通信，天地一体化的联合路由和传输协议研究仍是空白。

6.5.2.5 路由算法在拓扑发生变化时

已有的路由算法在拓扑发生变化时（不考虑是链路故障还是链路拥塞）采用的都是重路由策略，这种方法的优点是简单，但是对于一体化效率较差，对于天基环境下这种拓扑变化非常快的网络就显得不太适合，导致的后果是资源消耗大、传输效率低。如何在拓扑改变时，根据出现故障的原因设计高效的路由策略（根据产生的原因，确定是采用源节点重新路由、从故障点重新路由还是在故障点等待恢复）就显得尤为重要。

目前联合考虑陆地、远洋、天空、空间与深空资源的大时空尺度空间信息网络仿真测试平台尚不完善，实验范例缺乏，理论研究与实际应用之间存在差距。

第7章 光纤通信技术

光纤通信技术是利用光导纤维传输信号以实现信息传递的一种通信方式。实际应用中的光纤通信系统使用的不是单根的光纤，而是许多光纤聚集在一起而组成的光缆。光纤通信系统的组成是由发送端、接收端以及信道组成。在发送端，将用户信号变为光信号，通过调制技术使光源的发光强度随电信号变化，借助光纤信道将光信号发送到接收端；在接收端，光探测器接收光信号，通过解调技术完成将光信号到电信号的变换。

目前，光源通常使用激光二极管（Laser Diode，LD）及其光电集成组件。光纤在短距离传输是用多模光纤，长距离传输时用单模光纤。光探测器用 PIN 光敏二极管或雪崩光敏二极管（APD）及其光电集成组件。调制方式分为两种方式：一种为直接调制，即光信号随电信号变化而变化；另一种为间接调制，是使光源发出连续不断的光波，通过一个外调制器实现发光强度的变化。光在光纤信道内传输时，信号光强度由于损耗和色散而逐渐减弱，因此，在长距离通信时，也需要光中继器，主要是光—电—光中继器和直接对光放大的全光中继器，满足将传输中光信号放大的要求，实现长距离光纤通信。

随着信息化速度的加快，对通信的需求也呈高速增长的趋势，由于光纤传输技术的不断发展，在传输领域中光传输已占主导地位。光纤存在巨大的频带资源和优异的传输性能，是实现大容量传输的最理想的传输媒质。光纤通信问世以来，一直朝着延长中继距离和提高系统容量两个方向发展。从技术角度上看，限制高速率、大容量光信号长距离的主要因素是光纤衰减、色散、非线性三方面，分别对应为光信噪比受限、色散受限和非线性受限。光信噪比受限主要有两方面：一是信号经过放大器时引入的噪声，二是长距离传输引入的噪声。色散受限是指当信号相邻码元间产生码间干扰，造成接收机产生错误的电平判决从而产生误码。光纤中有三种基本色散效应：模间色散、色度色散和偏振模色散。在单模光纤中，色度色散占主导地位。非线性受限中一是克尔效应：在进入光纤的光功率较高的情况下，光纤会表现出与入射光的光强有很强相关性的折射率，从而改变了入射光在介质中的传输特性这一现象。二是受激散射：受激散射是指由于光纤物质中原子振动参与的光散射现象。在受激散射效应中，受激布里渊散射阈值低于受激拉曼散射阈值，因此它是制约光纤通信入纤光功率大小的首要因素。

7.1 传输网技术发展历程

近年来，云计算、物联网、移动互联网等网络和业务应用方兴未艾，对底层的传送网提出了很高的带宽和承载需求，另外，工业互联网等新的理念和应用也不断涌现，对网络的带宽、业务快速提供、网络灵活性等方面都提出了更高的需求。我国的国际出口带宽截止 2014 年 12 月已经达到 4.118Tb/s，年均的复合增长率为 20.9%，这样的增长趋势是非常可观的。

传送网在过去的十余年中在容量增长方面已经取得非常大的进步，从单通路 10Gb/s 到 40Gb/s 到现在的 100Gb/s，通路数也从 8 路、16 路、32 路增加到目前现网使用的 80 路，同时具有 160 路的能力，持续强劲的业务需求将进一步推动和促进光通信的发展，为了满足业务网络的大带宽需求，光通信在高速和全光灵活演进方面也都取得了较大进展。

从光通信技术发展变革来看，光纤通信发生了多次重大变革。首先，1550nm 波段传输系统的开发以及掺铒光纤放大器和密集波分复用技术的实用化，在干线网络中扮演了重要的角色。其次是点到点的 WDM 系统向全光网络的发展和演变。在光通信中，复用技术有波分复用（WDM）、时分复用（TDM）和码分复用（CDM）三种。由于 TDM 和 CDM 对电子器件的速率要求很高，而 WDM 对速率没有特别的要求，只要是一个波长信道的速率即可，因此它成为使用最广泛的复用技术。

对复用技术的使用可以追溯到早期的数字通信技术，PDH、SDH 等技术的出现，推动通信向大容量方向发展，SDH 技术出现后很快成为长途网的主要技术，不仅具有高传输容量，还具有灵活可靠的保护方式。在采用 SDH 系统挖掘光缆的带宽潜力、采用 TDM 技术增加单根光纤中的 SDH 的传输容量和采用 WDM 技术进行波分复用三种技术中，WDM 技术得到了充分的肯定和优先发展，成为大容量传输系统的首选扩容方法。

随着可用波长的不断增加，光放大、光交换等技术的发展和越来越多的光传输系统升级

为 WDM 或 DWDM 系统，下层的光传送网不断向多功能型、可重构、高灵活性、高性价比、支持多种保护恢复能力方面发展。波分复用技术不仅可充分利用光纤中的带宽，而且其多波长特性还具有光通道直接连网的优势，为后面以光子交换为主体的多波长光纤网络提供了基础，形成了多波长波分复用光网络，也叫光传送网（Optical Transport Network，OTN）

7.2　PDH 技术

随着通信网的发展，时分复用设备的各路输入信号不再只是单路模拟信号。在通信网中往往有多次复用，由若干链路传来的多路时分复用信号，再次复用，构成高次复用信号。这时，对于高次复用设备而言，其各路输入信号可能是来自不同地点的多路时分复用信号，并且通常来自各地的输入信号的时钟（频率和相位）之间存在误差，所以在低次群合成高次群时，需要将各路输入信号的时钟调整统一。这种将低次群合并成高次群的过程称为复接；反之，将高次群分解为低次群的过程称为分接。目前大容量链路的复接几乎都是 TDM 信号的复接。这时，多路 TDM 信号时钟的统一和定时就成为关键技术问题。

采用准同步数字系列（Plesiochronous Digital Hierarchy，PDH）的系统，是在数字通信网的每个节点上分别设置高精度的时钟，这些时钟的信号都具有统一的标准速率。尽管每个时钟的精度都很高，但总还是有一些微小的差别。为了保证通信的质量，要求这些时钟的差别不能超过规定的范围。因此，这种同步方式严格来说不是真正的同步，所以叫作"准同步"。

国际电信联盟提出了两个标准：一个是 E 体系，被我国大陆、欧洲及国际间连接采用；另一个是 T 体系，被北美、日本和其他少数国家和地区采用，并且北美和日本采用的标准也不完全相同。这两种建议的层次、路数和比特率的规定如表 7-1 所示。

表 7-1 准同步数字体系

群路等级	T 体系		E 体系	
	信息速率（Mb/s）	路数	信息速率（Mb/s）	路数
基群	1.544	24	2.048	30
二次群	6.312	96	8.448	120
三次群	32.048/44.736	480/672	34.368	480
四次群	97.723/274.176	1440/4032	139.264	1920
五次群	397.200/560.160	5760/8064	565.148	7680

欧洲和美国的 PDH 版本在工作的细节上有些许的不同，但是原理是相同的。下面将描述 E 体制。基本的数据传输速率是一个 2.048Mb/s（兆比特每秒）的数据流。对于语音传输，这个速率分解为 30×64kb/s 的通道和另外用于信令和同步的 2×64kb/s 通道。可选的也有，整个 2Mb/s 也可以用于非语音目的，如数据传输。2Mb/s 数据流的确切速度是由产生数据的设备中的一个时钟控制的。确切的速率也允许在精确的 2.048Mb/s 上下变化一些百分比范围（+50ppm ～ −50ppm）。这就意味着不同的 2Mb/s 数据流可以运行在稍微互相不同的速率。4 个基群信号进行二次复用，得到二次群信号，其比特率为 8.448Mb/s。按照同样的方法复用，得到比特率为 34.368Mb/s 的三次群信号和比特率为 139.264Mb/s 的四次群信号等。由此可见，相邻层次群之间路数成 4 倍关系，但是比特率之间不是严格的 4 倍关系。和基群需要额外开销一样，高次群也需要额外开销，故其输出比特率都比相应的 1 路输入比特率的 4 倍还高一些。

在以往的电信网中，多使用ＰＤＨ设备。这种系列对传统的点到点通信有较好的适应性。而随着数字通信的迅速发展，点到点的直接传输越来越少，而大部分数字传输都要经过转接，因而 PDH 系列便不能适合现代电信业务开发的需要，以及现代化电信网管理的需要。SDH 就是适应这种新的需要而出现的传输体系。

7.3 SDH 技术

最早提出 SDH（Synchronous Digital Hierarchy，同步数字体系）概念的是美国贝尔通信研究所，称为同步光纤网络（SONET）。它是高速、大容量光纤传输技术和高度灵活、又便于管理控制的智能网技术的有机结合。最初的目的是在光路上实现标准化，便于不同厂家的产品能在光路上互通，从而提高网络的灵活性。

1988 年，国际电报电话咨询委员会（CCITT）接受了 SONET 的概念，重新命名为"同步数字系列（SDH）"，使它不仅适用于光纤，也适用于微波和卫星传输的技术体制，并且使其网络管理功能大大增强。SDH 针对更高速率的传输系统制定出全球统一的标准，并且整个网络中各设备的时钟来自同一个极精确的时间标准（铯原子钟），没有准同步系统中各网络设备定时存在误差的问题。

由表 7-2 可见，在 SDH 中，4 路 STM-1 可以合并成 1 路 STM-4，4 路 STM-4 可以合并成 1 路 STM-16，等等。但是，在 PDH 体系和 SDH 体系之间的链接关系就稍微复杂些，通常都是将若干路 PDH 接入 STM-1 内，即在 155.52Mb/s 处接口。这时，PDH 信号的速率都必须低于 155.52Mb/s，并将速率调整到 155.52Mb/s 上。这样，在 SDH 体系中，各地区的 PDH 体制就得到了统一。

表 7-2　SDH 速率等级

STM-1	155.52Mb/s
STM-4	622.08Mb/s
STM-16	2488.32Mb/s
STM-64	9953.28Mb/s

7.3.1　SDH 简介

SDH 是世界上公认的新一代宽带传输体制，SDH 体制规范了数字信号的传输速率等级、帧结构、复用方式和接口特性等。SDH 帧结构克服了 PDH 的不足，与传统的 PDH 相比，SDH 具有如下优点：

7.3.1.1　灵活的分插功能

SDH 规定了严格的映射复接方法，并采用指针技术，支路信号可以直接从线路信号中灵活上下支路信号，无需通过逐级复用实现分插功能，减少了设备数量，简化了网络结构。SDH 接入系统的不同等级的码流在帧结构净负荷区内的排列非常有规律，而净负荷与网络是同步的，它利用软件能将高速信号一次直接分插出低速支路信号，实现了一次复用的特性，克服了 PDH 准同步复用方式对全部高速信号进行逐级分解然后再生复用的过程，由于大大简化了 DXC，减少了背靠背的接口复用设备，改善了网络的业务传送透明性。

7.3.1.2　自愈功能

具有智能检测的 SDH 网管系统和网络动态配置功能，使 SDH 可以自愈。

7.3.1.3　标准接口

不同厂家设备在光路上可以互联，实现真正的横向兼容。

7.3.1.4 SDH 具有兼容性

SDH 的 STM-1 既可以复用 2Mb/s 系列的 PDH 信号，又可复用 1.5Mb/s 系列的 PDH 信号，使两大系列在 STM-1 中得到统一，顺利实现从 PDH 中过渡到 SDH。

7.3.1.5 网络管理能力

SDH 的帧结构中有足够的开销比特，不仅满足目前的告警、性能告警、网络配置、倒换和公务等的需求，满足监控和网管要求。

SDH 设备类型有如下 4 种：

1. 终端复用器（Termination Multiplexer，TM）

用于将各种低速信号复用映射进线路 STM-N 或作相反处理，如图 7-1 所示。

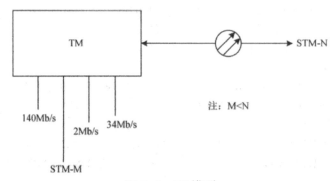

图 7-1　TM 模型

2. 分插复用器（Add/Drop Multiplexer，ADM）

直接在 STM-N 中分出或插入低速信号，如图 7-2 所示。

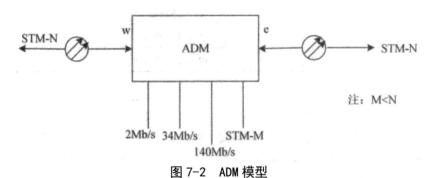

图 7-2　ADM 模型

3. 再生中继器（REG）

实现对 STM-N 信号的放大、再生，延长通信距离，如图 7-3 所示。

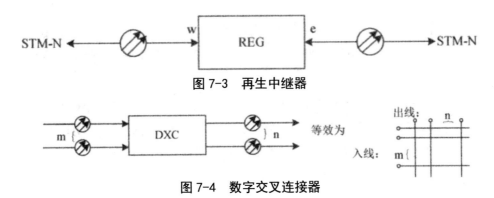

图 7-3　再生中继器

图 7-4　数字交叉连接器

终端复用器：只有一个高速线路口，用于把速率较低的 PDH 信号或 STM-M 信号组合成

一个速率较高的 STM-N 信号，或作相反处理。图 7-1 给出了 TM 的功能块组成图，因为具有 HPC 和 LPC 功能块，所以 TM 有高低阶的交叉复用功能。在将低速支路信号复用进 STM-N 时，有一个交叉功能。例如，可将支路的一个 STM-1 信号复用进线路上的 STM-16 信号中的任意位置上，也就是指复用在 1 ～ 16 个 STM-1 的任意位置上。将支路的 2Mb/s 信号可复用到一个 STM-1 中 63 个 VC-12 的任意位置。

分插复用器：ADM 是 SDH 光同步数字传送网应用最多的设备，具有三个侧面的设备。其在无需分接或终结整个 STM-N 信号的条件下，能分出和插入 STM-N 信号中的任何支路信号的设备。分插复用器（ADM）位于传输网络的转接站点处，例如链的中间节点或环上节点。ADM 有两个线路端口和一个支路端口。两个线路端口各接一侧的光缆（每侧收 / 发共两根光

纤），为了描述方便将其分为西（W）向、东向（E）两个线路端口。ADM 的作用是从线路端口接收的信号中拆分出到达该目的地的低速支路信号，再将一些低速支路信号插进线路信号中并将其传送到其要到达的目的节点，具体如图 7-2 所示。通过该图可以了解到 ADM 设在网络的中间局点，有东西两个线路侧方向，能够完成上下支路信号的功能。在电信网络的节点上，经常需要把部分信号流从节点上"分"出来，或把某些信号流"插"进网络传输系统。这种可以把信号分出来，插进去的设备叫作"分插复用器"，也可以叫作"上下复用器"。

再生中继器：最大特点是不上下（分 / 插）电路业务，只放大或再生光信号，如图 7-3 所示。SDH 光传输网中的 REG 再生中继器有两种：一种是纯光的

再生中继器，主要对光信号进行功率方法以延长光传输距离；另一种是用于脉冲再生整形的电再生中继器，消除已积累的线路噪声，保证线路上传送信号波形的完好性。

例如，光放大器的原理基本上是基于激光的受激辐射，通过将泵浦光的能量转变为信号光的能量实现放大作用。光放大器主要有 2 种，半导体放大器和光纤放大器。半导体放大器分为谐振式和行波式；光纤放大器分为掺稀土元素光纤放大器和非线性光学放大器。

非线性光学放大器分为拉曼（SRA）和布里渊（SBA）光纤放大器。以拉曼光放大器为例，拉曼光放大器则是利用拉曼散射效应制作成的光放大器，即大功率的激光注入光纤后，会发生非线性效应拉曼散射。在不断发生散射的过程中，把能量转交给信号光，从而使信号光得到放大。半导体光放大器一般是指行波光放大器，工作原理与半导体激光器相类似。其工作带宽是很宽的。但增益幅度稍小一些，制造难度较大。

数字交叉连接器：主要完成 STM-N 信号的交叉连接功能，它是一个多端口器件，实际上相当于一个交叉矩阵，完成各个信号间的交叉连接，如图 7-4 所示。DXC 可将输入的 m 路 STM-N 信号交叉连接到输出的 n 路 STM-N 信号上。DXC 的核心功能是交叉连接，功能强的 DXC 能完成高速（如 STM-16）信号在交叉矩阵内的低级别交叉（如 VC-4 和 VC-12 级别的交叉）。

7.3.2　SDH 帧结构

STM-N 的信号是 9 行 ×270×N 列的帧结构。此处的 N 与 STM-N 的 N 相一致，取值范围分别为 1，4，16，64，…，表示此信号由 N 个 STM-1 信号通过字节间插复用而成。由此可知，STM-1 信号的帧结构是 9 行 ×270 列的块状帧。当 N 个 STM-1 信号通过字节间插复用成 STM-N 信号时，仅仅是将 STM-1 信号的列按字节间插复用，行数恒定为 9 行。

7.3.2.1 字节间插复用含义

我们以一个例子来说明。有三个信号，帧结构各为每帧 3 个字节，如图 7-5 所示。

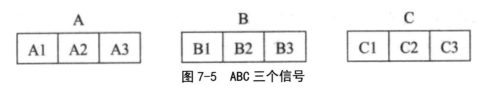

图 7-5　ABC 三个信号

若将这三个信号通过字节间插复用方式复用成信号 D，那 D 就应该是这样一种帧结构，

帧中有 9 个字节，且这 9 个字节的排放次序如图 7-6 所示。称为字节间插复用方式。

图 7-6　信号 D

信号在线路上传输时是逐比特地进行传输的，那么这个块状帧是怎样在线路上进行传输的呢？先传哪些比特后传哪些比特呢？SDH 信号帧传输的原则是帧结构中的字节（1 字节为 8bit）从左到右——从上到下一个字节一个字节、一个比特一个比特的传输，传完一行再传下一行，传完一帧再传下一帧。

7.3.2.2 STM-N 信号的帧频

ITU-T 规定对于任何级别的 STM-N 帧，帧频都是 8000 帧 / 秒，也就是帧长或帧周期为恒定的 125μs。而 PDH 的 E1 信号也是 8000 帧 / 秒。帧周期的恒定是 SDH 信号的一大特点，任何级别的 STM-N 帧的帧频都是 8000 帧 / 秒。由于帧周期的恒定使 STM-N 信号的速率有其规律性。例如，STM-4 的传输速率恒定等于 STM-1 信号传输速率的 4 倍，STM-16 恒定等于 STM-4 的 4 倍，等于 STM-1 的 16 倍。而 PDH 中的 E2 信号速率 ≠ E1 信号速率的 13 倍。SDH 信号的这种规律性使高速 SDH 信号直接分 / 插出低速 SDH 信号成为可能，并且特别适用于大容量的传输情况。

7.3.2.3 STM-N 信号的帧结构

从图 7-7 中看出，STM-N 的帧结构由 3 部分组成：信息净负荷（payload）；段开销，包括再生段开销（RSOH）和复用段开销（MSOH）；管理单元指针（AU-PTR）。下面讲述这三大部分的功能。

1. 信息净负荷（payload）

信息净负荷存放各种电信业务信息和少量用于通道性能监控的通道开销字

节，位于 STM-N 帧结构中除段开销和管理单元指针区域以外所有区域。以传输货物为例，信息净负荷区相当于 STM-N 这辆运货车的车箱，车箱内装载的货物就是经过打包的低速信号——待运输的货物。为了实时监测货物（打包的低速信号），在传输过程中是否有损坏，在将低速信号打包的过程中加入了监控开销字节——通道开销 POH 字节。POH 作为净负荷的一部分与业务信息一起被装载在 STM-N 这辆货车上在 SDH 网中传送，它负责对低速信号进行通道性能监视、管理和控制。

需要注意的是，信息净负荷并不等于有效负荷，因为信息净负荷中存放的是经过打包的低速信号，即将低速信号加上了相应的 POH。

2. 段开销（SOH）

是为了保证信息净负荷正常、灵活传送所必须附加的供网络运行、管理和维护（OAM）使用的字节，以保证主信息净负荷正确灵活的传送。段开销又分为再生段开销（RSOH）和复用段开销（MSOH），分别对相应的段层进行监控。二者的区别在于监管的范围不同。举个简单的例子，若光纤上传输的是 2.5G 信号，RSOH 监控的是 STM-16 整体的传输性能，而 MSOH 则是监控 STM-16 信号中每一个 STM-1 的性能情况。

（1）再生段开销（RSOH）。再生段开销（RSOH）位于 STM-N 帧中的 1～3 行 1～9×N 列，用于帧定位、再生段的监控和维护管理。再生段开销在再生段始端产生加入帧中，在再生段末端终结，即从帧中提出来进行处理。因此在 SDH 网中每个网元处，再生段开销都要终结。RSOH 既可以在再生器接入和分出，又可以在终端设备上接入和分出。

（2）复用段开销（MSOH）。复用段开销（MSOH）分布在 STM-N 帧中的 5～9 行 1～9×N 列，用于复用段的监控、维护和管理，在复用段始端产生，在复用段的末端终结。故复用段开销在中继器上透明传输，在除中继器以外的网元处终结。

RSOH、MSOH、POH 提供了对 SDH 信号的层层细化的监控功能。例如 2.5G 系统，RSOH 监控的是整个 STM-16 的信号传输状态，MSOH 监控的是 STM-16 中每一个 STM-1 信号的传输状态，POH 则是监控每一个 STM-1 中每一个打包了的低速支路信号，如 2Mb/s 的传输状态。这样通过开销的层层监管功能，可以方便地从宏观（整体）、和微观（个体）的角度来监控信号的传输状态以便于分析、定位。

3. 管理单元指针（AU-PTR）

管理单元指针位于 STM-N 帧中第 4 行的 9×N 列，共 9×N 个字节。AU-PTR 是用来指示信息净负荷的第一个字节在 STM-N 帧内的准确位置的指示符，以便收端能根据这个位置指示符的值（指针值），正确分离信息净负荷。为了兼容各种业务与其他网络连接，需通过指针进行速率调整。若仓库中以堆为单位存放了很多货物，每堆货物中的各件货物（低速支路信号）的摆放是有规律性的（字节间插复用）。那么，若要定位仓库中某件货物的位置就只要知道这堆货物的具体位置就可以了，也就是说只要知道这堆货物的第一件货物放在哪里，通过本堆货物摆放位置的规律性，就可以直接定位出本堆货物中任一件货物的准确位置，这样就可以直接从仓库中搬运。

7.3.3　SDH 的复用结构和步骤

SDH 的复用包括两种情况：一种是低阶的 SDH 信号复用成高阶 SDH 信号；另一种是低速支路信号（如 2Mb/s、34Mb/s、140Mb/s）复用成 SDH 信号 STM-N。

第一种复用主要通过字节间插复用方式来完成的，复用的个数是 4 合一，即 $4×STM-1 → STM-4$，$4×STM-4 → STM-16$。在复用过程中保持帧频不变（8000 帧 / 秒），这就意味着高一级的 STM-N 信号速率是低一级的 STM-N 信号速率的 4 倍。在进行字节间插复用过程中，各帧的信息净负荷和指针字节按原值进行间插复用，而段开销则会有些取舍。在复用成的 STM-N 帧中，SDH 并不是所有低阶 SDH 帧中的段开销间插复用而成，而是舍弃了一些低阶帧中的段开销。

第二种情况用得最多的就是将 PDH 信号复用进 STM-N 信号中去，传统的将低速信号复用成高速信号的方法有以下两种：

7.3.3.1 比特塞入法

又叫码速调整法。这种方法利用固定位置的比特塞入指示来显示塞入的比特是否载有信号数据，允许被复用的净负荷有较大的频率差异（异步复用）。它的缺点是，因为存在一个比特塞入和去塞入的过程（码速调整），而不能将支路信号直接接入高速复用信号或从高速信号中分出低速支路信号，也就是说不能直接从高速信号中上 / 下低速支路信号，要一级一级的进行。这种比特塞入法就是

PDH 的复用方式。

7.3.3.2 固定位置映射法

利用低速信号在高速信号中的相对固定的位置来携带低速同步信号，要求低速信号与高速信号同步，也就是说帧频相一致。它的特点在于可方便地从高速信号中直接上 / 下低速支路信号，但当高速信号和低速信号间出现频差和相差（不同步）时，要用 125μs（8000 帧 / 秒）缓存器来进行频率校正和相位对准，导致信号较大时延和滑动损伤。

这两种复用方式都有一些缺陷，比特塞入法无法直接从高速信号中上 / 下低速支路信号，固定位置映射法引入的信号时延过大。SDH 网的兼容性要求 SDH 的复用方式既能满足异步复用，（如将 PDH 信号复用进 STM-N）又能满足同步复用（如 STM-1 → STM-4），而且能方便地由高速 STM-N 信号分 / 插出低速信号，同时不造成较大的信号时延和滑动损伤，这就要求 SDH 需采用一套自己独特的复用步骤和复用结构。在这种复用结构中，通过指针调整定位技术来取代 125μs 缓存器用以校正支路信号频差和实现相位对准，各种业务信号复用进 STM-N 帧的过程都要经历映射（相当于信号打包）、定位（相当于指针调整）、复用（相当于字节间插复用）三个步骤。

7.3.4 映射、定位和复用的概念

各种业务信号复用进 STM-N 帧的过程中都要经历映射、定位、复用三个步骤。国际电信联盟（ITU）规定了完整的复用结构，即通过复用线路可将 PDH 的 3 个系列的数字信号以多种方法复用成 STM-N 信号。

复用结构包含了基本复用单元：C 容器、VC 虚容器、TU 支路单元、TUG 支路单元组、AU 管理单元、AUG 管理单元组。这些复用单元的下标表示与此复用单元相应的信号级别。在图中从一个有效负荷到 STM-N 的复用路线不是唯一的。

尽管一种信号复用成 SDH 的 STM-N 信号的路线有多种，但是对于一个国家或地区则必须使复用路线唯一化。我国的光同步传输网技术体制规定了以 2Mb/s 信号为基础的 PDH 系列作为 SDH 的有效负荷，并选用 AU-4 的复用路线。

本节以 2Mb/s 复用进 STM-N 信号为例，介绍映射、定位、复用的概念。

当前运用得最多的复用方式是将 2Mb/s 信号复用进 STM-N 信号中，它也是

PDH 信号复用进 SDH 信号最复杂的一种复用方式。

首先，将 2Mb/s 的 PDH 信号经过速率适配装载到对应的标准容器 C12 中，为了便于速率的适配采用了复帧的概念，即将 4 个 C12 基帧组成一个复帧。C12 的基帧帧频也是 8000 帧 / 秒，那么 C12 复帧的帧频就成了 2000 帧 / 秒。

提出复帧的目的是什么？采用复帧纯粹是为了码速适配的方便。例如，若 E1 信号的速率是标准的 2.048Mb/s，那么装入 C12 时正好是每个基帧装入 32 字节（256 比特）有效信息，为什么？因为 C12 帧频 8000 帧 / 秒，PCM30/32[E1] 信号也是 8000 帧 / 秒。但当 E1 信号的速率不是标准速率 2.048Mb/s 时，那么装入每个 C12 的平均比特数就不是整数。例如，E1 速率是 2.046Mb/s 时，那么将此信号装入 C12 基帧时平均每帧装入的比特数是：有效信息，比特数不是整数，因此无法进行装入。若此时取 4 个基帧为一个复帧，那么正好一个复帧装入的比特数为：，可在前三个基帧每帧装入 256bit（32 字节）有效信息，在第 4 帧装入 255bit 的有效信息，这样就可将此速率的 E1 信号完整的适配进 C12 中去。那么是怎样对 E1 信号进行速率适配（也就是怎样将其装入 C12）的呢？C12 基帧结构是 9×4–2 个字节的带缺口的块状帧，4 个基帧组成一个复帧，C12 复帧结构和字节安排如图 7-7 所示。

从 2Mb/s 复用进 STM–N 信号的复用步骤可以看出 3 个 TU12 复用成一个 TUG2，7 个 TUG2 复用成一个 TUG3，3 个 TUG3 复用进一个 VC4，一个 VC4 复用进 1 个 STM–1，也就是说 2Mb/s 的复用结构是 3–7–3 结构。由于复用的方式是字节间插方式，所以在一个 VC4 中的 63 个 VC12 的排列方式不是按顺序来排列的。头一个 TU12 的序号和紧跟其后的 TU12 的序号相差 21。

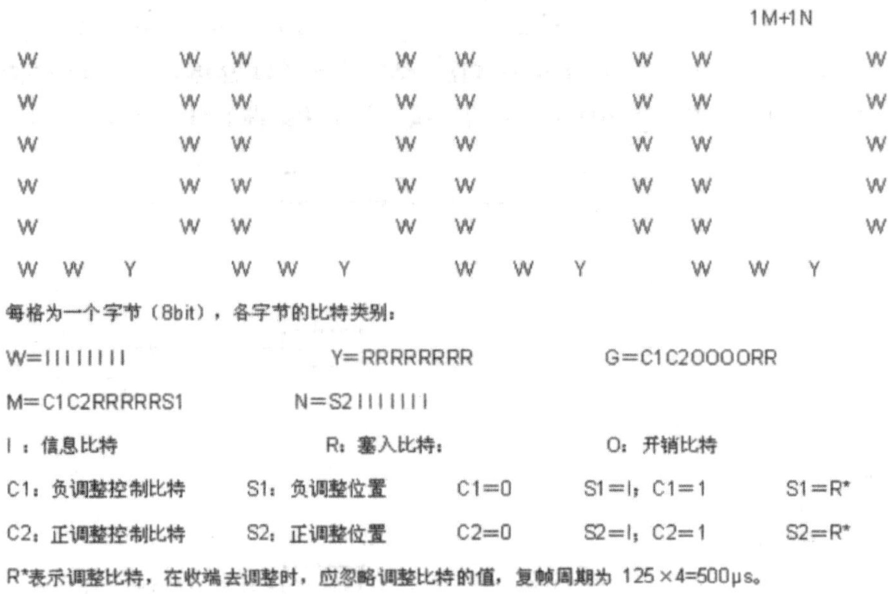
1M+1N
W W W W W W W
W W W W W W W
W W W W W W W
W W W W W W W
W W W W W W W
W W Y W W Y W W Y W W Y
每格为一个字节（8bit），各字节的比特类别：
W=IIIIIIII
Y=RRRRRRRR
G=C1C2OOOORR
M=C1C2RRRRRS1
N=S2IIIIIII
I：信息比特
R：塞入比特；
O：开销比特
C1：负调整控制比特
S1：负调整位置
C1=0
S1=I；C1=1
S1=R*
C2：正调整控制比特
S2：正调整位置
C2=0
S2=I；C2=1
S2=R*
R*表示调整比特，在收端去调整时，应忽略调整比特的值，复帧周期为 125×4=500μs。

图 7-7　C-12 复帧结构和字节安排

计算同一个 VC4 中不同位置 TU12 的序号的公式如下：

VC12 序号 = TUG3 编号 + （TUG2 编号 − 1）×3+ （TU12 编号 − 1）。

TU12 的位置在 VC4 帧中相邻是指 TUG3 编号相同，TUG2 编号相同，而 TU12 编号相差为 1 的两个 TU12。

在将低速支路信号复用成 STM-N 信号时，要经过 3 个步骤：映射、定位、复用。

定位是指通过指针调整，使指针的值时刻指向低阶 VC 帧的起点在 TU 净负荷中或高阶 VC 帧的起点在 AU 净负荷中的具体位置，使收端能根据这个指针位置正确地分离相应的 VC。

复用的概念比较简单，复用是一种使多个低阶通道层的信号适配进高阶通道层（如 TU12（×3）→ TUG2（×7）→ TUG3（×3）→ VC4）或把多个高阶通道层信号适配进复用层（如 AU-4（×1）→ AUG（×N）→ STM-N）的过程。复用也就是通过字节间插方式把 TU 组织进高阶 VC 或把 AU 组织进 STM-N 的过程。由于经过 TU 和 AU 指针处理后的各 VC 支路信号已相位同步，因此该复用过程是同步复用，复用原理与数据的串并变换相类似。

映射是一种在 SDH 网络边界处（如 SDH/PDH 边界处），将支路信号适配进虚容器的过程。

将各种速率（140Mb/s、34Mb/s、2Mb/s）信号先经过码速调整，分别装入到各自相应的标准容器中，再加上相应的低阶或高阶的通道开销，形成各自相对应的虚容器的过程。为了适应各种不同的网络应用情况，有异步、比特同步、字节同步三种映射方法与浮动 VC 和锁定 TU 两种模式。

7.3.4.1 异步映射

异步映射对映射信号的结构无任何限制（信号有无帧结构均可），也无需与网络同步（如 PDH 信号与 SDH 网不完全同步）。是利用码速调整将信号适配进 VC 的映射方法。在映射时通过比特塞入将其打包成与 SDH 网络同步的 VC 信息包，在解映射时，去除这些塞入比特，恢复出原信号的速率，也就是恢复出原信号的定时。因此说低速信号在 SDH 网中传输有定时透明性，即在 SDH 网边界处收发两端的此信号速率相一致（定时信号相一致）。此种映射方法可从高速信号（STM–N）中直接分 / 插出一定速率级别的低速信号（如 2Mb/s、34Mb/s、140Mb/s）。因为映射的最基本的不可分割单位是这些低速信号，所以分 / 插出来的低速信号的最低级别也就是相应的这些速率级别的低速信号。

7.3.4.2 比特同步映射

此种映射是对支路信号的结构无任何限制，但要求低速支路信号与网同步（如 E1 信号保证 8000 帧 / 秒），无需通过码速调整即可将低速支路信号打包成相应的 VC 的映射方法，需要注意，VC 时刻都是与网同步的。原则上讲，此种映射方法可从高速信号中直接分 / 插出任意速率的低速信号，因为在 STM–N 信号中可精确定位到 VC。由于此种映射是以比特为单位的同步映射，那么，在 VC 中可以精确地定位到你所要分 / 插的低速信号具体的那一个比特的位置上，这样理论上就可以分 / 插出所需的那些比特，由此根据所需分 / 插的比特不同，可上 / 下不同速率的低速支路信号。异步映射将低速支路信号定位到 VC 一级后就不能再深入细化的定位了，所以拆包后只能分出 VC 相应速率级别的低速支路信号。比特同步映射类似于将以比特为单位的低速信号（与网同步）进行比特间插复用进 VC 中，在 VC 中每个比特的位置是可预见的。

7.3.4.3 字节同步映射

字节同步映射是一种要求映射信号具有字节为单位的块状帧结构，并与网同步，无需任何速率调整即可将信息字节装入 VC 内规定位置的映射方式。在这种情况下，信号的每一个字节在 VC 中的位置是可预见的（有规律性），也就相当于将信号按字节间插方式复用进 VC 中，那么从 STM-N 中可直接下 VC，而在 VC 中由于各字节位置的可预见性，于是可直接提取指定的字节出来。所以，此种映射方式就可以直接从 STM-N 信号中上 / 下 64kb/s 或 N×64kb/s 的低速支路信号，因为 VC 的帧频是 8000 帧 / 秒，而一个字节为 8bit，若从每个 VC 中固定地提取 N 个字节的低速支路信号，那么该信号速率就是 N×64kb/s。

7.3.4.4 浮动 VC 模式

浮动 VC 模式指 VC 净负荷在 TU 内的位置不固定，由 TU-PTR 指示 VC 起点的一种工作方式。它采用了 TU-PTR 和 AU-PTR 两层指针来容纳 VC 净负荷与 STM-N 帧的频差和相差，引入的信号时延最小（约 10μs）。

采用浮动模式时，VC 帧内可安排 VC-POH，可进行通道级别的端对端性能监控。三种映射方法都能以浮动模式工作。前面讲的映射方法：2Mb/s、34Mb/s、140Mb/s 映射进相应的 VC，就是异步映射浮动模式。

7.3.4.5 锁定 TU 模式

锁定 TU 模式是一种信息净负荷与网同步并处于 TU 帧内的固定位置，因而无需 TU-PTR 来定位的工作模式。PDH 基群只有比特同步和字节同步两种映射方法才能采用锁定模式。锁定模式省去了 TU-PTR，且在 TU 和 TUG 内无 VC-POH，采用 125μs 的滑动缓存器使 VC 净负荷与 STM-N 信号同步。这样引入信号时延大，且不能进行端对端的通道级别的性能监测。

综上所述，三种映射方法和两类工作模式共可组合成五种映射方式，我们着重讲一讲当前最通用的异步映射浮动模式的特点。异步映射浮动模式最适用于异步 / 准同步信号映射，包括将 PDH 通道映射进 SDH 通道的应用，能直接上 / 下低速 PDH 信号，但是不能直接上 / 下 PDH 信号中的 64kb/s 信号。异步映射接口简单，引入映射时延少，可适应各种结构和特性的数字信号，是一种最通用的映射方式，也是 PDH 向 SDH 过渡期内必不可少的一种映射方式。当前各厂家的设备绝大多数采用的是异步映射浮动模式。浮动字节同步映射接口复杂，但能直接上 / 下 64kb/s 和 N×64kb/s 信号，主要用于不需要一次群接口的数字交换机互连和两个需直接处理 64kb/s 和 N×64kb/s 业务的节点间的 SDH 连接。

7.3.5 SDH 设备保护方式

7.3.5.1 用户对业务恢复时间的要求

业务恢复时间因保护恢复方法的不同数值范围会有较大变化，从毫秒到小时，因此，通常在业务系统中会对保护恢复时间有较为明确的定义。

以电力系统为例，随着电力工业的不断发展，电力通信系统的要求也不断提高，不但要求传输传统的远动信息，而且新增了继电保护信息、故障录波信息、电能量采集系统信息、电力市场信息、变电站视频监控信息等大量信息，这就要求电力通信网络具有更快的传输速率和更高的可靠性。

对于生产业务，业务中断时间是 50ms，可以满足保护、安控等生产业务的质量要求。对于行政电话等业务，只要业务中断时间短于 2s，则中继传输和信令网的稳定性可以保证，电话用户只经历短暂的通话间歇，几乎所有数据会话协议仍能维持不超时。

7.3.5.2 网络生存性策略——保护和恢复

随着人们对带宽需求的不断增长，网络容量不断扩充，网络的生存能力和安全性能愈加重要。SDH 环网最大的优点之一是具有网络自愈性，因此 SDH 环形拓扑结构常常应用在重要的中继网和长途骨干网中。

自愈性是指在网络出现故障时，无需人为干预，网络能自动地在极短的时间内恢复业务，使用户几乎感觉不到网络故障。SDH 环形网就具备自愈的特点，被称为自愈环。实现自愈的前提条件包括网络的冗余路由、网元节点的交叉连接等。自愈是指短时间内的业务恢复，而非网络设备或线路等实际故障的恢复。

根据保护业务的级别，自愈环可以分为通道倒换环和复用段倒换环。对于通道倒换环，业务量的保护以通道为基础，倒换与否由环中某一通道信号质量的优劣而定，通常可根据是否收到 TU-AIS 来决定该通道是否倒换。而对于复用段倒换环，业务量的保护以复用段为基础，倒换与否由每一对节点之间的复用段信号质量的优劣来决定，当复用段有故障时，故障范围内整个 STM-N 或 1/2STM-N 的业务信号将切换到保护回路。复用段保护倒换的条件包括 LOF、

LOS、MS-AIS、MS-EXC 告警信号。通道倒换环通常使用专用保护，在正常情况下保护通道也传输主用信号，保护时隙为整个环专用，类似 1+1 保护方式，信道利用率低；而复用段倒换环使用共享保护，正常情况下保护信道传输额外业务，保护时隙由每对节点共享，类似 1：1 保护方式，信道利用高。

根据环上业务的传输方向，自愈环可分为单向环和双向环。若环中节点收发信息的传送方向为相同，则为单项环；如果环中节点收发信息的传送方向为两个方向，则为双向环。

根据网元节点间连接的光纤数量，自愈环还可分为二纤环（一对收 / 发光纤）和四纤环（两对收 / 发光纤）。

7.3.5.3 SDH 保护方式

1. 二纤单向通道保护环

在任意两节点之间由两根光纤连接，构成两个环，其中一个为主环（S），另外一个为保护环（P）。网元节点通过支路板将业务同时发送到主环 S 和保护环 P，两环的业务相同但传输方向相反。正常情况下，目的节点的支路板将选收主环 S 下支路的业务。对同一节点来说，正常时发送出的信号和接收回的信号均是在 S 上沿同一方向传送的，故称为单向环。

二纤单向通道保护环由两根光纤组成两个环，其中一个为主环 S1，另一个为备环 P1。两环的业务流向相反，通道保护环的保护功能是通过网元支路板的并发选收功能来实现的，也就是支路板将支路上环业务并发到主环 S1、备环 P1 上，两环上业务完全一样且流向相反，平时网元支路板选收主环下支路的业务。若环网中网元 A 与 C 互通业务，网元 A 和 C 都将支路的上环业务并发到环 S1 和 P1 上，S1 和 P1 上的所传业务相同且流向相反 S1 逆时针，P1 为顺时针。在网络正常时，网元 A 和 C 都选收主环 S1 上的业务。

那么，网元 A 与网元 C 业务互通的方式是网元 A 到网元 C 的业务经过网元 D 穿通，由 S1 光纤传到网元 C（主环业务）；由 P1 光纤经过网元 B 穿通传到网元 C（备环业务）。在网元 C 支路板选收主环 S1 上的 A 到 C 业务，完成网元 A 到网元 C 的业务传输。网元 C 到网元 A 的业务传输与此类似。

当 B-C 光缆段的光纤同时被切断，注意此时网元支路板的并发功能没有改变，也就是此时 S1 环和 P1 环上的业务还是一样的。

我们看看这时网元 A 与网元 C 之间的业务如何被保护。

网元 A 到网元 C 的业务由网元 A 的支路板并发到 S1 和 P1 光纤上，其中 S1 业务经光纤由网元 D 穿通传至网元 C，P¹ 光纤的业务经网元 B 穿通，由于 B-C 间光缆已断，所以光纤 P1 上的业务无法传到网元 C，不过由于网元 C 默认选收主环 S1 上的业务，这时网元 A 到网 C 的业务并未中断，网元 C 的支路板不进行保护倒换。

网元 C 的支路板将到网元 A 的业务并发到 S1 环和 P1 环上，其中 P1 环上的 C 到 A 业务经网元 D 穿通传到网元 A，S1 环上的 C 到 A 业务，由于 B-C 间光纤已断所以无法传到网元 A，网元 A 默认是选收主环 S1 上的业务，此时由于 S1 环上的 C 到 A 的业务传不过来，网元 B 线路 W 侧产生 R-LOS 告警，所以往下插全 "1" —AIS，这时网元 A 的支路板就会收到 S1 环上 TU-AIS 告警信号。网元 A 的支路板收到 S1 光纤上的 TU-AIS 告警后，立即切换到选收备环 P1 光纤上的 C 到 A 的业务，于是 C 到 A 的业务得以恢复，完成环上业务的通道保护，此时网元 A 的支路板处于通道保护倒换状态——切换到选收备环方式。

网元发生了通道保护倒换后，支路板同时监测主环 S1 上业务的状态，当连续一段时间未发现 TU-AIS 时，发生切换网元的支路板将选收切回到收主环业务，恢复成正常时的默认状态。二纤单向通道保护倒换环由于上环业务是并发选收，所以通道业务的保护实际上是 1+1 保护。优点是倒换速度较快，业务流向简捷明了，便于配置维护。缺点是网络的业务容量不大。二纤单向通道保护环的业务容量恒定是 STM-N，与环上的节点数和网元间业务分布无关。

在电力传输网中二纤单向通道环多用建设初期，环上业务量不大，且业务相对集中，系统速率常为 155M 或 622M。随着业务量的迅速增加，大颗粒的 VC 业务投入使用，这种方式已不能适应核心环网的使用，但在县调级别或以各个集控中心为主的接入层面上可以继续使用。

2. 二纤双向复用段保护环

采用双纤方式，网元节点只用单 ADM 即可，这两根光纤称为 S1/P2、S2/P1，如图 7-8 所示，这时将每根光纤的前半个时隙（如 STM-16 系统为 1～8 号 STM-1）传送主用业务，后半个时隙（如 STM-16 系统的 9～16 号 STM-1）传送保护业务，也就是说一根光纤的保护时隙用来保护另一根光纤上的主用业务。例如，S1/P2 光纤上的 P2 时隙用来保护 S2/P1 光纤上的 S2 业务，在二纤双向复用段保护环上无专门的主 / 备用光纤，每一条光纤的前半个时隙是主用信道，后半个时隙是备信道，两根光纤上业务流向相反。

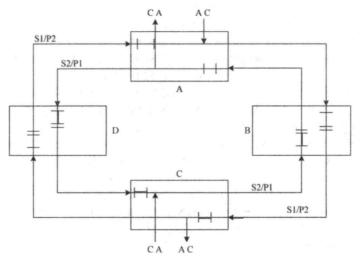

图 7-8　正常状态二纤双向复用段保护环

　　二纤双向复用段保护环的保护机理如图 7-9 所示，在网络正常情况下，网元 A 到网元 C 的主用业务放在 S1/P2 光纤的 S1 时隙（对于 STM-16 系统，主用业务只能放在 STM-N 的前 8 个时隙 1 ~ 8 号 STM-1[VC4] 中），备用业务放于 P2 时隙（对于 STM-16 系统只能放于 9 ~ 16 号 STM-1[VC4] 中），沿光纤 S1/P2 由网元 B 穿通传到网元 C，网元 C 从 S1/P2 光纤上的 S1、P2 时隙分别提取出主 / 备用业务。网元 C 到网元 A 的主用业务放于 S2/P1 光纤的 S2 时隙，额外业务放于 S2/P1 光纤的 P1 时隙，经网元 B 穿通传到网元 A，网元 A 从 S2/P1 光纤上提取相应的业务。

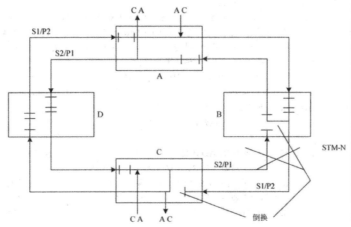

图 7-9　倒换状态二纤双向复用段保护环

　　在环网 B-C 间光缆段被切断时，网元 A 到网元 C 的主用业务沿 S1/P2 光纤传到网元 B，在网元 B 处进行环回（故障端点处环回），环回是将 S1/P2 光纤上 S1 时隙的业务全部环到 S2/P1 光纤上的 P¹ 时隙上去（如 STM-16 系统是将 S1/P2 光纤上的 1 ~ 8 号 STM-1[VC4] 全部环到 S2/P1 光纤上的 9 ~ 16 号 STM-1[VC4]），此时 S2/P1 光纤 P1 时隙上的额外业务被中断。然后沿 S2/P1 光纤经网元 A、网元 D 穿通传到网元 C，在网元 C 执行环回功能（故障端点站），即将 S2/P1 光纤上的 P1 时隙所载的网元 A 到网元 C 的主用业务环回到 S1/P2 的 S1 时隙，网元 C 提取该时隙的业务，完成接收网元 A 到网元 C 的主用业务。

网元 C 到网元 A 的业务先由网元 C 将网元 C 到网元 A 的主用业务 S2，环回到 S1/P2 光纤的 P2 时隙上，这时 P2 时隙上的额外业务中断。然后沿 S1/P2 光纤经网元 D、网元 A 穿通到达网元 B，在网元 B 处执行环回功能，即将 S1/P2 光纤的 P2 时隙业务环到 S2/P1 光纤的 S2 时隙上去，经 S2/P1 光纤传到网元 A 落地。通过以上方式完成了环网在故障时业务的自愈。二纤双向复用段保护环的最大业务容量为 K/2（STM-N），其中 K（K ≤ 16）为节点数，这种组网方式在电力专网中使用得较多，主要用于 2.5G 的系统，对于业务分散或集中的网络均能适应。

3. 四纤双向复用段保护环

前面讲的二纤单向通道环方式，业务的容量与网元节点数无关，随着环上网元的增多，平均每个网元可上 / 下的最大业务随之减少，网络信道利用率下降。例如，二纤单向通道环为 STM-16 系统时，若环上有 16 个网元节点，平均每个节点最大上 / 下业务只有一个 STM-1，这对资源是很大的浪费。为克服这种情况，出现了四纤双向复用段保护环这种自愈方式，这种自愈方式环上最大业务量随着网元节点数的增加而增加，如图 7-10（a）所示。

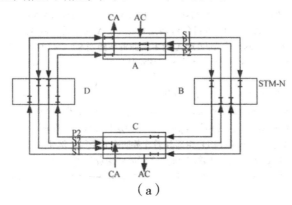

（a）

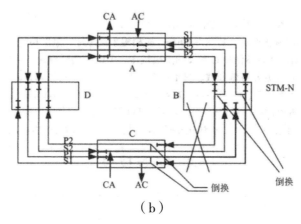

（b）

图 7-10   倒换状态四纤双向复用段倒换环

四纤环是由 4 根光纤组成的，这 4 根光纤分别称为 S1、P1、S2、P2。其中，S1、S2 为主纤传送主用业务；P1、P2 为备纤传送备用业务；也就是说 P1、P2 光纤分别用来在主纤故障时保护 S1、S2 上的主用业务。S1 与 S2 光纤业务流向相反（一致路由，双向环），S1、P1 和 S2、P2 两对光纤上业务流向也相反，从图 7-10 可看出 S1 和 P2，S2 和 P1 光纤上业务流向相同，四纤环上每个网元节点的配置要求是双 ADM 系统，设备可靠性进一步提高。在环网正常时，网元 A 到网元 C 的主用业务从 S1 光纤经网元 B 到网元 C，网元 C 到网元 A 的业务经 S2 光纤经网元 B 到网元 A（双向业务）。网元 A 与网元 C 的额外业务分别通过 P1 和 P2 光纤传送。网元 A 和网元 C 通过收主纤上的业务互通两网元之间的主用业务，通过收备纤上的业务互通两网之间的备用业务。当 B-C 间光缆段光纤均被切断后，在故障两端的网元 B、C 的光纤 S1 和 P1、S2 和 P2 有一个环回功能如图 7-10（b）所示（故障端点的网元环回）。这时，网元 A 到网元 C 的主用业务沿 S1 光纤传到网元 B 处，在此网元 B 执行环回功能，将 S1 光纤上的网元 A 到网元 C 的主用业务环到 P1 光纤上传输，P1 光纤上的额外业务被中断，经网元 A、网元 D 穿通（其他网元执行穿通功能）传到网元 C，在网元 C 处 P1 光纤上的业务环回到 S1 光纤上（故障端点的网元执行环回功能），网元 C 通过收主纤 S1 上的业务，接收到网元 A 到网元 C 的主用业务。网元 C 到网元 A 的业务先由网元 C 将其主用业务环到 P2 光纤上，P2 光纤上的额外业务被中断，然后沿 P2 光纤经过网元 D、网元 A 的穿通传到网元 B，在网元 B 执行环回功能将 P2 光纤上的网元 C 到网元 A 的主用业务环回到 S2 光纤上，再由 S2 光纤传回到网元 A，由网元 A 下主纤 S2 上的业务。通过这种环回穿通方式完成了业务的复用段保护，使网络自愈。

四纤双向复用段保护环的业务容量有两种极端方式：一种是环上有一业务集中站点（如各级调度机构），各网元与此站通业务，并无网元间的业务。这时环上的业务量最小为 2×STM-N（主用业务）和 4×STM-N（包括额外业务）。另一种是其环网上只存在相邻网元的业务，不存在跨网元业务。这时每个光缆段均为相邻互通业务的网元专用，例如 A-D 光缆只传输 A 与 D 之间的双向业务，D-C 光缆段只传输 D 与 C 之间的双向业务等。相邻网元间的业务不占用其他光缆段的时隙资源，这样各个光缆段都最大传送 STM-N（主用）或 2×STM-N（包括备用）的业务（时隙可重复利用），而环上的光缆段的个数等于环上网元的节点数，所以这时网络的业务容量达到最大：N×STM-N 或 2N×STM-N。

虽然复用段环的保护倒换速度（≤ 50ms）要稍慢于通道环，且倒换时要通过 K1、K2 字节的 APS 协议控制，使设备倒换时涉及的单板较多，但由于四纤双向复用段环最大的优点是网上业务容量最大，业务分布越分散，网元节点数越多，它的容量也越大，信道利用率要大大高于通道环，设备可靠性高，能够抗多点失效，仅在节点失效或光缆切断时才需要利用环回方式进行保护，而设备板件或单纤失效等单向故障可以利用传统的复用段保护倒换方式，所以四纤双向复用段保护环在电力传输网的核心网建设中是一种非常适用的组网应用。

7.4 OTN 技术

OTN（Optical Transport Network，光传送网）是由 ITU-TG872、G798、G709 等建议定义的一种全新的光传送技术体制，它包括光层和电层的完整体系结构，对于各层网络都有相应的管理监控机制和网络生存性机制。OTN 的思想来源于 SDH/SONET 技术体制，把 SDH/SONET

的可运营可管理能力应用到 WDM（波分复用）系统中，同时具备了 SDH/SONET 灵活可靠和 WDM 容量大的优势。

国际电信联盟电信标准分局（ITU-T）于 1998 年提出了 OTN 技术，它是继 SDH 技术与 WDM 技术之后的新一代光通信传送和组网技术。SDH 主要注重于业务在电域的处理，而且交叉颗粒的粒度很小，最大仅为 140Mb/s（VC4）。

但高宽带业务快速发展的今天，SDH 技术受到了限制。而 WDM 技术更注重于业务的光层处理，光纤链路上拥有多个波长通道，能够实现大容量的业务传输，但其组网方式单一，只能点对点的组网的灵活性受到很大影响，这是其技术上的缺陷。

OTN 技术很好地弥补了两者的缺陷，既能完成业务在电域的处理，也能完成在光域的处理，而且电域和光域均具有完整的体系结构。OTN 以 WDM 为技术平台，吸收了 SDH（MSTP）的网络组网保护能力和 OAM 运行维护管理能力，使 SDH 和 WDM 技术优势综合体现在 OTN 技术中，能为大颗粒、大容量的 IP 化业务在城域骨干传送网及更高层次的网络结构，提供电信级网络保护恢复和节点自动发现及自动建立等智能化功能，并大大提高单根光纤的资源利用率。

7.4.1　WDM 技术

7.4.1.1 WDM 技术提出背景

传统的扩容方法均采用时分复用（TDM）方式，即对电信号进行时间分隔复用。无论是 PDH 的 2Mb/s、34Mb/s、140Mb/s、565Mb/s，还是 SDH 的 155Mb/s、626Mb/s、2.5Gb/s、10Gb/s，都是按照这一原则进行的。据统计，当系统速率不高于 2.5Gb/s 时，系统每升级一次，每比特的传输成本下降 30% 左右。因此，在过去的系统升级中，人们首先想到的是 TDM 技术。

采用这种时分复用方式固然是数字通信提高传输效率、降低传输成本的有效措施。但是随着现代电信网对传输容量要求的极大提高，光纤色度色散和偏振模色散的影响也日益加重。继续采用 TDM 技术不仅成本造价高，而且 TDM 的灵活性欠佳缺点也更加明显。人们开始着手研究光域上波长复用方式来改进传输效率，提高复用速率。实现在一根光纤中传输上百个光载波信号，增加系统传输容量。

在光纤通信发展史上，重要里程碑是掺铒光纤放大器（EDFA）的出现。早先它是在光纤基质中加入铒离子作为激光工作物质，用氩离子激光器作泵浦源，能对 1550nm 波长的光信号进行直接放大。这种采用笨重的氩离子激光器作为泵浦的光纤放大器显然不可能在光纤通信中实用，但能直接对 1550nm 波长的光信号进行放大，因而本身就对光纤通信的发展具有重大意义。掺铒光纤放大器不仅可以进行全光中继，还在多方面推动了光纤通信的发展，引起了光纤通信的革命性变革，其中最突出的是在波分复用（WDM）光纤通信系统中的应用。

早在 20 世纪 80 年代初，为了有效利用光纤带宽，早期 WDM 系统利用 1310nm 和 1550nm 各传送一路光波长信号，实现在一根光纤中同时传输两路光波信号。但由于需要大量的光 / 电 / 光转换器，系统复杂、成本高、存在干扰，因此早期 WDM 没有得到应用。随着 1550nm 窗口掺铒光纤放大器 EDFA 的商用化，人们实现在 1550nm 窗口传送多路光载波信号。由于这些 WDM 系统相邻波长间隔比较窄，且工作在一个窗口内共享 EDFA，为了区别传统的 WDM 系统，称这种波长间隔更紧密的 WDM 系统为密集波分复用系统，即 DWDM 系统。因此，DWDM 技术其实是 WDM 技术的一种具体表现形式，通常用于多用户长途通信；另一种为粗波分复用技术（CWDM），通道间隔为 200GHz 或 500GHz，可以实现有线电视、传输语音以及 IP 信号的光纤传输。下面重点阐述 DMDM 的工作原理。

7.4.1.2 DWDM 技术

波分复用是光纤通信中的一种传输技术，它是利用一根光纤可以同时传输多个不同波长的光载波的特点，把光纤可能应用的波长范围划分为若干个波段，每个波段用作一个独立的通道传输一种预定波长的光信号技术。

DWDM 技术充分利用单模光纤低损耗区（1550nm）带来巨大带宽资源，根据每一信道光波的频率或波长不同，将光纤的低损耗窗口划分为若干个信道，把光波作为信号的载波，在发送端采用波分复用器（合波器）将不同规定波长的信号光载波合并起来送入一根光纤进行传输，在接收端再由波分复用器（分波器）将这些不同波长承载不同信号的光载波分开。由于不同波长的光载波信号可以看作互相独立的，从而在一根光纤中可实现多路光信号的复用传输。

光波长与光频率的对应关系是：

$$f \times \lambda = C$$

其中 f 表示光波的频率，表示波长，C 表示光在真空中的传播速率。由此可见，光的波长复用实质上是光域的频分复用。

光发射机是 DWDM 的核心，它将来自终端设备输出的非特定波长信号，在光波转发器（OTU）处转换成具有稳定的符合 DWDM 要求的特定波长光信号，然后利用光合波器将各路单波信道光信号合成为多波道通路的光信号，再通过光功率放大器（BA）放大后输出多通路光信号送入光纤进行传输。

光中继放大器是为了延长通信距离而设置的，主要用来对光信号进行放大补偿。为了使各波长的增益一致，要求光中继放大器对不同波长信号具有相同的放大增益。目前使用最多的是掺铒光纤放大器（EDFA）。

光接收机，首先利用前置放大器（PA）放大经传输而衰减的主信号，然后利用光分波器从主信号中分出各特定波长的各个光信号，再经 OTU 转换成原终端设备所具有的非特定波长的光信号。光接收机不但要满足一般接收机对光信号灵敏度、过载功率等参数的要求，还要能承受一定光噪声的信号，要有足够的电带宽性能。

光监控信道的主要功能是用于放置监视和控制系统内各信道传输情况的监控光信号，在发送端插入本节点产生的波长 λ（1510nm 或 1625nm）监控信号，与主信道的光信号合波输出。在接收端，从主信道中分离波长 λ（1510nm 或 1625nm）的光监控信号。帧同步字节、公务字节和网管所用的开销字节等都是通过光监控信道来传递的。由于 λ，是利用 EDFA 工作波段（1530nm 或 1565nm）以外的波长，所以 λ，不能通过 EDFA，只能在 EDFA 后面加入，在 EDFA 前面取出。

网络管理系统通过光监控信道物理层，传送开销字节到其他节点或接收来自其他节点的开销字节对 DWDM 系统进行管理，实现配置管理、故障管理、性能管理和安全管理等功能，并与上层管理系统相连。

7.4.1.3 WDM 系统工作波长区

为了使波分复用标准化、统一化，需要对波分复用的波长窗口点进行标准化规定。图 7-11 为 WDM 波长范围。

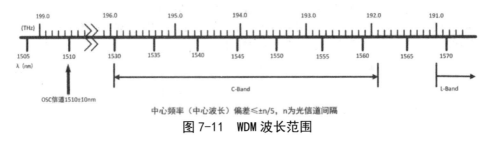

图 7-11 WDM 波长范围

系统工作波长区：DWDM 的波长范围为 C 波段和 L 波段

–C 波段波长范围为 1528～1561nm

–L 波段波长范围为 1577 ~ 1603nm

G.692 规定，通道间隔是 100GHZ（约 0.8nm）的整数倍（40 波）或者 50GHZ（80 波）。

7.4.1.4 OTN 与 WDM 的关系

OTN 是以波分复用 WDM 技术为基础、在光层组织网络的传送网，是下一代的骨干传送网。

OTN 为 G872、G709 等一系列 ITU–T 建议所规范的新一代光传送体系，通过可重构分插复用器 ROADM 技术、OTH 技术、G709 封装和控制平面引入，将解决传统 WDM 网络无波长 / 子波长业务调度能力、组网能力弱、保护能力弱等问题。

7.4.2　OTN 技术与 SDH 技术比较

7.4.2.1 完善的标准

借鉴并吸收了 SDH/SONET 的分层结构、在线监控、保护、管理功能。统一的标准方便各厂家设备在 OTN 层互连互通。

7.4.2.2 强大的管理能力

提供了丰富的维护信号，可进行故障隔离和告警抑制，极大地减轻了系统维护的负担。引入了 TCM 监控功能，一定程度上解决了光通道跨多自治域监控的互操作问题。

7.4.2.3 更远的光传输距离

光通道传送单元（ ）中使用了 FEC，提高了传输性能。

7.4.2.4 业务透明传输和灵活疏导

不改变客户信号的净荷及开销字节，实现多种业务的透明传送。

7.4.3　OTN 体系

OTN 体系的各层如图 7–12 所示，光传输段（OTS）层、光复用段（OMS）层和光信道（OCh）层处在光域。OTS 层管理光部件之间的光纤链路段，如光放大器之间或光放大器与 WDM 复用器之间的光纤链路段。OMS 层管理光复用器和开关之间的光纤链路，OCh 层管理 3R 再生器之间的光连接。

光信道传输单元（OTU）和光信道数据单元（ODU）具有与 SONET/SDH 的段、线路、路径各层类似的功能。OTU 类似于 SONET/SDH 中的段层，现在 OTN

的 OCh 层提供了 3R 再生器之间的光连接。它的开销用以定义 OTN 帧、提供光连接的标志、监控误码率性能、携带表示信号故障的告警指示器，以及在光连接的端点之间提供通信信道。这一层将 FEC 加到 OTN 帧中，并且在发送之前对帧进行扰码。此外，它提供多帧的同步信息。多帧是在多个 OTN 帧内传送消息的一种方法。例如，一个 256 字节的消息能够通过在 256 个帧内的单个开销字节进行传送。多帧具有固定的周期，它必须是 2 的幂次。

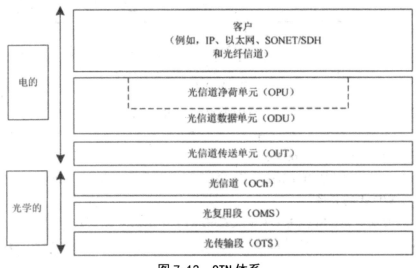

图 7-12　OTN 体系

光信道数据单元（ODU）支持 6 个串联连接的监控。每个监控都提供识别、监控 BER 性能、携带告警指示器，以及对端点提供通信信道。ODU 层有光信道净荷单元（OPU）子层，它使客户信号适应 OTN 帧。

7.4.4　OTN 帧结构

图 7-13（a）表示了 OTN 的帧结构。它由 4 行和 4080 列的字节组成。每帧传送顺序从第 1 行开始，每一行从左到右串联发送。每一行间插了 16 个由 255 字节组成的 FEC 块，总字节数为 16×255=4080 字节。每一块含有 1 个开销字节、238 个净荷字节和 16 个冗余 FEC 字节。因为 16 个块是间插的，每个块能够纠正 8 个错误字节，对错误的突发包能够修正高达 16×8=128 字节。OTU 和 ODU 开销位于 OTN 帧的第 1 列和第 14 列，其中 OTU 开销在第 1 行，ODU 开销在第 2 行到第 4 行。OPU 开销在帧的第 15 列和第 16 列。图 7-13（b）介绍了 OTN 帧的开销字节，每帧在发送之前先加扰码。

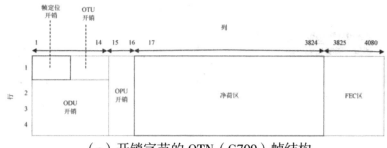

（a）开销字节的 OTN（G709）帧结构

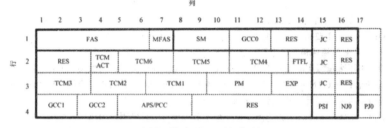

（b）较大的开销字节

图 7-13 OTN 帧结构

7.4.4.1 OTU 帧结构

OTU 帧结构如图 7-14 所示。

OTU 根据速率等级分为 OTUk（k=1，2，3），OTU1 就是 STM-16 加 OTN 开销后的帧结构和速率，OTU2 是 STM-64 加 OTN 开销后的帧结构和速率，OTU3 就是 STM-256 加 OTN 开销后的帧结构和速率，开销包括普通开销和 FEC。

OTUk 还包含两层帧结构，分别为 ODU 和 OPU，它们之间的包含关系为 OTU>ODU>OPU，OPU 被完整包含在 ODU 层中，ODU 被完整包含在 OTU 层中。OTUk 开销、ODUk 帧和 OTUk

FEC3 部分组成：ODUk 帧由 ODUk 开销和 OPUk 帧组成；OPUk 帧由 OPUk 净荷和 OPUk 开销组成，从而形成了 OTUk-ODUk-OPUk 这 3 层帧结构。

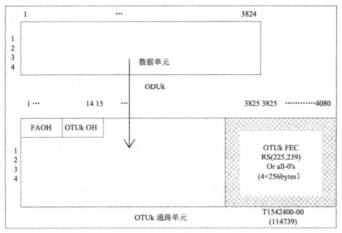

图 7-14　OTU 帧结构

7.4.4.2 ODUk 帧结构

由两部分组成，分别是 ODUk 开销和 OPUk 帧，如图 7-15 所示。

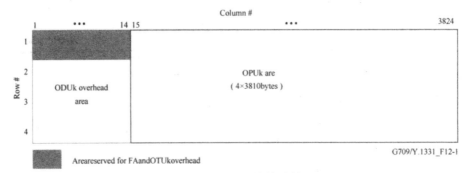

图 7-15　ODUk 的帧结构

ODUk 的开销占用 OTUk 第 2、3、4 行的前 14 列。第一行的前 14 列被 OTUk 开销占据。ODUk 开销主要由 3 部分组成，分别为 PM、TCM 和其他开销。

7.4.4.3 OPUk 的帧结构

OPUk 用来承载实际要传输的用户净荷信息，由净荷信息和开销组成。开销主要用来配合实现净荷信息在 OTN 帧中的传输，即 OPUk 层的主要功能就是将用户净荷信息适配到 OPUk 的速率上，从而完成用户信息到 OPUk 帧的映射过程。

OPUk 的帧结构如图 6-16 所示，是一个字节为单位的长度固定的块状帧结构，共 4 行 3810 列，占用 OTUk 帧中的列 15 ~ 列 3824。

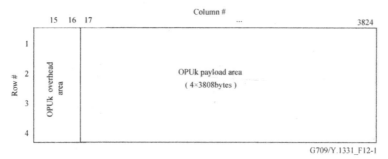

图 7-16　OPUk 的帧结构

OPUk 帧由两部分组成，OPUk 开销和 OPUk 净荷。最前面的两列为 OPUk 开销（列 15 和列 16），共 8 个字节，列 17 ~ 列 324 位 OPUk 净荷。OPUk 开销由 PSI、映射和控制级联等的相关开销组成。

7.4.5　OTN 保护与应用

对于 OTN 系统来说，由于所传送的业务种类更多、变化性更大，其业务恢复能力显得尤为重要。网络的保护，一直致力于解决网络的安全性、生存性和可靠性的问题。保护可以在物理层进行，也可以在高层进行。

目前保护中一般采用两个级别的保护，设备级别的保护以及网络级别的保护。设备级别的保护主要发生在互为保护的设备之间，防止单元盘出现故障时发生业务中断。网络级别的保护分为光层和电层的保护。光层主要基于光通道、光复用段和光线路的保护，主要包括光通道 1+1 波长 / 路由保护、光复用段 1+1 保护、光线路 1：1 保护等。电层主要是基于业务层面的保护，主要包括 OCh1+1/m：n/Ring 保护、ODUk1+1、m：n/Ring 保护。

7.4.5.1　光线路保护

OLP（Optical Fiber Line Auto Switch Protection Equipment）为光纤线路自动切换保护装置。光纤自动切换保护系统（简称 OLP）是一个独立于通信传输系统，完全建立在光缆物理链路上的自动监测保护系统。

现网中 OLP 保护分为两类。

1.1：1 保护倒换原理

1：1 类型的保护倒换设备为选发选收的方式，即传输设备 Tx 口发出的业务光全部经过 OLP 设备主用路由传输，OLP 单盘上板载一个激光器，稳定持续地发射一个特定波长的光源打向备用路由，实时监测备用路由的指标，如图 7-17

所示。

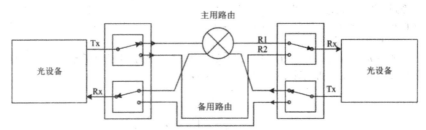

图 7-17　OLP 链路保护 1：1 保护倒换原理示意图

OLP1：1 设备检测到线路故障时，需要与对端设备通信后作出判断；两端设备一起切换，才能保证整个线路的切换，来保证业务传输。

2.1+1 保护倒换原理

1+1 保护方式为双发选收方式（两路发送只需要一路接收），即传输设备 Tx口发出光经 OLP 设备后，通过 OLP 的分光器把传输设备的业务光分为相等的 2路，如图 7-18 所示。

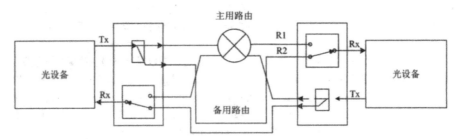

图 7-18　OLP 链路保护 1+1 保护倒换原理示意图

OLP1+1 设备检测到线路故障时，只需要一端设备切换就能实现整个线路的倒换，不会影响到业务的传输。不需要两端设备通信后作出是否切换线路的判断。

7.4.5.2 线性保护

1.OCh1+1 保护

OCh1+1 保护是采用 OCh 信号并发选收的原理。保护倒换动作只发生在宿端，在源端进行永久桥接。一般情况下，OCh1+1 保护工作于不可返回操作类型，但同时支持可返回操作，并且允许用户进行配置。

2.OCh1：n 保护

1 个或者多个工作通道共享 1 个保护通道资源。当超过 1 个工作通道处于故障状态时，OChl：n 保护类型智能对其中优先级最高的工作通道进行保护。OChl：n 保护支持可返回与不返回两种操作类型，并允许用户进行配置。OChl：n 保护支持单向倒换与双向倒换，并允许用户进行配置。不管对于单向倒换还是双向倒换，OChl：n 保护都需要在保护组内进行 APS 协议交互。

7.4.5.3 ODUk SNC 保护

在 ODUk 层采用子网连接保护（SNCP）。子网连接保护是用于保护一个运营商网络或者

多个运营商网络内一部分路径的保护。一旦检测到启动倒换事件，保护倒换应在 50ns 内完成。

受到保护的子网连接可以是两个连接点之间，也可以是一个连接点和一个终结连接点之

间（TCP）或两个终结连接点之间的完整端到端网络连接。

1.ODUk1+1 保护

对于 ODUk1+1 保护，一个单独的工作信号由一个单独的保护实体进行保护。保护倒换动作只发生在宿端，在源端进行永久桥接。

2.ODUkm：n 保护

ODUkm：n 保护指一个或 n 个工作 ODUk 共享 1 个或 m 个 ODUk 资源。

7.4.5.4 环网保护

1.OCh SP Ring 保护

OCh SP Ring（光通道共享环保护）只能用于环网结构，如图 7-19 所示，其中，细实线 XW 表示工作波长，细虚线 XP 表示保护波长，粗实线 YW 表示反方向工作波长，粗实线 YP 表示反方向保护波长。

XW 与 XP 可以是在同一根光纤中，也可以是在不同的光纤中，可由用户配置指定。YW 与 YP 可以是在同一根光纤中，也可以是在不同的光纤中，可由用户配置指定。XW、XP 与 YW、YP 不在同一根光纤中。

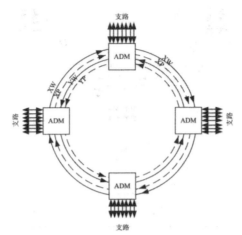

图 7-19 OCh SP Ring 组网示意图

OCh SP Ring 保护仅支持双向倒换，其保护倒换粒度为 OCh 光通道。每个节点需要根据节点状态、被保护业务信息和网络拓扑结构，判断被保护业务是否会受到故障的影响，从而进一步确定通道保护状态，据此状态值确定相应的保护倒换动作。OCh SP Ring 保护是在业务的上路节点和下路节点直接进行双端倒换形成新的环路，不同于复用段环保护中采用故障区段两端相邻节点进行双端倒换的方式。

2.ODUk SP Ring 保护

ODUk SP Ring 保护只能用于环网结构，如图 7-20 所示，其中细实线 XW 表示工作 ODU，细虚线 XP 表示保护 ODU，粗实线 YW 表示反方向工作 ODU，粗虚线 YP 表示反方向保护 ODU。

XW 与 XP 可以是在同一根光纤中，也可以是在不同的光纤中，可由用户配置指定。

YW 与 YP 可以是在同一根光纤中，也可以是在不同的光纤中，可由用户配置指定。XW、

XP 与 YW、YP 不在同一根光纤中。

ODUk SP Ring 保护仅支持双向倒换，其保护倒换粒度为 ODUk。ODUk SP Ring 保护仅在业务上下路节点发生保护倒换动作。

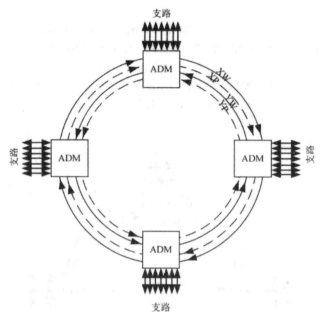

图 7-20　ODUk SP Ring 组网示意图

表 7-3 所示为 OTN 保护对比方式。

表 7-3　保护对比方式

保护类型	保护方式	实现方式	是否需要倒换协议	保护特点	建议
线性保护	OLP	利用光开关实现	否	可实现 50ms 切换时间一个光传输段的主 / 备用路由光缆长度不能差异太大	适合在具备双路由光缆、空余光纤丰富、光缆故障频繁的段络采用
	OMSP	利用光开关实现	否	可实现 50ms 切换时间需要在主备用路由上均建设光放大器，建设和维护成本较大	路由光缆、空余光纤丰富可以适当采用
	OCP	利用光开关实现	否	可实现 50ms 切换时间可根据需要有选择地对业务进行保护，需要占用较多的波道资源和 OTU，成本较高	对有特殊质量要求的电路采用该方式提供保护
	ODUk 1+1	利用电交叉实现	否	可以对波道或者子波长进行保护，适用于多种网络结构，节省通道资源	适合于跨子网的业务的保护
	ODUk m:n		是		
环网保护	波长共享保护	利用光开关实现	是	对分布式业务较多的环网而言可以节省大量的波长资源，提高资源利用率	适合于分布式业务较多的网络拓扑
	ODU 环网保护	利用电交叉实现	是		

7.4.6 OTN 应用与未来

基于 100G 的 WDM 和 OTN 技术在过去几年中已经逐步走向成熟，2015 年各家运营商都普遍开展相关系统建设，经过这几年的系统建设，中国市场已经成为全球 100GWDM/OTN 的最大的市场，100G 设备在业务、组网、时钟、网管、保护、性能指标等方面表现稳定，实验室测试模型传输距离超 3000km。集成度也不断提高，随着光器件和模块技术的成熟，以及设备交叉容量的增长，100G 设备客户侧和线路侧端口集成度提升明显，单槽位 400G 集成度逐步成为主流。在 100G 的相干 CFP 方面进一步提升集成度和功耗性能，线路侧相干 CFP 实验室测试传输距离超 1000km，功耗降低 30%，光模块集成度提升明显。但是，在实际工程部署中面临功耗散热等问题，目前 80G 满配系统功耗超 20000W，在实际应用中对机房供电、散热和运维等带来的诸多问题，亟待改进；而干线应用中也面临着 OTN 电交叉容量进一步提升的需求，受到槽位数、背板容量、散热等技术瓶颈的限制，30T 以上交叉容量有可能采用类似集群路由器的实现方案，但是同样也面临着散热等各方面的问题，为此，不同的设备制造商也针对此提出不同的解决方案。

以智能电网为例，伴随着现今智能电网发展速度的不断加快，电力通信行业也得到了迅猛发展，业务的类别及信息颗粒持续增加，不仅包含了以往继电保护、调度自动化等业务，同时还包含了信息化 IP、智能用电等业务。OTN 是继 SDH、WDM 等技术之后出现的新型传送网络技术，其继承了 SDH 和 WDM 技术的主要优势，克服了传统 SDH 容量受限和传统波分系统组网能力弱、业务调度不灵活等缺点，同时采用了大带宽颗粒调度、多级串联连接监视（Tandem Connection Monitor，TCM）、光层组网等更多的新型功能，不仅使原有的光纤资源成百倍地扩容，还可以使 IP 和其他任意业务方便有效地在骨干网上传输。

目前，OTN 在电力系统推行建设，虽然该技术有着很多优点，但是电力通信网的建设不仅需要具有技术先进性还需要具有经济性。电力系统现有的通信网络都是以传统 MSTP/SDH

网络构架为主，这些 SDH 系统建设年限都比较短。同时，电力系统一些独特的小颗粒业务也依托于 SDH 系统、超长站距的传输仍然需要 SDH 以及网络边缘业务数据量少等原因。在推行 OTN 新技术的过程中，根据电力系统各种需求，切实考虑 OTN 网络与现有网络的结合，充分利用现有的网络资源，将 OTN 网络建设融入到现有网络中，结合传统技术和新兴技术各自的优势，在保障网络可靠性的同时，建设合理、经济的通信网络成了亟待解决的问题。

7.4.6.1 光通路层

光通路层是 SDH、Ethernet、IP、ATM 等电力系统相关格式的客户层信号，光纤通道的选择、波道的合理划分、安排连接，实现端点之间的电力通信网的连接，处理产生和插入光通道配置的开销，以及提供波长保护能力等。

（1）光通路净负荷单元。OPUk 直接承载用户业务信号。阶数 k=0、1、2、2e、3，分别代表承载的用户业务速率为 1.25、2.5、10Gb/s、增强型 10、40Gb/s（包括净负荷和 OPUk OH2 部分）。

（2）光通路数据单元。通过 ODUk 路径实现数字客户信号（SDH、Ethernet、IP、ATM 等）在 OTN 上的端到端传送。以 OPU 为净负荷，增加相应的开销，提供端到端的光通道性能监测。

（3）光通路传送单元。通过 OTUk 路径实现客户信号 ODUk 在 OTN3R 再生点间的传送。以 ODU 为净负荷，增加相应开销，主要提供 FEC 功能及对 OTU 段的性能监测。

7.4.6.2 光复用段层

光复用段层的作用是提供相邻 2 个波长的光传输设备间的光通信信号的传输，为光通信信号提供网络连接。OMS 光复用段层可进行光复用的巡检和调控，并提供复用段层的生存性。同时，光复用层可调节波长路由的光复用功能，解决光复用开销。

7.4.6.3 光传输段层

光传输段层是光信号在不同类型的光媒质（如 OPGW、ADSS 光纤等）上提供传输通道。OTS 定义了物理接口（包括频率、功率及信噪比等参数）。OTSOH 用来确保光传输段适配信息的完整性，同时实现光放大器或中继器的检测和控制功能。整个 OTN 由最下面的物理媒质层网络所支持，即物理媒质层网络是 OTS 层的服务者。

电网目前建成了以 SDH 和 OTN 技术体制为基础的双网结构，其中 SDH 传输网主要用于承载电力调度及生产实时控制业务，已覆盖省公司和省级以上直调厂站；OTN 传输容量为 $40 \times 10G$，主要承载公司系统生产管理等数据业务，为公司大颗粒数据业务提供传输带宽保障，满足了公司各类信息化系统的部署及 SG-ERP 系统建设需要。

第 8 章 物联网典型应用

8.1 烟草智能配送应用

随着中国社会经济的发展，中国烟草正从传统百货店和个体零售的模式向以连锁经营为主业的多样化的模式转变，对分销网络的要求越来越高，建立高效的物流配送体系则有利于降低企业成本、缩短流通时间、达到资源利用高效化。随着烟草行业物流建设步伐加快，如何建设现代流通下的现代物流，实现"销售物流向供应链物流、企业物流向行业物流"转变，建设高水平的工商一体化物流是行业现代物流的发展方向。其中商业企业物流主要包括仓储、配送两大环节，随着物联网技术不断发展，烟草商业企业不断探索新技术在烟草行业的应用，不断涌现出各种智能物流的应用案例。

8.1.1 烟草物流配送需求

智能烟草物流，是基于互联网、物联网技术的深化应用，利用先进的信息采集、信息处理、信息流通、信息管理、智能分析技术，智能化地完成运输、仓储、配送、包装、装卸等多项环节，并能实时反馈流动状态，强化流动监控，使货物能够快速高效地从供应者送达给需求者，从而为供应方提供最大化利润，为需求方提供最快捷服务，大大降低自然资源和社会资源的消耗。

随着技术的日趋进步与日益成熟，无线射频识别（Radio Frequency Identification，RFID）技术、电子数据交换（Electronic Data Interchange，EDI）技术、全球定位系统（Global Positioning System，GPS）、地理信息系统（Geographic Information System，GIS）、智能交通系统（Intelligent Transport System，ITS）等纷纷进入应用领域。现代物流系统已经具备了信息化、数字化、网络化、集成化、智能化、柔性化、敏捷化、可视化、自动化等先进技术特征。很多大型国际物流企业也采用了红外、激光、无线、编码、认址、自动识别、定位、无接触供电、光纤、数据库、传感器、RFID、卫星定位等高新技术。因此，市场需求和技术革新催生了智能物流（Intelligent Logistics System，ILS）。智能物流，又被称作智慧物流，源于 IBM 提出的"智慧地球"，后来相关专家进一步提出了"智慧城市"的概念。

在全球信息化浪潮的推动下，我国烟草行业的信息化建设有了很大的发展，烟草物流信息化也获得长足发展。但是在物流配送环节由于配送车辆和人员都是在外作业，缺乏实时管理手段，缺乏对配送作业的实时管理。行业也越来越需要一套先进、高效率、完善的配送作业跟踪管理系统，来解决配送管理的难题，烟草行业常用物流配送车辆。

烟草物流配送的主要需求如下：

8.1.1.1 安全配送需求

烟草在运输途中，由于无法对司机进行有效的监督，会存在疲劳驾驶、超速行驶、违章行驶等问题，这些都是安全事故的隐患；一旦出现安全事故会给企业带来巨大影响；货物在运输途中，缺乏有力的监控管理，致使司机有机可乘，掉包或者监守自盗，给企业带来巨大的损失；配送车辆在途中，会遇到交通事故、抢劫及困难，有时会因为种种原因，企业无法及时获得信息，延误了援助和抢救的机会。

8.1.1.2 实时监控需求

烟草物流车辆在运输的过程中，公司无法得知其到达位置和运输状态，不能对其进行实时监控；对于客户订单交接异常、现金上缴异常等配送异常信息往往都要送货人员抵达物流中心后才能进行处理，给配送管理工作带来了难度；车辆一旦无法按时返回物流中心，对于当天货款以及异常货物的处理将带来较大的难度；同时也缺乏对司机和货物的有力监督。

8.1.1.3 配送信息化需求

目前烟草配送过程中，在小票交接、货款交接、任务统计等环节需要大量签字，不仅造成纸质的浪费，还造成时间浪费。

8.1.1.4 管理精益化需求

配送类业务数据也日渐丰富，如何充分利用这些数据，将抽象数据变得直观生动，更好地为企业的发展服务，为领导决策提供依据。通过实际因素的综合分析，对送货线路进行优化，形成最佳配送路线，达到最高满载率，保证企业送货成本及送货效率指标最佳。

8.1.2 烟草智能配送系统架构

以物联网和无线通信技术为基础的智能烟草配送物流，集RFID无线传感技术、移动互联技术、地理信息系统（GIS）以及无线通信技术于一体的软、硬件解决方案。系统主要包括车载感知终端、无线通信网络和配送监控中心系统三大部分。

8.1.2.1 感知层

车载设备作为物联网感知设备，主要包括车载定位视频监控终端、手持终端系统等组成。其中车载定位视频监控终端安装在配送车辆上，集 4G 高清传输、双向对讲、本地高清录像、三定位（北斗 /GPS/ 基站）于一体的车载型应急产品。设备支持双向视频对讲，支持集群呼叫、集群调度、呼叫录音、调度指令下发。内置硬盘实现本地录像安全，支持本地视频回放输出，支持硬盘存储与 SD 卡存储。北斗 /GPS 双模定位，定位信息同步存储。

配送车辆安装三部摄像头，分别在配送车辆的司机位、送货员位、车厢后中部。配送司机或送货员可通过安装在车前的液晶屏，实时监控到车内和车外的三个画面，既保证司机安全行驶和倒车，也可保证车辆行驶和车内货物的安全性。

配送车辆司机或送货员配备 PDA 智能手持终端，智能手持终端具有 RFID、条码识别、2G/3G/4G 无线通信功能，可实现中转站收发确认、配送路径实时优化、行车记录、货物数字签收、现金结算跟踪、零售户满意度评价、短信提醒等功能，可通过 PDA 实时跟踪，保证货物、资金、人员的安全性。

8.1.2.2 网络层

烟草智能配送系统选用 2G/3G/4G 无线通信技术满足项目需求，主要考虑到传输速率和资费两个原因。如表 8-1 所示，2G/3G/4G 网络最大的区别在于传速速度不同，4G 网络作为新一代通信技术，在传输速度上有着非常大的提升，理论上网速是 3G 的 50 倍，实际体验也在 10 倍左右，上网速度可以媲美 20M 家庭宽带，因此 4G 网络可以具备非常流畅的速度，观看高清电影、大数据传输速度都非常快，实际应用中资费也是需要考虑的问题。

在实际应用中，烟草物流配送车辆需要实时传输 GPS 位置信息和报警信息到监控中心，对稳定性和网络覆盖有较高要求，2G 通信网络作为最早实施的网络制式完全满足这个要求，同时定位信息和报警信息以通信报文形式传递，2G 的通信速率完全满足要求。

对于车辆需要视频监控时，可以用 3G/4G 网络传输实时视频信息，3G/4G 的通信速度满足实时图像的传输。当接入网络为 3G 网络时，可传输压缩后的流畅视频；当接入网络为 4G 网络时，可实时传输高清视频，满足实时视频监控需求。

表 8-1　无线通信速率对比

通信标准	2G		3G		4G	
蜂窝制式	GSM	CDMA2000	CDMA2000	TD-SCDMA	WCDA	TD-LTE
下行速率	236kb/s	153kb/s	3.1Mb/s	2.8Mb/s	14.4Mb/s	100Mb/s
上行速率	118kb/s	153kb/s	1.8Mb/s	2.2Mb/s	5.76Mb/s	50Mb/s

8.1.2.3 应用层

配送管理系统是物流作业管理的核心业务之一，核心功能主要包括以下内容：

1. 配送域规划及线路优化

利用电子地图技术，通过零售户地理分布和订货量数据优化形成更加合理的配送区域和送货线路，在地图中标记了优化后的配送线路及零售户的位置及配送信息。

2. 配送在途监控

通过车载 GPS、4G 通信和车载视频技术等对配送车辆进行实时定位与监控，提供当日配送的行车效率。

3. 配送绩效统计

通过采集车辆运行信息（包括车辆油耗、车辆装载量、车辆行驶里程和车辆行驶时间等）定期收集物流信息，进行统计和配送绩效分析。

4. 零售户到货确认

通过送货人员使用手持终端设备与零售户身份认证卡进行身份识别后，完成对卷烟订单进行核对和确认，零售户同时对送货服务完成评价。

8.1.3 烟草智能配送应用效果

通过配送作业跟踪管理系统的使用，可以极大地提高工作效率，而且可以实时跟踪配送作业的情况，实现配送作业的"数字化、精确化、智能化、可视化"管理。

8.1.3.1 数字化管理

实现烟草配送全过程数字化管理，实时信息流贯穿整个配送作业环节，减少纸张使用，提高信息准确度，提高配送管理水平。

8.1.3.2 精确化管理

实时关注每一个配送过程，精确管理配送作业情况，提高配送管理精准度，提高配送管理效率。

8.1.3.3 智能化管理

结合配送作业实时信息，利用信息技术，自动根据设定信息进行配送作业的预警、报警，自动通知相关负责人，及时了解配送情况，为管理人员提供决策依据。准确的实物操作和正确的系统信息跟踪是快速响应追溯的保证。

8.1.3.4 可视化管理

利用 GIS、GPS、GPRS 技术，在电子地图上实时看到配送作业实际情况，真正实现配送作业的可视化管理。

8.2 多表一体化系统

电、水、气、热是日常生活中不可缺少的公共服务产品。长期以来，电水气热的信息采集与管理都是自成体系，重复抄表造成了人力、物力的浪费；政府、企业难以实时掌握区域能耗情况，不利于节能降耗的推进；居民面临用能信息不明、缴费多卡多渠道等困扰，造成生活上的不便。2015 年发展改革委国家能源局发布了《国家能源局关于促进智能电网发展的指导意见（发改运行（2015）1518 号）》，指出要完善煤、电、油、气领域信息资源共享机制，支持水、气、电集采集抄，建设跨行业能源运行动态数据集成平台，鼓励能源与信息基础设施共享复用。2015 年 4 月国家电网公司在北京召开了电、水、气、热表一体化采集应用工作研讨会，正式开展电水气热一体化采集工作，截至2016 年 12 月已完成江苏、浙江、天津、山西等 10 余个省市的试点工作，对于推动跨行业用能信息资源共享、提升公共事业服务水平、建设节约型社会具有积极的引领作用。

8.2.1 多表一体化采集需求

多表一体化采集是以智能电表、水表、气表、热表为基础，综合应用载波、无线、光纤等通信技术手段，实现电、水、气、热"四表合一"信息采集，构建信息统一共享与应用平台，为居民用户提供"一张卡、一个 APP、一张票、一次交费"的便捷式服务。

国家电网公司于"十二五"期间启动用电信息采集系统建设，目前已覆盖27 家省公司、超 3 亿用户，形成了主站、通道、终端等大量资源，积累了丰富的运维、运营经验，为企业、居民提供了便利的用电服务，如何进一步利用现有基础设施、充分挖掘资源价值已成为国家电网公司高度关注的命题。水、气、热行业属地化管理性较强，缺乏类似国家电网公司综合性的企业，因此在信息采集系统整体架构设计、标准建设、产品检测等方面基础较薄弱，在计量方式、能量供给、安装方式等方面差异性较大，因此如何构建统一的多表一体化信息采集系统面临着多方面的挑战。

多表一体化采集的主要应用需求有以下几个方面：

8.2.1.1 表计设备复用需求

多年以来，电、水、气、热各厂家已根据自身需要安装了海量型号不同、接口各异的表计设备。多表一体化采集需要尽量降低对现有基础设施及网架的大规模改造，避免影响企业生产、居民生活。

8.2.1.2 通信网络融合需求

目前电、水、气、热信息采集中普遍采用了电力线载波、无线、光纤、RS485 总线等通信方式，但不同通信方式在设备、网络层面均未能形成有机整体，影响了信息采集的效果，需要进行合理的网络规划与设备融合。

8.2.1.3 信息共享应用需求

信息化系统是实现多表一体化采集数据存储、分析与共享复用的基础，目前尚缺乏统一的信息化系统，难以支撑数据应用。

8.2.2　多表一体化采集系统架构

基于物联网表计感知、多种通信方式融合及大数据分析处理技术，构建了由系统主站层、远程通信层、数据采集层、本地通信层、智能表计层组成的多表一体化采集系统架构图。

智能表计层负责电、水、气、热等信息的测量和控制，包括智能电表、智能水表、智能气表和智能热表等。本系统中如果数据采集层的集中器直接采集智能电表数据，则智能水表、智能气表和智能热表通过微功率无线通信技术与智能电表连接。

本地通信层为数据采集层与智能表计层之间数据交互提供通信信道，可采用电力线载波、微功率无线、RS485 总线、塑料光纤等。数据采集层直接采集表计信息时，与智能水表、智能气表、智能热表之间通信采用微功率无线通信技术。

数据采集层负责智能表计的信息采集和处理，包括集中器和采集器。

远程通信层为系统主站层与数据采集层之间数据交互提供通信信道，可采用光纤专网、无线专网、无线公网等数据传输网络。

系统主站层负责整个系统的信息采集、数据管理和数据应用等。

8.2.2.1 智能表计层

在智能表计层，水、气、热表信息采集分为以下两种模式：

1. 集中器部署在配变低压侧，智能电表部署在楼道表箱

智能电表安装在楼道表箱，水、气、热表安装在用户家庭，通过在表箱处部署微功率无线汇聚节点（或在智能电表内置微功率无线汇聚节点），水、气、热表处部署微功率无线终端节点，实现将水、气、热表信息采集到智能电表，再通过本地通信网络汇聚到集中器。

2. 集中器与智能电表部署在同一楼道表箱

通过在表箱处部署微功率无线汇聚节点（或在集中器内置微功率无线汇聚节点），水、气、热表处部署微功率无线终端节点，实现将水、气、热表信息直接采集到集中器。

8.2.2.2 本地通信层

本地通信是表计信息汇聚到集中器的重要信道，主要通信方式有电力线载波、微功率无线、RS485 总线、塑料光纤等。

1. 电力线载波

电力线载波通信（Power Line Communication，PLC）是指利用电力线作为信息传输媒介进行数据传输的一种通信方式。这种方式利用现有的电力线传输信号，不需要铺设新的通信电缆，工程施工周期短、成本低。按照电力线电压等级划分，电力线载波通信可分为高压载波通信（35kV 电压等级以上）、中压载波通信（10kV ~ 35kV 电压等级）、低压载波通信（380V/220V 电压等级）。电力线载波通信的最大特点是不需要重新架设网络，只要有电线，就能进行数据

传递。

低压电力线载波通信（低压 PLC）方式是通过 0.4kV 低压电力线路作为通信物理通道进行数据传输的通信方式，可分为低压宽带 PLC 和低压窄带 PLC。宽带 PLC 技术主要是指利用电力线进行高速数据传输（一般指通信速率超过 1Mb/s）的一种通信方式。宽带电力线通信使用频率在 1 ~ 12MHz 范围内，数据物理层传输速率最高可达 200Mb/s。窄带电力线通信使用频率在 3 ~ 500kHz 范围内，通信速率小于 1Mb/s。

2. 微功率无线

微功率无线通信通常是指模块发射功率不大于 50mW，稳定通信距离在 100 ~ 300m 左右的无线射频通信方式，在国内电工仪表业俗称为"小无线"。目前工业领域的无线网络标准有 Zig Bee、ISA400、RF433 等，它们都是微功率无线领域的标准化组织或产业联盟。其底层都是基于 IEEE 组织的 IEEE802.15.4 标准。

微功率无线通信依靠自组网、动态路由等技术组建 Mesh 网络。Mesh 网是一种高可靠性的网络，具有"自恢复"的能力，它可为传输的数据包提供多条路径，一旦一条路径出现了故障，则存在另一条或者多条路径可供其选择。微功率无线通信技术的最大优点是免费、节能、可靠、时延短、网络容量大。

国家电网公司参照 IEEE802.15.4 制定了《电力用户用电信息采集系统通信协议第 4 部分：基于微功率无线通信的数据传输协议》，用于用电信息采集、多表一体化采集微功率无线通信的标准。

3.RS485 总线

RS485 采用半双工工作方式，支持多点数据通信。RS485 总线网络拓扑一般采用终端匹配的总线型结构。即采用一条总线将各个节点串接起来，不支持环型或星型网络。如果需要使用星型结构，就必须使用 485 中继器或者 485 集线器才可以。RS485/422 总线一般最多支持 32 个节点，如果使用特制的 485 芯片，可以达到 128 个或者 256 个节点，最多的可以支持到 400 个节点。

4. 塑料光纤

塑料光纤是一种可用于短距离（≤ 300m）可见光通信的新型线缆。其特点是：带宽可达 150M、芯径大（0.3 ~ 1.0mm）、接续简单；挠曲性好（可弯曲 90°，最小弯曲半径是 30mm）；损耗较低；光谱为可见光：红光、绿光；重量轻、抗干扰，雷电和浪涌对通信无影响；可广泛用于语音、图像、数据和网络等信息的传输，是短距离通信的理想介质。塑料光纤作为多表一体化采集系统的信息通信方式，具有实时性强，容量大，系统网络建设简单，无需熔接等特点。通过该技术可大幅提升通信质量，有利于开展丰富的多表一体化双向互动信息应用。

8.2.2.3 数据采集层

多表一体化采集系统在数据采集层直接复用用电信息采集系统的集中器、采集器设备，无需对现有网络进行大范围改造，具有施工简单、成本低等特点。

8.2.2.4 远程通信层

远程通信主要实现集中器、采集器与主站系统之间的通信，主要通信方式有无线专网通信、无线公网通信、xPON 光纤专网通信。

1. 无线专网通信

无线专网是指企业自行建设、管理的专用无线通信网络，包括无线接入网和无线回传网，用于企业生产、经营等业务的接入承载。以国家电网公司为例，建设了多种技术体制的电力无线专网用于承载用电信息采集、多表一体化采集、负荷控制等业务。电力无线专网采用的技术体制主要包括 230MHz 数传电台、Mobitex、McWiLL、TD-LTE230MHz、TD-LTE1800MHz

等。不同的技术体制工作频率各有差异，其中 230MHz 数传电台与 TD-LTE230MHz 使用电力专有 230MHz 频段、Mobitex 使用 800MHz 频段，TD-LTE1800MHz 使用 1.8GHz 频段，McWiLL 使用 400MHz/1.8GHz 频段。目前，采用 TD-LTE 技术体制的 TD-LTE230MHz、TD-LTE1800MHz 已成为电力无线专网建设的主流。

2. 无线公网通信

无线公网是指企业租用移动、电信、联通等运营商的无线通信网络实现企业生产、经营相关业务承载的通信方式。无线公网通信技术主要包括 GPRS（General Packet Radio Service， 通用分组无线业务）、TD-SCDMA（Time Division-Synchronous Code Division Multiple Access，时分同步码分多址）、CDMA（Code Division Multiple Access，码分多址）、CDMA2000、WCDMA（Wideband Code Division Multiple Access， 宽带码分多址）、LTE（Long Term Evolution，长期演进）技术。其中，GPRS、CDMA 属于 2G 移动通信范畴，TD-SCDMA、

CDMA2000、WCDMA 属于 3G 移动通信范畴，LTE 属于 4G 移动通信范畴。以国家电网公司为例，其用于用电信息采集、多表一体化采集、负荷控制等业务的无线公网正处于从 2G 移动通信向 4G 移动通信过渡的进程中。电力行业由于其业务特殊性，对信息安全防护要求较高，因此在租用无线公网时在终端、通道、应用等环节采取了一系列安全防护措施。

3.xPON 光纤专网通信

光纤专网是指依据电力业务建设总体规划而建设的以光纤为信道介质的一种企业内部通信网络。无源光网络（xPON）技术是一种点到多点的光纤接入技术，它由局侧的 OLT（光线路终端）、用户侧的 ONU（光网络单元）和 ODN（光分配网络）组成。xPON 可以组成树型、星型和总线型等不同拓扑结构，系统稳定性高、成本较低、便于运营维护，在电力配电自动化、用电信息采集、多表一体化采集、电力光纤到户、视频监控等业务中广泛应用。

根据电网架构，结合配电自动化、用电信息采集、多表一体化采集等业务站点分布，基于 xPON 技术的网络拓扑通常采用如图 8-1 所示的 4 种拓扑方式。

采用 xPON 组网通信的方式可以有效解决多表一体化采集中变电站至集中器的通信。如图 8-2 所示，在变电站安装 OLT 装置，将光纤铺设至各集中器处，并安装 ONU 设备。集中器通过光纤网络将数据上传至 35/110kV 变电站，在通过现有的骨干网将数据传输至用电信息采集平台。

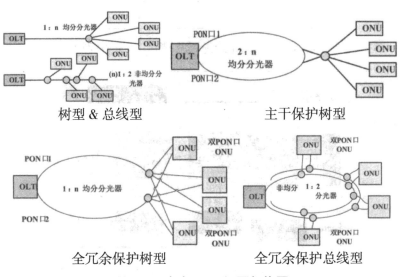

图 8-1　电力 xPON 组网架构图

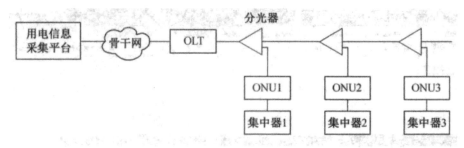

图 8-12　基于 xPON 光纤专网通信的多表一体化采集远程通信图

8.2.2.5 采集主站层

采集主站层是对电、水、气、热表信息进行汇聚、存储、分析、应用的重要环节，为充分利用现有资源，多表一体化采集的主站层通过在现有的用电信息采集主站中新增功能模块实现，包括前置采集、数据多级存储、接口服务、分析服务、运维管理、业务应用等。

8.2.3 多表一体化采集应用效果

基于物联网低压电力线载波、微功率无线等本地通信技术及无线专网、无线公网、光纤专网等远程通信技术，实现电、水、气、热表一体化信息采集，构建以智能电表及用电信息采集主站为基础，将不同厂家、不同类型的水、气、热表的数据进行集中采集的总体网络架构；充分利用了现有的采集网络，避免对存量水、气、热表的大量更换，节省了建设成本、降低了实施工作量；同时实现了信息资源共享复用，降低了电、水、气、热行业整体抄表及运维管理成本。

基于多表一体化采集信息开展多维度分析应用，为政府制定节能降耗、减排增效等政策提供了数据支撑；为企业分析用能模式、制定节能策略提供了指导；为公众用能信息查询、多费合缴提供了便利服务，对于提升公共事业服务水平，建设节约型社会具有重要示范与推进作用。

8.3　智能楼宇系统

随着科技的不断发展和进步，现代化的建筑物迅速崛起及发展，已成为国民经济迅速增长的必然条件。而现代化建筑物的大型化、智能化和多功能化，必然导致建筑物内机电设备种类繁多，技术性能复杂，维修服务保养项目的不断增加，管理工作已非人工所能应付。因此，采用自动化监控系统技术及计算机管理已成为现代建筑最重要的管理手段。它可以大量节省人力和能源、降低设备故障率、提高设备运行效率、延长设备使用寿命、减少维护及营运成本，提高建筑物总体运作管理水平。

8.3.1 智能楼宇自动监控系统概述

楼宇自动化系统（Building Automation System，BAS）实质上是一套中央监控系统（Central Control Monitoring System，CCMS），有时也称为综合中央管理系统，是智能楼宇的核心系统。现阶段已广泛应用于各类建筑领域，以提供对各类建筑物内的机电设备进行高效率管理与控制的有效途径。

智能楼宇是现代建筑技术、信息技术、自动化技术、电子技术等诸多方面相结合的产物。起源于 20 世纪 80 年代，90 年代初逐渐被人们所认同，进入到 21 世纪，随着"绿色、生态、可持续发展"概念的提出，楼宇进入了智能化发展阶段。智能楼宇有如下特性：

8.3.1.1 安全性

智能楼宇不仅要保证生命、财产、建筑物的安全，还要考虑信息的安全性，防止信息网中发生信息泄露和被干扰，特别是防止信息数据被破坏、被篡改，防止黑客入侵。

8.3.1.2 舒适性

智能楼宇创造了安全、健康、舒适、宜人的生活及办公环境，使得在其中生活和工作（包括公共区域）的人们，无论是心理上还是生理上均感到放松。为此，空调、照明、噪音、绿化、自然光及其他环境条件应达到较佳或最佳状态。

8.3.1.3 高效性

提高办公、通信、决策方面的工作效率，节省人力、时间、空间、资源、能耗以及建筑物所需设备使用管理的成本。

8.3.1.4 可靠性

选用技术成熟的硬件设备和软件，使得系统运行良好，易于维护，出现故障时能及时修复。

8.3.1.5 方便性

除了集中管理、易于维护外，还增加了多项高效的信息增值服务，足不出户即可轻松购物。智能楼宇主要由三部分组成，即楼宇自动化（BA）、通信自动化（CA）、办公自动化（OA），这三个自动化通常称为"3A"，它们是智能楼宇必须具备的基本功能。然而，有些房地产开发商为了显示其更高的楼宇智能化程度，把安防自动化（SA）及消防自动化（FA）从楼宇自动化（BA）中分离出来，提出"5A"型智能楼宇。

本节基于智能楼宇设计，对楼宇自动化系统（BAS）的空调、冷源、照明、给排水、通风、电梯、变配电等子系统进行智能化控制说明，并给出主要实现方案。

8.3.2 智能楼宇自动监控系统需求

智能楼宇自动化系统包括空调、冷源、照明、给排水、通风、电梯、变配电等子系统。本节中楼宇设备自动监控系统（包括空调、冷源、通风、给排水、变配电、电梯、照明等设备）的自动控制进行设计。

根据要求，楼宇自动化系统将对建筑物的各种机电设备的运行及开关状态实行全时间的自动监测或控制，并同时收集、记录、保存及分析管理有关系统的重要信息和数据，达到提高设备运行效率、节能、节省人力、安全延长设备寿命的目的。采用计算机技术、自控技术和信息技术一体化的测量和控制方法，构建一个对建筑设备运行状况的监控网，实现实时数据传送、历史信息分析和跨平台的数据交流。提高建筑物的综合功能以及附加值，营造一个高效、舒适、节能、经济的居住或办公环境。

8.3.2.1 系统的设计目标

设计楼宇自动化系统的主要目的在于将建筑物内各种机电设备的信息进行分析、归类、处理、判断，采用最优化的控制手段并结合现代计算机技术对各系统设备进行全面有效的监控和管理，使各子系统设备始终处于有条不紊、协同一致的高效、有序状态下运行，以确保建筑物内舒适和安全的环境。尽量节省能耗和日常管理的各项费用，保证系统充分运行，使投资能得到一个良好的回报。

8.3.2.2 系统设计原则

在对楼宇自动化系统的设计中我们遵循以下原则：

1. 可靠性

采用集散分布型控制系统，即将任务分配给系统中每个现场处理器，免除因系统内某个设备的损坏而影响整个系统的运行。

2. 扩展性及灵活性

系统具有可扩充性，以便满足将来扩展网络服务范围的需要。系统可在日后任何地方增加现场控制器及操作终端而不影响本系统操作。

3. 实用性及方便性

系统可容纳建筑物内机电系统的不同工艺需要。并综合各系统资料，显示于操作员终端，方便管理。

4. 开放性

系统采用开放式结构，在系统网路架构内完全采用开放式的国际标准 BACnet 协议。

5. 经济性

系统中的现场处理器足够应付日后技术的快速发展，现阶段的投资可以得到充分利用及保护。

8.3.3 系统设计方案

本着上述系统设计目标和原则，结合国内外的设计成功案例及建筑物的具体特点，为一酒店项目设计出一套符合 21 世纪现代化智能楼宇自控要求的系统。系统的设计方案对监控内容和方式、设备的选型、DDC 的配置、软硬件功能等方面均作了详细阐述。

8.3.3.1 楼宇自动化系统的配置及控制功能系统的功能

（1）根据负荷自动启停冷冻机组，并具有重新设定和修改控制参数的功能。根据测量及计算冷量负荷，实现对冷冻机组启停台数的控制，实现群控。根据预先编排的时间表，按"迟开机早关机"的原则控制冷冻机组的启停以达到节能的目的。

（2）完成电动蝶阀、冷却塔风机、冷却水泵、冷冻水泵、冷冻机组的顺序联锁启动，以及冷冻机组、冷冻水泵、冷却水泵、电动蝶阀、冷却塔风机的顺序联锁停机。各联动设备的启停程序包含一个可调整的延迟时间功能，以配合冷冻系统内各装置的特性。

（3）当一台冷冻水泵/冷却水泵发生故障时，备用泵自动投入运行。并互为备用水泵实现轮换工作。

（4）当旁通流量达到一台泵流量时，关停一台水泵，当总供／回水压差低于设定值开启水泵，以达到变量控制，实现空调系统综合节能的目的。测量冷冻水系统供／回水总管的压差，控制其旁通阀的开度，以维持其要求的压差，并监测阀的开度。

（5）取各水泵水流开关信号作为泵的运行状态及水流状态反馈信号。通过测量冷却水回水温度，控制冷却塔风机的启停和运行台数，维持冷却水供水温度，使冷水机组能在更高的效率下运行。

（6）监测冷冻水总供／回水温度。

（7）监测冷冻水总供／回水压力差，调节旁通阀的开度，保证末端水流控制能在压差稳定情况下正常运行。在冷冻机组停机时，旁通阀全关。

（8）监测各水泵、冷水机组、冷却塔风机的运行状态、故障报警、手／自动转换状态，并记录运行时间。

（9）中央站将监测的数据以 3D 彩色动态图形显示，并记录各种参数、状态、报警，记录启停时间、设备累计运行时间及其他的历史数据等。

8.3.3.2 热源系统监控

1. 二次水温自动调节

自动调节热交换器一次热水／蒸汽阀开度，保证二次出水温度为设定值。

2. 自动联锁

当循环泵停止运行时，热水／蒸汽调节阀应迅速关闭。

3. 设备启停控制

根据事先排定的工作及节假日作息时间表，定时启停设备，自动统计设备运行时间，打印设备工作及维修报表。

8.3.3.3 空气处理系统监控

1. 回风温度自动控制

冬季时，根据传感器实测的回风温度值自动对热水阀开度进行 PID 运算控制，保证空调机组回风温度达到设定温度的要求；反之，夏季根据传感器实测的回风温度值自动对冷水阀开度进行 PID 运算控制。通过调节水阀的开度，使回风温度达到用户的设定值；在过渡季节则根据室外送入新风的温湿度自动计算焓值，并与室内回风的焓值进行 PID 运算，其结果将自动控制新风阀、回风阀、排风阀的开度，以达到自动调节混风比的作用。

2. 回风湿度控制

根据湿度传感器的实测值自动对加湿阀进行 PID 运算控制，保证回风湿度达到用户的湿度设定值。

3. 过滤网堵塞报警

空气过滤器两端压差过大时报警，并在图形操作站上显示及打印报警，并指出报警时间。

4. 空气质量调节

在重要场所设置二氧化碳测量点，根据测量值的浓度自动调节新风比。

5. 空调机组启停控制

根据事先设定的工作时间表及节假日休息时间表，定时启停空调机组，自动统计空调机组的运行时间，提示定时对空调机组进行维护保养。

6. 联锁保护控制

风机停止后，新回排风风门、电动调节阀、电磁阀自动关闭；风机启动后，其前后压差过低时故障报警，并联锁停机；当温度过低时，进行防冻保护，开启热水阀，关闭风门，停风机，并在图形操作站上显示报警。

7. 节能运行，包括：

●间歇运行。使设备合理间歇启停，但不影响环境舒适程度。

●最佳启动。根据建筑物人员使用情况预先开启空调设备，晚间之后不启动空调设备。

●最佳关机。根据建筑物人员下班情况提前停止空调设备。

●调整设定值。根据室外空气温度对设定值进行调整，减少空调设备能量消耗。

●夜间风。在凉爽季节，用夜间新风充满建筑物，以节约空调能量。

8.3.3.4 新风系统监控

1. 送风温度自动控制

冬季时，根据传感器实测的温度值自动对热水阀开度进行 PID 运算控制，保证新风机送风温度达到设定温度的要求；反之，夏季根据传感器实测的温度值自动对冷水阀开度进行 PID 运算控制。通过调节水阀的开度，使送风温度达到用户的设定值。

2. 送风湿度控制

根据湿度传感器的实测值自动对加湿阀进行 PID 运算控制，保证送风湿度达到用户的湿度设定值。

3. 过滤网堵塞报警

空气过滤器两端压差过大时报警，并在图形操作站上显示及打印报警，并指出报警时间。

4. 新风机启停控制

根据事先设定的工作时间表及节假日休息时间表，定时启停新风机，自动统计新风机运行时间，提示定时对新风机进行维护保养。

5. 联锁保护控制

风机停止后，新风风门、电动调节阀、电磁阀自动关闭；风机启动后，其前后压差过低时故障报警，并联锁停机；当温度过低时，进行防冻保护，开启热水阀，关闭风门，停风机。

6. 节能运行，包括：

●间歇运行。使设备合理间歇启停，但不影响环境舒适程度。

●最佳启动。根据建筑物人员使用情况预先开启空调设备，晚间之后不启动空调设备。

●最佳关机。根据建筑物人员下班情况提前停止空调设备。

●调整设定值。根据室外空气温度对设定值进行调整，减少空调设备能量消耗。

●夜间风。在凉爽季节，用夜间新风充满建筑物，以节约空调能量。

8.3.3.5 通排风系统监控

（1）时间程序自动启 / 停送风机，具有任意周期的实时控制功能。

（2）监测送 / 排风机的运行状态和故障信号，并累计运行时间。

（3）排烟风机与消防信号连锁，火灾信号确认后，将开启排烟风机。

（4）在车库设置 CO（一氧化碳）浓度传感器，通过监测 CO 浓度启停送 / 排风机，并相应开启新风门，可有效节能并保证空气质量。

（5）中央站彩色图形显示，记录各种参数，包括状态、启停时间、累计运行时间及其历史数据等。

8.3.3.6 给排水系统监控

（1）监测水泵的运行状态、故障报警、手/自动转换状态，并记录运行时间。

（2）水泵启停控制。生活水箱低液位时，启动水泵；生活水箱高液位时，停止水泵。

（3）工作泵发生故障时，备用泵自动投入运行。并互为备用水泵实现轮换工作。

（4）在图形操作站上具有水流状态显示。

（5）水箱高低液位显示及报警。水池水位显示，以及高液位、低液位、超高溢流报警等。

8.3.3.7 供配电系统监控

1. 高压进线、变压器高压测、高压母联

监测工作状态和故障报警，线电压、线电流、母线电压（三相）、回路电流（三相）、供电频率、功率因数、有/无功率、有/无功电能。

2. 变压器低压出线、低压母联

监测工作状态和故障报警，线电压、线电流、母线电压（三相）、回路电流（三相）、供电频率、功率因数、有/无功率、有/无功电能。

3. 电力智能仪表

对于电力智能仪表，可利用 Alerton（艾顿）的 FLG-MODBUS 控制器与智能仪表进行数据通信，将智能仪表设备无缝地接入 Alerton 系统的 MS/TP（BACnet）控制总线上。同时，系统也支持所有的符合 MODBUS 工业标准协议的智能仪表和设备。

4. 紧急发电机的开关

紧急发电机的开关状态，手/自动状态，负荷过载警报，跳闸警报，高温警报，蓄电池过充电和欠压警报，漏油警报，并对电流、电压、电池电荷进行监测。

5. 操作员

操作员可按需要，对重要的供电设备的用电量、电流等参数编定各类型的报表及趋势图分析。

8.3.3.8 照明系统监控

（1）按照物业管理部门要求，程序时间控制各种照明设备的开关，达到最佳管理及最佳节能的效果。

（2）统计各照明回路的工作情况、动力设备运行时间并打印成报表，以供物业管理部门使用。

（3）当故障报警时，在中央监控电脑会显示及打印报警。

8.3.3.9 电梯系统运行监视

自动监测电梯状态、故障及紧急状态报警。

通过通信接口控制可将电梯厂商提供的接口直接连接到 Alerton（艾顿）系统的 MS/TP 现场控制总线内。经过数据交换及读取，我们可以对电梯的运行状态、故障报警、楼层显示等信息进行监视，主要包括：

（1）与火灾自动报警系统的通信。

（2）基于 Web 的系统集成。

（3）BA 系统节能控制。

8.3.3.10 视频监控系统

采用全数字化视频网络传输、存储与控制，由前端网络摄像机设备、数字化视频编解码器、系统管理服务器、多媒体工作站及相关应用软件组成。主要实现园区内的安防监控、历史追溯等功能。

楼宇自动化系统负责完成楼宇中的空调制冷系统、变配电系统、照明系统、供热系统及电梯系统等的计算机监控管理。楼宇自动化系统由计算机对各子系统进行监测、控制、记录，实现分散节能控制和集中科学管理，为楼宇中的用户提供良好的工作环境，为楼宇的管理者提供方便的管理手段，为楼宇的经营者减少能耗并降低管理成本，为物业管理现代化提供物质基础。

8.4 停车场智能车牌识别系统

智能停车场是车辆管理的发展方向，其中车牌的智能识别是关键功能。车牌识别系统（Vehicle License Plate Recognition，VLPR）以计算机技术、图像处理技术、模糊识别为基础，建立车辆的特征模型，识别车辆特征，如号牌、车型、颜色等。它是一个以特定目标为对象的专用计算机视觉系统，能从一幅图像中自动提取车牌图像，自动分割字符，进而对字符进行识别，然后运用先进的图像处理、模式识别和人工智能技术，对采集到的图像信息进行处理，能够实时准确地自动识别出车牌的数字、字母及汉字字符，并直接给出识别结果，使得车辆的电脑化监控和管理成为现实。

目前国内识别方式，采用 DSP 嵌入式硬件图像处理器研制开发的 PA-WT 汽车牌照自动识别车辆出入管理系统。它具有方便快捷、准确可靠、保密性好、灵敏度高、节省用户投资、安全高效、使用寿命长、形式灵活、功能强大等众多优点，是单纯智能卡识别所不能比拟的，它将取代单纯智能卡识别而成为新一代的主流。

8.4.1　停车场车牌识别系统需求

在现代化停车场管理中，涉及各方面的管理，其中车辆的管理是一个重要的方面。尤其是对特殊停车场、小区、大院及政府机关而言，要求对各种车辆实时地进行严格的管理，对其出入的时间进行严格的监视，并对各类车辆进行登记（包括内部车辆和外部车辆）和识别。在大规模的场区中，各种出入的车辆较多，如果每辆车都要进行人工判断，既费时又不利于管理和查询，保卫工作比较困难，效率低下。为了改善这种与现代化停车场、小区、大院及政府机关等不相称的管理模式，需要尽快实现车辆管理工作的自动化、智能化，并以计算机网络的形式进行管理，对所有出入口的车辆进行有效的、准确的监测和管理。要求系统提供相应的应用软件，实现营区管理的高效率、智能化。

该系统是利用视频流车牌自动识别算法，无需地感方式触发，对车辆进行抓拍、号牌识别。当车辆进入小区入口时，车牌自动识别算法可以自动抓拍车辆照片并识别车牌号码，将车牌号码、颜色、车牌特征数据、入场时间信息等记录下来，实现车辆可无障碍出入停车场，为用户提供了一种通行无阻的服务模式。同时，系统自动识别进入小区车辆的号码和车牌特征，验证用户的合法身份，自动比对黑名单库，自动报警，并可对整个停车场情况进行监控和管理，包括出入口管理、内部管理、采集、存储数据和系统工作状态，以便管理员进行监控、维护、统计、查询和打印报表等工作。车辆出入小区，完全处于系统监控之下，使小区的出入、收费、防盗、车位管理等完全智能化、自动化，并具有方便快捷、安全可靠的优点。

8.4.1.1 对不同光照的适应能力

在工程现场环境比较复杂，例如，烟雾、雨雪、日光不同角度的照射、车灯以及大型广告牌等都有可能对识别系统造成干扰，特别是采用外触发方式的识别设备，其识别率严重依赖于所抓拍的图片，当抓拍的瞬间，车辆牌照处在受干扰位置，会造成误识别。车牌识别算法对视频图像进行逐帧实时处理，车辆在运动过程中，角度、光照是不断变化的，总会在某些时刻车牌是清晰的，一定会采集到一些车牌清晰的视频帧用于分析和识别，因此对光线、气候的抗干扰能力极强。

8.4.1.2 对闯关车辆和超低速行驶车辆的适应能力

由于采用高速算法平台，适应 200km/h 的车速，使得车辆在超高速（闯关冲卡车辆）行驶或超低速行驶时都能准确识别车牌号码抓拍图片，避免了因高速车辆通行路口无法捕获的现象发生。

其主要特点如下：

（1）识别系统对环境的依赖性降低至最低程度，可实现全天候正常工作，且识别率保持较高水平。

（2）基于 VLPR 识别系统提高了识别的速度和准确性。

（3）可识别的最小号牌宽度为 80 像素。

（4）适应复杂的气候及光照条件，如阴天、雨天、晚上仍可保证高识别率。

（5）适应高速大流量，车速在 200km/h，单车道流量为每分钟 30 辆时仍可保证高识别率（最高 >98%）。

（6）实现对视频图像的逐帧处理，视频流触发，不用埋设地感线圈，避免破坏路面。

（7）工程安装简便、运行稳定，不干扰用户已有系统。

（8）无需地感及车辆检测器，节省成本且施工简单快速，极大地缩短施工时间。

（9）具有极强的处理能力，对车辆行进过程中的所有图像都进行识别和处理，不依赖单张图片，有效提高设备对复杂环境的适应能力。

8.4.2 停车场车牌识别系统架构

8.4.2.1 车牌识别系统结构

车牌识别系统主要由出入口车牌识别一体机、信息显示屏、出入口快速道闸和系统管理软件四部分组成。

8.4.2.2 系统工作流程

1. 入场流程

车辆达到停车场入口摄像机识别区域（地感触发），自动识别车辆车牌号码，并对车辆类型作出判断。

（1）内部车。自动开闸放行／手工开闸放行可选，车辆入场信息及图片保存数据库。

（2）临时车。自动开闸放行／手工开闸放行可选，计时并保存入口抓拍图片到数据库。

（3）无法确认车辆。可手动放行，可手工输入车牌号码及手工修改车牌号码，记录数据库。

2. 出场流程

车辆达到小区出口摄像机识别区域（地感触发），自动识别车辆车牌号码，并对车辆类型作出判断。

（1）内部车。自动开闸放行／手工开闸放行可选，车辆出场、出入口图像对比信息及图片保存数据库。

（2）临时车。自动开闸放行／手工开闸放行可选，将出场信息、出入口对比信息及收费信息保存到数据库。如收费，按临时车收费标准收费，一般选择手工放行。

（3）无法确认车辆。可手动放行，手工输入车牌号码，记录数据库，并产生正确的费用。

系统彩色摄像机安装在进出道口，车辆进场读卡时，摄下车辆图像，经电脑处理，将车主所持卡的信息一并存入电脑数据库。当车辆出场时，摄像系统再次工作，摄下出场车辆，调出进场时的图像，同时显示在计算机屏幕上确认，有效防止车辆被盗。管理人员可以随时监视出口的状况。常驻车、月保车、临时车进出场图像均有保存。以备查询时使用。

8.4.3 智能停车场收费系统

8.4.3.1 概述

车场采用了最新蓝牙停车场技术，鉴于目前的停车场管理现状，由于临时卡必须要停车接受新卡，所以做不到不停车进出功能，所以停车场采用蓝牙/IC卡合用模式，即常驻用户可以用蓝牙进行不停车进出，临时停车用户采用IC卡管理，这样在安全方面及节省费用方面都有很大的优势。

智能停车场系统具有以下特点：

（1）使用方便快捷。

（2）系统灵敏可靠。

（3）设备安全耐用。

（4）能准确地区分自有车辆、外来车辆和特殊车辆。

（5）即时收取停车费及其他相关费用，增加收入。

（6）提前收取长期客户的停车费。

（7）防止拒缴停车费事件发生。

（8）防止收费人员徇私舞弊和乱收费。

（9）自动化设计，车辆出入快速，提高档次和效率，提供优质、安全、自动的泊车服务。

（10）节约管理人员的费用支出，提高工作效率和经济效益。

8.4.3.2 系统基本功能需求

智能停车场管理系统是现代化停车场车辆收费及设备自动化管理的统称，是将停车场完全置于计算机统一管理下的高科技机电一体化产品。根据停车场要求，系统基本功能需求如下：

（1）常驻用户使用蓝牙停车卡，可以做到不停车式进出。

（2）智能卡具有防水、防磁、防静电、无磨损、信息储存量大、高保密度、一卡多用等特点。

（3）智能卡操作刷卡无需接触，操作更为方便。

（4）全中文菜单式操作界面，操作简单、方便。

（5）完善的财务管理功能，自动形成各种报表。

（6）临时车全自动出卡，减少人员操作，自动化程度高。

（7）滚动式LED中文电子显示屏提示，使用户和管理者一目了然。

（8）独特的车牌号录入、显示系统，大大提高停车场防盗措施。

（9）出卡系统存卡量不足自动提示。

（10）车辆入、出全智能逻辑自锁控制系统，严密控制持卡者进出场的行为符合"一卡一车"的要求。

（11）具有防抬杆、全卸荷、光电控制、带准确平衡系统的高品质挡车道闸。

（12）高可靠性和适应性的数字式车辆检测系统。

（13）防砸车装置可保证只要车辆在闸杆下停留，闸杆就不会落下。

智能停车场管理系统可以采用各种网络拓扑结构，服务器与管理工作站为局域网（LAN）形式连接，计算机对下位机以 RS485 总线型连接；简洁，投入使用快，系统稳定性好。投资回报率最高。

对于停车场系统而言，每一台服务器都是真正的业务主机，担负着停车场的关键任务，数据的迅速存取是值得关心的问题，但数据的安全更不容忽视，一旦硬盘出现故障或因操作不当造成数据丢失或损坏，企业将蒙受巨大的损失。由此可见，这样的一台服务器，它所存储的数据价值远远超过了机器本身的价值。SQL 服务器选型不可忽视。

停车场工作站对整个系统反应速度起到关键的作用，出入口在一起的停车场系统只需一台电脑管理即可。如出入口分开且临时车较多的情况下最好每一个口放置一台电脑，并有保安人员值岗，以便处理发生的突发事件。

网络集线器担负着整个网络的数据联络过程，发行中心主要目的是为了集中发卡，统一管理；一般将服务器放置在财务室。

一级网络为 RS485 总线制分布，主要为各出入口控制机提供通信，读卡数据的采取，二级网络为 LAN 以太网星型连接，计算机与计算机的通信及数据的存储。SQL 服务器担负着数据查询和处理、网络资源的分配、各工作站的权限分级审查等任务。

参考文献

陈君华，梁颖，罗玉梅，黄建 . 物联网通信技术应用与开发 [M]. 昆明：云南大学出版社 ,2023.01.

于坤，蒋晓玲，蒋峰 . 普通高等教育十四五系列教材 物联网通信技术与应用 [M]. 武汉：华中科技大学出版社 ,2022.03.

马亚红 . 物联网通信技术原理与工程应用 [M]. 西安：西安交通大学出版社 , 2022.08.

刘杨，彭木根 . 物联网安全 [M]. 北京：北京邮电大学出版社 ,2022.04.

洪波，王中生 . 未来网络与物联网 [M]. 西安：陕西人民出版社 ,2022.06.

俞武嘉 . 物联网技术导论 [M]. 西安：西安电子科学技术大学出版社 ,2022.06.

杜得荣，黄仕建，杨恒 . 车联网无线通信关键技术 [M]. 合肥：中国科学技术大学出版社 ,2022.11.

黄文准，杨亚东 . 现代通信原理教程 第 2 版 [M]. 西安：西安电子科技大学出版社 ,2022.07.

甘泉 . LoRa 物联网通信技术 [M]. 北京：清华大学出版社 ,2021.06.

李文娟，刘金亭，胡珺珺，赵瑞玉 . 通信与物联网专业概论 [M]. 西安：西安电子科学技术大学出版社 ,2021.03.

桂小林 . 物联网信息安全 第 2 版 [M]. 北京：机械工业出版社 ,2021.05.

钱良，刘静，杨峰，丁良辉 . 无线通信新技术与实践 [M]. 上海：上海交通大学出版社 ,2021.02.

王祖良，张婷 . 物联网 RFID 技术 批量识别防碰撞及应用 [M]. 西安：西安电子科学技术大学出版社 ,2021.01.

（瑞典）埃里克·达尔曼（ERIK DAHIMAN），（瑞典）斯特凡·巴克浮（STEFAN PARKVALL），（瑞典）约翰·舍尔德（JOHAN SKOLD）著；刘阳，朱怀松，（加）周晓津译 . 5G NR 标准 下一代卫星通信技术 原书第 2 版 [M]. 北京：机械工业出版社 ,2021.06.

王玲维 . 物联网技术应用的理论与实践探究 [M]. 吉林人民出版社 , 2021.06.

梁彦霞，金蓉，张新社 . 普通高等学校十四五规划电子信息类专业特色教材 新编通信技术概论 [M]. 武汉：华中科技大学出版社 , 2021.03.

顾振飞，张文静，张正球 . 物联网嵌入式技术 [M]. 北京：机械工业出版社 , 2021.04.

陈彦辉 . 物联网通信技术 [M]. 北京：人民邮电出版社 , 2020.09.

李欣，李雅蓉 . 物联网技术应用基础 [M]. 中国铁道出版社 , 2020.02.

纪越峰 . 现代通信技术 [M]. 北京：北京邮电大学出版社 , 2020.01.

周丽婕，朱姗，徐振 . 物联网技术与应用实践教程 [M]. 武汉：华中科技大学 出版社 , 2020.08.

钟良骥，徐斌，胡文杰著 . 物联网技术与应用 [M]. 武汉：华中科技大学出版 社 , 2020.01.

（法）纳斯雷丁·布哈伊（NasreddineBouhai），（法）伊马德·萨利赫 （ImadSaleh）主编 . 物联网发展与创新 [M]. 北京：国防工业出版社 , 2020.06.

廖建尚 . 物联网短距离无线通信技术应用与开发 [M]. 北京：电子工业出版社 , 2019.08.

彭木根 . 物联网基础与应用 [M]. 北京：北京邮电大学出版社 , 2019.08.

陈志新 . 物联网技术及应用 [M]. 中国财富出版社 , 2019.08.

彭泽春 . 物联网工程技术 [M]. 成都：电子科技大学出版社 , 2019.06.

黄国敏，张志杰 . 物联网应用技术教程 [M]. 北京：北京理工大学出版社 , 2019.02.

马飒飒，王伟明，张磊，张勇 . 物联网基础技术及应用 [M]. 西安：西安电子 科技大学出版社 , 2018.01.

吴先良 . 物联网 万物互联的技术及应用 [M]. 合肥：安徽大学出版社 , 2018.11.

张卫钢 . 通信原理与通信技术 第 4 版 [M]. 西安：西安电子科技大学出版社 , 2018.06.

商莹 . 物联网通信技术及其展望 [M]. 长春：吉林大学出版社 , 2017.09.

刘军，阎芳，杨玺 . 物联网技术 [M]. 北京：机械工业出版社 , 2017.06.

丁爱萍 . 物联网技术导论 [M]. 开封：河南大学出版社 , 2017.08.

申时凯，佘玉梅．物联网的技术开发与应用研究 [M]．长春：东北师范大学出版社，2017.10．

张宝富，张曙光，田华．现代通信技术与网络应用 [M]．西安：西安电子科技大学出版社，2017.01．

李琰，郑林涛，李剑．物联网与无线通信技术 [M]．长春：吉林大学出版社，2016.08．

董健编著．物联网与短距离无线通信技术 第 2 版 [M]．北京：电子工业出版社，2016.08．